入試問題が語る

数学の世界
(続)

岸 吉堯 著

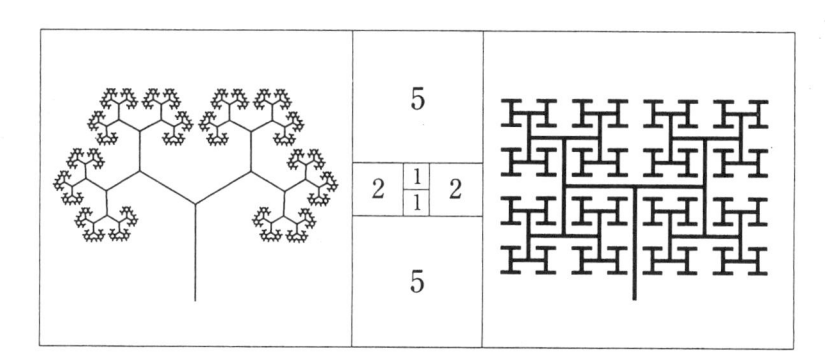

現代数学社

序　言

　本書は，拙書『入試問題が語る　数学の世界』（2004年）の続編です．
　雑誌『理系への数学』（現代数学社）の1999年5月号から2004年4月まで約5年間，過去の入試問題の中から興味深いと思われる良質の問題を，試問．（＝入試問題）として，"入試問題を楽しむ．数理パズルへ挑戦してみよう"と言う表題によって第56回まで連載しました．
　その第1回から第31回までを17項目にまとめたのが既刊の上記の著書で，本書はその続きの第32回から第57回までを19項目に整理して出版した続編となっています．
　高校生向きに書かれた，読み易く手頃な数学の良書も沢山出版されていますが，書店で出合う高校生諸君は，殆どがこれらの書籍が並ぶコーナーとは別の学参のコーナーです．
　高校生が読む数学の本と言えば，教科書と参考書類と受験雑誌のようです．
　全員が学ぶ数学は，初年度の精々数学Ⅰと数学Ａの内容で，それ以上の学習は選択した進路のコースによって生徒によって異なり，必然的に数学を学ぶ（＝数学の知識を得る）機会は減っていき，進学と直結して限られた生徒が受験での必要性に応じて学習する**受験数学**となっています．つまり，
　幅広く数学の基礎を学び自分の進路決定への参考にするのではなく，先に進路を決定し，進路に合わせ受験に必要な数学だけを学ぶようになっています．
　現在，少子化のため各大学は受験者数減で定員確保に苦慮し，受験者の全入化が進んでいます．文部科学省の調査（2006年）では，入学者の数学や理科の学力不足で講義が進めず，中学・高校レベルの内容を教える補習授業を行っている大学は，全体の33%に当たる234大学であったとしています．
　また，同年の朝日の社説には，数学は社会のあらゆる分野で重要な役割を果たしていて，すべての科学の基礎であるが，その基礎の層が薄くなって研究実績（論文数の減少など）にもかげりが見えつつある．このままでは先細りになりかねない．数学はこれまで日本の得意な分野で世界的な学者が輩出し，数学界の最高の賞（フィールズ賞）では全受賞者の45人の中に小平邦彦，広中平祐，森重文の3氏が含まれるなど欧米に引けを取らなかったと，数学の重要性と現

状での問題点が指摘されています．

　兎も角，最近高校生や大学生の数学の学力低下が深刻な問題となり，将来が危ぶまれて来ていますが，何より高校生や学生の諸君が豊かな知性を身に付けるよう"学ぶことを厭わない"で欲しいと思います．

　さて，本書で着目した視点とその取り扱い方が次のようになっています．入試問題は当然**学習指導要領**に基づいて出題されますが，その問題は必ずしもその枠内に収まっているとは限りません．それは，数学が暗記が中心ではなく**応用力**が重視され，これこそが数学の実力と見なす面があるからです．

　過去の多数の入試問題をその題材の選定や内容また記述に注目して見るとき，中には学習指導要領の枠外の問題に見えても，また，受験生が鍛練し身に付けた解法の定石で処理できなくとも，学習した知識を**活用**すれば解決可能な内容や形態によって，出題者が受験者やその指導者へ問題に託したメッセージの伝わる良質の問題に出会うことがあります．それは，

　数学史上で重要と思われる内容であったり，深遠な数学の世界を瞥見できるものであったり，現代人として考えなければならないものであったり，さらには，有名で興味深い数学遊戯の問題で数学の世界へ誘うものだったりします．

　そこで，過去の入試問題から，このような良質の問題を，

　1．歴史的に有名で親しみ深い問題

　2．社会生活の中で身近な問題

　3．遊戯性をもち理知的な問題

などに着目して選び試問としました．これらを解説を参考に良さを吟味していただき，出題者の意図するねらいなど考えていただけたらと思います．

　「試問」の番号は，前書の続き番号で試問31．～試問56．となっています．

　特に，この書では，前述のように学習指導要領の枠外の内容が**応用**として出題されている問題が多数含めてあります．例えば，

(1) 極めて新しい数学の分野に関するもの

　「グラフ理論」，「組合せの理論」，「ゲームの理論」，「フラクタル幾何学」など．

(2) 数学史上で難問とされ数学者を悩ませた問題に関するもの

　「四色問題」や「フェルマーの最終定理」など．

(3) 数学の論証上で重要な原理

「ディリクレの原理」（＝引き出し論法）
がそれに該当します．

　"余談"では，個々の「試問」について問題の誕生や発展，その問題に関わった人々の逸話の紹介，また，「試問」に関連した類題を**問題**として解説し，さらに，演習のため**課題**を付け加えました．また，余談の中には取り上げた内容に釣られて調子に乗り途方もなく横道に逸れて，直接は関係のない話題も入りましたが休憩個所としていただけたらと思います．

　年々歳々各大学では入学試験問題が作成され，その数は膨大なものです．精魂込めて作成された出題者の受験生へのメッセージがその場限りで終わって多くの良問が埋没してしまっています．

　本書は，その良問の中からほんの数問を選出したものですが，これらの一題一題からあたかも考古学者が発掘した土器の一片一片を眺め，その素材から土器が語る時代や文化を思う如く，あるいは礎石の配列から建築物を復元する如く，"入試問題が語る数学の世界"が目前に広がり，数学への親しみと興味を感じていただけたら嬉しく思います．

　最近では，大学の数校で，「過去問」を共有財産と位置付け，相互利用をしよう．という提案が発表され，"難問・奇問が減り，良問が増える"と参加する大学と"受験生が過去問あさりに熱中するからマイナス"と懸念する大学があります．大学が受験生と同じように「過去問」あさりをして，受験生が"当り，外れ"で一喜一憂をするような憂うべき事態を防ぐめにも，大学は受験生やこれから受験してくる高校生，また，広く数学に関心をもった若者に対してその都度新鮮なメッセージを発信し続けて欲しいと思います．

　参考文献は雑誌への連載時と同様に，各試問の最後に掲載致しました．なお，この記載の文献の他にも多方面の文献を参考に致しましたが列記を割愛させていただきました．著者の方々には心よりお詫びと感謝を申しあげます．

　最後に，本書の原稿を書くにあたり定例研究会（ALZAHR学会）で多量の貴重な資料と豊富な話題の提供いただき，また，「確率論」を中心とした数学の全般に渡って懇切丁寧なご指導載いた安藤洋美先生をはじめ，同学会で種々のご教示を載いた門脇光也氏，長岡一夫氏のお二人に前回同様に深く感謝致します．また，長期間に渡る雑誌「理系への数学」への連載や本書の出版に当たって鈍行の私に暖かいご支援と便宜を与えていただいた現代数学社の社長の富

田栄氏や編集部の方々に衷心よりお礼を申しあげます．

2008年3月吉日．

著者識．

《目 次》

はじめに

ページ

■ 1. 一致の問題
- (i) 招待状の封筒への入れ違い …… ▍試問31▍ ……   1
- (ii) 合鍵の問題 …… ▍試問32▍ …… 13
- (iii) 誕生日の曜日が同じ確率は？ …… ▍試問33▍ …… 23

■ 2. 人の「発言」に基づく推論問題
　　　X氏は誰か？ …… ▍試問34▍ …… 31

■ 3. ディリクレの原理
　　　引き出し論法 …… ▍試問35▍ …… 40

■ 4. 人の出会い問題
　　　ラムゼーの定理 …… ▍試問36▍ …… 51

■ 5. 平面上の点の組合せ
　　　エステ・クラインの定理 …… ▍試問37▍ …… 62

■ 6. 円座の問題
　　　条件付き円順列 …… ▍試問38▍ …… 72

■ 7. 地図の塗り分け
　　　隣接関係の単純化とグラフ …… ▍試問39▍ …… 82

■ 8. 平面のタイル張りの問題
　　　典型的な充填形とその敷き詰め方 …… ▍試問40▍ …… 93

■ 9. 同型図形の個数は何個あるか？
　　　相似な三角形や四角形の個数 …… ▍試問41▍ …… 107

■ 10. フィボナッチ数列
- (i) 兎の繁殖問題と数値の配列表現 …… ▍試問42▍ …… 119

　　　　　　　　　　　　　　　　　　　　　　　　　　　　ページ
　　(ii)　階段の上がり方は何通り　　　　　……　|試問43|　……135
　　(iii)　フィボナッチ数列と幾何学　　　　　……　|試問44|　……150

■ 11. 人口の問題
　　(i)　人口は等比数列的に増加する　　　　……　|試問45|　……168
　　(ii)　人口増加は停止する　　　　　　　　……　|試問46|　……182

■ 12. 食うものと食われるもの
　　　　自然界での餌と補食者の関係は？　　　……　|試問47|　……191

■ 13. ネズミの繁殖防止に猫は何匹必要か？
　　　　繁殖防止と駆除の問題　　　　　　　　……　|試問48|　……202

■ 14. 天秤によるにせがねの鑑定
　　　　その方法と最小測定回数は？　　　　　……　|試問49|　……212

■ 15. ゲームの戦略とその均衡解
　　　　ゲームの決着はどうするか？　　　　　……　|試問50|　……227

■ 16. 平面図形数と数列の和
　　　　ご石の配列から導く数列の和の公式　　……　|試問51|　……245

■ 17. ピタゴラスの定理
　　(i)　定理の証明法　　　　　　　　　　　……　|試問52|　……263
　　(ii)　ピタゴラス数　　　　　　　　　　　……　|試問53|　……277
　　(iii)　ピタゴラス数とフェルマーの最終定理　……　|試問54|　……292

■ 18. フラクタル（自己相似）図形
　　　　コッホ島の面積　　　　　　　　　　　……　|試問55|　……306

■ 19. 格子点問題
　　　　格子点の包含問題　　　　　　　　　　……　|試問56|　……322

　　事項索引
　　人名索引

1. 一致の問題

(i) 招待状の封筒への入れ違い

【試問31】

あるパーティーへの n 通の招待状 $A_1, A_2, \cdots, A_n$ とそれぞれの封筒 $A'_1, A'_2, \cdots, A'_n$ (いずれも宛名記入) とがある．これらの招待状を封筒に入れるとき，次の各問に答えよ．

(1) 次の文中の □ の空欄を埋めよ．

招待状 A_i を封筒 A'_i に入れるときが正しい入れ方であるとして，すべての招待状を封筒に入れちがえる仕方の数を $F(n)$ とする．また，たとえば，招待状 A_1 を封筒 A'_2 に入れたとすると，残りの招待状は $A_2, A_3, \cdots, A_n$ で封筒は $A'_1, A'_3, \cdots, A'_n$ となり，招待状の宛名と封筒の宛名とが完全には一致していない．このような場合に，招待状を封筒に入れるとき，すべて入れちがいをする仕方の数を $G(n-1)$ とする．このとき $F(n)$ と $G(n-1)$ との間には

$$F(n) = \boxed{} G(n-1) \qquad \cdots\cdots ①$$

の関係がある．さらに，上の例で，A_2 が封筒 A'_1 に入れられる場合と，A_2 が A'_1 とは異なる封筒に入れられる場合とを考えると，一般に

$$G(n-1) = \boxed{} F(n-2) + \boxed{} G(n-2) \qquad \cdots\cdots ②$$

の関係式が得られ，①，②から G を消去すると

$$F(n) = \boxed{} F(n-1) + \boxed{} F(n-2) \qquad \cdots\cdots ③$$

の関係式が得られる．すべての招待状を封筒に入れちがいをする確率 $P(n)$ は $F(n)$ を用いて表すと

$$P(n) = \boxed{}$$

であるから，これを③に代入して F を消去すると

$$nP(n) = \boxed{} P(n-1) + \boxed{} P(n-2) \qquad \cdots\cdots ④$$

を得る．

(2) ④より $P(n)$ を求めよ． 東京医科大．

　この問題は確率論では**一致の問題**と呼ばれる大変有名な問題です．1708年にフランスの数学者**モンモール**がトランプ・ゲームから考案したものを形式を変えたものです．モンモールの発表から43年後に**オイラー**もこの問題を取り上げましたが，オイラーが先人の研究を知っていたという形跡がないことから，後の研究者は彼も独立に再発見したとされています．オイラーの論文からこの問題を知ったドイツのランベルトは自分の研究にこの一致の問題を応用して，今回の問題文の形で次のように述べています．

　"**n 通の手紙が書かれ，n 枚の対応する封筒が書かれているものとする．それらの手紙が，無作為に封筒に入れられるとき，すべて，あるいはある指定された数の手紙が間違った封筒に入れられる確率を求めよ．**"

　一致の問題は，邂逅，出会い，めぐり合いの問題などとも呼ばれ，種々の形式で入試にも出題されています．モンモールは一般の場合についての公式は示しましたが，自分の証明は明示せず，ニコラス・ベルヌイの証明を記しています．その後，確率の研究者により形式を変え何種類かの異なる証明法が示されました．

ヒント

(1) 問題文にある記号 $F(n)$，$G(n)$ の使い方の違いを定義からはっきりさせておくことが第一歩となります．すなわち，$F(n)$ は

招待状： $A_1, \ A_2, \cdots, A_n$
封　筒： $A_1', \ A_2', \cdots, A_n'$

のように，すべての招待状に対応する封筒がある場合に，すべてを入れちがう場合の数で，例えば特定の A_1 に注目すれば，

(ア) A_1 を入れちがう

(イ) 残りの $(n-1)$ 通すべて入れちがう

が同時に成り立つことと同じです．また(イ)の場合の数が $G(n-1)$ となります．

　この $G(n-1)$ を求めるため，$A_1 \to A_2'$ を固定し，

```
招待状：A₁,  A₂, A₃, ⋯, Aₙ
                ↓
封   筒：A'₂,  A'₁, A'₃, ⋯, A'ₙ
```

この実線の枠内の $(n-1)$ 通のすべてを入れちがう場合の数を求めればよい訳です．

　そこで，続いて A_2 に注目して次の2通りの場合に分けて考えます．

(ア) $A_2 \to A'_1$ の場合

```
招待状：A₁,   A₂,   A₃, ⋯, Aₙ
          ↓    ↓
封   筒：A'₂,  A'₁,  A'₃, ⋯, A'ₙ
```

(イ) $A_2 \to A'_k (k \neq 1)$ の場合

```
招待状：A₁,   A₂,   A₃, A₄, ⋯, Aₙ
          ↓    ↓
封   筒：A'₂,  A'_k,  A'₁, A'₃, ⋯, A'ₙ
```

よって，$G(n-1)$ は(ア)または(イ)の2つの場合の和として求められ，以上から①，②の漸化式が導かれることになります．

(2) (1)の最後の漸化式④を解く問題です．

　この結果から，少なくとも1通は正しく封筒に入っている確率 P は

$$P = 1 - p(n)$$

となることは明らかです．

余談

1.「一致の問題」の揺籃期

(1) モンモールの問題

モンモール（pierr Rèmond de Montomort．1678-1719）は『試論』第1版．(1708年) で，トランプのトレーズ・ゲームから考案した問題を分かり易く次のような形で提出しました．

　"胴元は n 枚の異なるカードを無作為に持っていて，そのカードを1枚ずつ順々に表向きにして並べるとき，少なくとも1枚の番号が取り出した順番と

一致する確率はいくらか？."
というもので，$n=1, 2, 3, 4, 5$について解を求め，一般の場合は公式だけを示しました．

(2) モンモールとニコラス・ベルヌイの文通

モンモールはニコラス・ベルヌイ（Nicolas Bernoulli. 1687-1759）と一致問題についての1710年頃から2年間近く文通で意見を交換しています．その間にベルヌイは2通りの証明を送り，モンモールはその証明を『試論』第2版（1713年）で示しました．その1つは，

n個のもので対象1が1番の位置にある事象をAとするとき，n個のもののうち少なくとも1つの一致が起こる事象Cの確率が

$$\Pr\{C\} = \Pr\{A\}\{C|A\} + \Pr\{\bar{A}\}\{C|\bar{A}\}$$

となることを用いたものです．

(3) ド・モアブルの問題

モンモールの『試論』（1713年）から一致の問題を知ったド・モアブル（Abraham de Moivre. 1667-1754）は，『偶然論』（1718年）で，問題を次のように言い変えて一般化しました．

"すべて異なる何個かの文字 $a, b, c, d, e, f, \cdots\cdots$ を無作為に並べるとき，これらの文字の幾つかはアルファベットの順番と同じ位置にあり，残りの文字すべてはアルファベットの順番と異なる位置に並べられた確率はいくらか？."

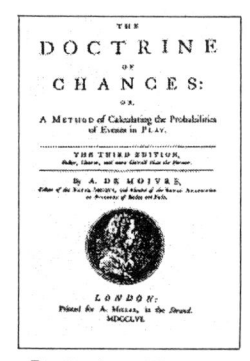

ド・モアブルは新しい代数によりいくつかの問題が容易に処理できるといって，次のような記号を使用しました．

n個の文字について，i番目に一致が生ずる事象をA_iとし，一致が生じない事象は$\bar{A}_i$で表します．

『偶然論』の扉ページ
ド・モアブル

このとき，2番目で一致が生ずるのは
(ア) 1番目が一致して2番目が一致する．(イ) 1番目が一致しないで2番目が一致する．の2通りの場合だから，ド・モアブルは複合事象の確率を考え，

$$p_r(A_2) = p_r(A_1 A_2) + p_r(\bar{A}_1 A_2)$$

とし，さらにこの計算法を

$$\{+A_2\}=\{+A_1+A_2\}+\{-A_1+A_2\}$$

と表現して一種の命題算（集合算）を取り入れ代数的な証明法を考えました。(注1)
そして，n 個のうち，ちょうど k 個の一致が生ずる確率を

$$P_n(k) = {}_nC_k P(A_1 A_2 \cdots A_k \bar{A}_{k+1} \cdots \bar{A}_n)$$

として考えています．

(4) オイラーの再発見

最初に述べたようにオイラー（Leonhard Euler. 1707-1783）は1751年に『一致ゲームの確率計算』で，すでにニコラス・ベルヌイがおこなった方法と同種の方法で証明しましたが，先人の論文には一切触れられていないことから，オイラーも独自にこの問題を考えたと云われています。(注2)

オイラー

(5) ランベルトの応用問題

ドイツのランベルト（Johann Heinrich Lambert. 1728-1777）は1771年，オイラーの一致の問題にヒントを得て，ドイツの暦業者が天候やその他の事象についておこなう予言が実際の天候と一致の期待値をもつ日数の回数とを比較するのに応用しようとして，冒頭に述べたように**手紙と封筒の一致問題**の形で記しています．

ランベルト

2. 一致問題の解法

今回の問題と同一内容の問題を実際に解いてみよう．特に，漸化式の作り方に注意して下さい．

問題1.

1から n までの番号を順に書いた黒白2組のカードがある．黒の1組は番号順に横に並べて置き，白の1組を先に並べた黒カードの上に1枚ずつ重ねて置いていく．いま，そのように重ねた黒白2枚のカードの数字が全てのペアで異なる場合の数を U_n とする．下図から分かるように，$U_2=1$，$U_3=2$ である．
(1) $n=4$ で，黒の1の上に白の2があり，黒の2の上に白1があるとき，残

6

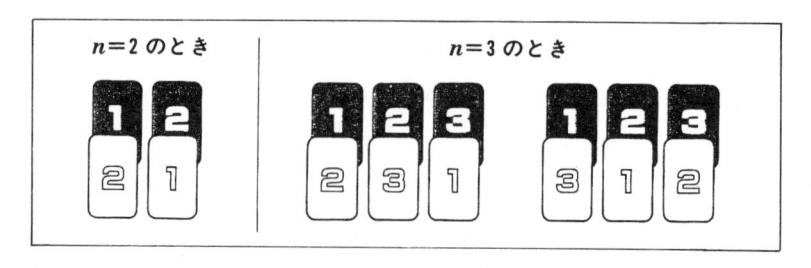

$n=2$ のとき	$n=3$ のとき
1 2 / 2 1	1 2 3 / 2 3 1 1 2 3 / 3 1 2

りの2つのペアが相異なる数字となる場合の数を求めよ．

(2) $n=4$ で，黒の1の上に白の2があるとき，黒の2の上に白の1以外のカードがあり，かつ残りのすべてのペアも相異なる数字となる場合の数を求めよ．

(3) U_4 を求めよ．

(4) $n \geq 4$ について，U_n を U_{n-1} と U_{n-2} で表す漸化式を作れ．

(5) U_n を U_{n-1} で表す漸化式を導け．

(6) よく混ぜてから白のカードを置いたとき，すべてのペアが相異なる数字となる確率 p_n を求めよ． 　　　　　　　　　　　　　東京理科大．(工)．

◀解答▶ (1), (2) は簡単で, (1) 1 通り, (2) は 2 通りである． 　　【答】

(3) (1)と(2)から黒の1上に白の2のカードがあるとき，すべてのカードのペアの数字が異なる場合は $1+2=3$ 通りあり，黒の1の上にくるのは白の1以外の3通りあるから，よって, $(4-1) \times (1+2) = 9$ 通りである． 　　【答】

(4) (3)から類推して一般化すれば，
$$U_n = (n-1)\{U_{n-1} + U_{n-2}\}$$
であることが分かる．そこでこれを(1)と(2)と同様にして説明してみよう．すなわち，U_2 を 2 つの場合に分ける．

　　黒1の上に白2がある場合について

　　　　　Ⅰ．黒2の上に白1のカードがある

　　　　　Ⅱ．黒2の上に白1以外のカードがある

とすると，すべてのペアが異なる場合の数は

　　　　　Ⅰ．の場合：U_{n-2} 通り

　　　　　Ⅱ．の場合：U_{n-1} 通り

何故なら，白，黒のカードをそれぞれ1枚ずつ除いた $(n-1)$ 枚のとき，

すべてのカードのペアの数が異なる場合の数である．
したがって，黒の1の上に白2があると云う条件では，すべてのペアが異なる場合の数は
$$U_{n-2}+U_{n-1}$$
通りの場合があり，黒1の上にくることができるのは白の1以外で全部で $(n-1)$ 通りあるから
よって，求める U_n は
$$U_n=(n-1)(U_{n-1}+U_{n-2})$$　　　　【答】
となる．

(5) (4)の式を $\varepsilon=-1$ とおいて変形すると
$$U_n-nU_{n-1}=\varepsilon\{U_{n-1}-(n-1)U_{n-2}\}$$
この漸化式で n に 3, 4, 5, …, n を順々に代入すると
$$U_3-3U_2=\varepsilon(U_2-2U_1)$$
$$U_4-4U_3=\varepsilon(U_3-3U_2)$$
$$\vdots$$
$$U_n-nU_{n-1}=\varepsilon\{U_{n-1}-(n-1)U_{n-2}\}$$
となる．そこで辺々掛けると，
$$U_n-nU_{n-1}=\varepsilon^{n-2}(U_2-2U_1)$$
であり，$U_1=0$，$U_2=1$，$\varepsilon^{n-2}=\varepsilon^n$（∵ $\varepsilon=-1$）より
$$U_n-nU_{n-1}=\varepsilon^n$$
また，黒のカードの上に白のカードの重ね方は $n!$ 通りより両辺 $n!$ で割ると
$$\frac{U_n}{n!}-\frac{U_{n-1}}{(n-1)!}=\varepsilon^n\frac{1}{n!}$$　　　　【答】

(6) $p_n=\dfrac{U_n}{n!}$ だから，(5)式は
$$p_n-p_{n-1}=\varepsilon^n\frac{1}{n!}$$
したがって，再び n に 2, 3, …, n を代入して，
$$p_2-p_1=\varepsilon^2\frac{1}{2!}$$
$$p_3-p_2=\varepsilon^3\frac{1}{3!}$$

$$\vdots$$
$$p_n - p_{n-1} = \varepsilon^n \frac{1}{n!}$$

よって，辺々加えると $\varepsilon = -1$ より
$$p_n = \frac{1}{2!} - \frac{1}{3!} + \cdots + (-1)^n \frac{1}{n!} \qquad \text{【答】}$$

となります．これが求める確率です．

ところで，**二項定理**から
$$(x-1)^n = x^n - nx^{n-1} + \frac{n(n-1)}{2!} x^{n-2} - \frac{n(n-1)(n-2)}{3!} x^{n-3} + \cdots + (-1)^n$$

だから，x^r を $r!$ で置き換える操作を $(X-1)^n$ で表すと

$$(X-1)^n = n! - n(n-1)! + \frac{n(n-1)}{2}(n-2)!$$
$$- \cdots + (-1)^n$$
$$= n! \left(\frac{1}{2!} - \frac{1}{3!} + \cdots + \frac{(-1)^n}{n!} \right)$$

となり，
$$U_n = (X-1)^n = p_n \cdot n!$$

であることが分かります．すなわち，U_n は二項定理を利用しても求まります．

また，モンモールやオイラーは U_n を求めるのに帰納的に $n=1, 2, 3, \cdots$ と計算しましたが，(5)で導いた公式 $U_n - nU_{n-1} = (-1)^n$ すなわち，$U_n = nU_{n-1} + (-1)^n$ を用いてトレーズ ($n=13$) まで示すと右の表のようです．

n の値	U_n の値
1	0
2	1
3	2
4	9
5	44
6	265
7	1854
8	14833
9	133496
10	1334961
11	14684570
12	176214841
13	2290792932

問題2．

1, 2, 3, 4, 5 の数字が 1 つずつ書かれた 5 枚のカードを，でたらめに左から右へ順番に並べる．一番左の場所を第 1 の場所，左から 2 番目を第 2 の場所とし，以下順に場所の番号を決める．場所の番号とカードの数字が一致するとき，そこに「**めぐり合い**」が起こったことにする．次の確率を求めよ．

(1) 5 枚とも「めぐり合い」が起こる場合
(2) ちょうど 3 枚だけ「めぐり合い」が起こる場合．

(3) ちょうど2枚だけ「めぐり合い」が起こる場合.　　　　　　　　大阪電通大.

i の数字のカードに「めぐり合い」が起こる事象を $A_i (1 \leq i \leq 5)$ とするとき，ちょうど k 枚「めぐり合い」が起こる確率 p_k はド・モアブルの公式
$$p_k = {}_5C_k p(A_1 \cdots A_k \overline{A}_{k+1} \cdots \overline{A}_5)$$
を頭においておけばよい．

◀解答▶　5枚のカードの並べ方は $5! = 120$ 通りある．

(1) 5枚とも「めぐり合い」が起こるのは1通りであるから，
$$p_5 = {}_5C_5 \cdot \frac{1}{120} = \frac{1}{120}$$ 　　　　　　　　【答】

(2) ちょうど3枚「めぐり合い」が起こるとき，$p(A_1 A_2 A_3 \overline{A}_4 \overline{A}_5) = \frac{1}{120}$
$$p_3 = {}_5C_3 \cdot \frac{1}{120} = \frac{1}{12}$$ 　　　　　　　　【答】

(3) ちょうど2枚「めぐり合い」が起こるとき，$p(A_1 A_2 \overline{A}_3 \overline{A}_4 \overline{A}_5) = \frac{2}{120} = \frac{1}{60}$
$$p_2 = {}_5C_2 \cdot \frac{1}{60} = \frac{1}{6}$$ 　　　　　　　　【答】

次の問題は人と品物に一致の問題を応用したものである．

問題3．

仲の良い4人の友達A，B，C，Dがクリスマスパーティーでプレゼントを交換する．つまり，4人の持ち寄ったプレゼントを公平な抽選で分けるのである．これについて，次の問に答えよ．
(1) A君が自分自身の持ってきたプレゼントに当たる確率を求めよ．
(2) A君にはB君の持ってきたプレゼントが当り，残りのB，C，Dのうちの誰かが自分の持ってきたプレゼントに当たる確率を求めよ．
(3) 自分自身の持ってきたプレゼントに誰も当たらない確率を求めよ．

　　　　　　　　　　　　　　　　　　　　　　　　　　　　　　九州大.

◀解答▶　4人の持ってきたプレゼントの分け方は $4! = 24$ 通りである．
(1) A君が自分自身の持ってきたプレゼントにあたるとき，残り3人のプレゼントの分け方は $3!$ 通りであるから，

$$\therefore \text{ 求める確率は } \frac{6}{24} = \frac{1}{4} \qquad \text{【答】}$$

(2) A，B，C，Dの持ってきたプレゼントを a，b，c，d とするとき，A君に b が当たる場合に条件を満たすのは

A	B	C	D
b	a	c	d
b	d	c	a
b	c	a	d

の3通りである．

$$\therefore \text{ 求める確率は } \frac{3}{24} = \frac{1}{8} \qquad \text{【答】}$$

(3) これが今回のテーマとなった問題です．

Ⅰ．A君に自分自身のプレゼントが当たらない場合は3通り．

Ⅱ．A君に b が当たった場合，

　(ア) B君に a が当たるときに条件を満たすのは1通り．

　(イ) B君に a 以外のプレゼントが当たるのは c または d の2通り．

よって，A君に b が当たった場合に条件を満たすのは $1+2=3$ 通りである．

Ⅰ，Ⅱより4人が自分の持ってきたプレゼントに自分自身が当たらないのは $3 \times 3 = 9$ 通りとなり，

$$\therefore \text{ 求める確率は } \frac{9}{24} = \frac{3}{8} \qquad \text{【答】}$$

最後に，次の問題は課題としよう．

● 課題 ●

　ある人が4人の友人宛てに4通の手紙を書き，4枚の封筒にこれら4人の宛て先を書いた．手紙の内容や宛て先は1人1人すべて異なっている．これらの手紙を1通ずつ無作為に封筒に入れるとき，X 通だけ正しい宛て先の封筒に入ったとする．X を確率変数とみて標準分布表を作ると次のようになる．

X	0	1	2	3	4
確率					

したがって，期待値は □ であり，標準偏差は □ となる．この □ をう

めて完成せよ． 神戸薬大．

答を示しておきますので確めて下さい．
確率分布：順に，

$$\frac{9}{24},\ \frac{8}{24},\ \frac{6}{24},\ 0,\ \frac{1}{24}$$

期待値：1，標準偏差：1となります．

試問31.の解答

(1) A_1を入れちがう場合は $(n-1)$ 通り，それぞれの場合に A_1 以外のすべてを入れちがう場合が $G(n-1)$ 通りだから，

$$\therefore\ F(n)=(\boldsymbol{n-1})\cdot G(n-1) \quad\cdots\cdots ①$$

さらに，$G(n-1)$ は
$A_1 \to A'_2$ の条件の下で考えると，

$A_2 \to A'_1$ の場合が $F(n-2)$ 通り

$A_2 \to A'_i\ (i\neq 1)$ の場合が $G(n-2)$ 通り

よって，$n\geq 3$ のとき，

$$G(n-1)=1\cdot F(n-2)+(\boldsymbol{n-2})\cdot G(n-2) \quad\cdots\cdots ②$$

①から，

$$G(n-1)=\frac{F(n)}{n-1},\qquad G(n-2)=\frac{F(n-1)}{n-2}$$

これを②に代入して式を整理すれば

$$F(n)=(\boldsymbol{n-1})\cdot F(n-1)+(\boldsymbol{n-1})\cdot F(n-2) \quad\cdots\cdots ③$$

ここで，招待状の封筒へのすべての入れ方は $n!$ 通りであるから，

$$P(n)=\frac{\boldsymbol{F(n)}}{\boldsymbol{n!}}\quad\text{だから}\ F(n)=n!P(n)$$

よって，$F(n-1)=(n-1)!P(n-1)$
$F(n-2)=(n-2)!P(n-2)$

③に代入し両辺を $(n-1)!$ で割ると

$$nP(n)=(\boldsymbol{n-1})\cdot P(n-1)+1\cdot P(n-2) \quad\cdots\cdots ④$$

(2) ④の式を変形すると，

$$n\{P(n)-P(n-1)\}=-1\{P(n-1)-P(n-2)\}$$

したがって，
$a_n = P(n) - P(n-1)$ とおくと，
$$na_n = -a_{n-1}$$
$$(n-1)a_{n-1} = -a_{n-2}$$
$$\vdots$$
$$3a_3 = -a_2$$

辺々かけると，
$$3 \cdot 4 \cdots n \cdot a_n = (-1)^{n-2} a_2$$

$n=1$ のとき，招待状と封筒が各1通
$n=2$ のとき，招待状と封筒が各2通

$$\therefore \quad P(1) = 0, \quad P(2) = \frac{1}{2} \text{ より } a_2 = \frac{1}{2}$$

また，$(-1)^{n-2} = (-1)^n$ だから
$$a_n = P(n) - P(n-1) = (-1)^n \frac{1}{n!}$$

これから，n を次々に下げていくと
$$P(n-1) - P(n-2) = (-1)^{n-1} \frac{1}{(n-1)!}$$
$$P(n-2) - P(n-3) = (-1)^{n-2} \frac{1}{(n-2)!}$$
$$\vdots$$
$$P(2) - P(1) = (-1)^2 \frac{1}{2!}$$

辺々加えると
$$P(n) = \frac{1}{2!} - \frac{1}{3!} + \cdots + (-1)^n \frac{1}{n!}$$

(参考文献)

注1．『確率論の生い立ち』安藤洋美著．現代数学社．1992．
注2．『確率論史』アイザック・トドハンター著．安藤洋美訳．現代数学社．1975．

(ii) 合鍵の問題

【試問32】

　ある部屋の「鍵」を含めて相異なる10個の「鍵」がある．どれがその部屋の「鍵」かわからないので，これらの「鍵」を一つずつ試してみる．ただし「鍵」はまだ試していないものから一個任意に取り出すものとする．
(1)　1回目で「鍵」が合う確率を求めよ．
(2)　2回目に「鍵」が合う確率を求めよ．
(3)　k 回目（$k=1, 2, \cdots, 10$）に「鍵」の合う確率を求めよ．　秋田大．（鉱山）．

ヒント　日常生活の中で誰でも経験するような大変身近な内容です．明らかに**一致の問題**ですから前回と同様に，部屋の位置と鍵に番号を付けて部屋と鍵との一致で考えてみよう．

　部屋が10個あるとし，それに番号が付けてあるとします．また，それぞれ10個の部屋に合う10個の鍵には同じ数字が付けてあるものとします．

　いま，**部屋（番号）を指定**しそれが該当の部屋と考えます．そこで，鍵を並べて指定の部屋の番号と鍵の数字が一致したとき，その合鍵が取り出されたことになります．さらに，鍵が並んだ順序に試していくとすれば，その過程では

指定部屋の番号	合鍵数字	試行回数
1	1	1
2	2	2
$\vdots$	$\vdots$	$\vdots$
k	k	k

のように指定の部屋とその合鍵を取り出すまでの試行の回数も合鍵の番号と一致すると考えることができます．

　このように観点を変えることによって，問題は部屋が何番の位置かと云う**場所占め問題**や最初から何回目で鍵が合うかと云う**時間待ちの問題**とも見ることができます．

　問題を解くとき非復元（1回ごとに鍵の本数が減っていく）であることを考

慮すれば容易で，また，(1), (2)の結果から帰納的に(3)も類推できます．

余談

1. 問題の一般化

上の問題を一般化したのが次の問題です．

問題1．

ある人がn個の鍵を受け取った．ただし，$n>1$とする．彼の部屋のドアに合う鍵はその中の1個だけである．そこで彼は，n個の鍵を順次1個ずつ試してみることにした．鍵が合うまでの回数rは1, 2, …, nのいずれかである．このとき，r回目に鍵が合う確率を求めよ． 　　　　　早稲田大．(政経)．

この問題を箱と球の対応による思考実験の1つの**モデル**を作ると次のようになります．

"1からnまでの番号の付いた箱を順に並べて置く．同じように1からnまでの数字を付けたn個の球から無作為に1個ずつ取り出し箱に順に入れていく．このとき指定したr番目の箱に数字rの球が入る確率を求めよ．"

この結果はn^{-1}で一定（rに無関係）となります．証明をして確認して下さい．

これから，思い浮かぶのが"籤を引く順番と当り籤を引く確率"についての問題です．

問題2．

"n本の籤の中に1本の当り籤がある．この籤をk人が1人ずつ順に引いていくとき，引いた籤は元に戻さないものとする．i番目に籤を引く人が当たり籤を引く確率を求めよ．ただし，$n \geq k \geq i$とする．"

これを解くと，

◀解答▶

k人を$A_1, A_2, \cdots, A_k$とし，第i番目に引く人A_iが当り籤を引く確率を$P(A_i)$とすると，

$$i=1\text{のとき，}P(A_1)=\frac{1}{n} \qquad \cdots\cdots ①$$

$2 \leqq i \leqq k$ のとき,

　$(i-1)$ 番目に引く人 A_{i-1} まで空籤を引き i 番目に引く人 A_i が残った $(n-i+1)$ 本の中から当たり籤を引く確率は

$$P(A_i) = \frac{n-1}{n} \cdot \frac{n-2}{n-1} \cdot \cdots \cdot \frac{n-i+1}{n-i+2} \cdot \frac{1}{n-i+1} = \frac{1}{n} \quad \cdots\cdots ②$$

①,②から k 人のそれぞれの当り籤を引く確率はすべて n^{-1} で等しくなり引く順番により不公平は生じないことになります．

　この問題は時間待ちの問題（i 回目に当たる）と考えれば上述の合鍵の問題と内容は同じになります．

　入試では単純な形で出題されることも，次の問題のように幾つかの小問の1つとして含まれていることもあります．後者の場合は試行や事象が独立か従属かということ，場合の数を求めるときは順列と組み合せの関係，さらに重複かそうでないかなどを問題文から正しく判断していくことが重要です．

問題3．

　ある教授が研究室，実習室，実験室，会議室の4つの部屋の鍵をそれぞれ1本ずつ，束にして持っている．これらの鍵は，互いによく似ていて見分けがつかないが，別の部屋の鍵では開けられない．このとき，次の問いに答えよ．

(1) この教授が各部屋を開けようとして1回ずつ試みたとき，どの部屋も開けられない確率を求めよ．ただし，使った鍵はもとの束に戻すものとする．

(2) 3人の学生に適当に1本ずつ鍵を渡し，1人には実習室，もう1人には実験室，残りの1人には会議室を開けるように頼み，教授は研究室を開けようとしたとき，どの部屋も開けられない確率を求めよ．

(3) 4部屋の合鍵を合計10本作るとすれば，何通りの作り方が可能か．ただし，各部屋の合鍵は少なくとも1本以上作るものとする．

(4) 大学全体で合鍵を作ったが，そのうちの400本を無作為に選び出し調べたところ，8本が不良品であった．合鍵全体に対して不良品の含まれる比率を95％の信頼度で推定せよ．

　　　　　　　　　　　　　　　　　　　　　　　　　　　　　弘前大．（理）．

◀解答▶

(1) 使用した鍵が元の束に戻されて，次に使用する状態は最初と同じ（復元抽出）だから独立試行となり，

16

1つの部屋が1回の試行で開かない確率が $\frac{3}{4}$ より，

$$\therefore \left(\frac{3}{4}\right)^4 = \frac{81}{256}$$ 【答】

(2) これは前回の一致の問題と同じです．部屋の位置を 1, 2, 3, 4 とし，それぞれの合鍵を 1′, 2′, 3′, 4′ として 4 個の鍵を並べたとき，全ての並べ方は 4!＝24 通りあります．このとき各部屋の番号と並べた鍵の数字が一致しない場合は，1 の位置に 2′ がきたとき 3 通り，1 の位置にくることができる数は 3 通りあるから全部で 3×3＝9 通りあります．

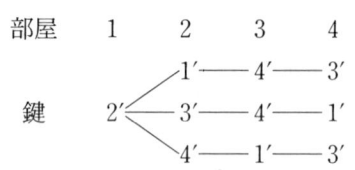

```
部屋    1     2     3     4
              1′─── 4′─── 3′
鍵     2′<── 3′─── 4′─── 1′
              4′─── 1′─── 3′
```

よって，求める確率は $\frac{9}{24} = \frac{3}{8}$ 【答】

(3) モデル化すれば次のようです．

4 つの部屋をそれぞれ異なる 4 つの箱とし，作る 10 本の合鍵を 10 個の球とします．各部屋の合鍵は少なくとも 1 本は作るから最初に球を 1 個ずつ箱に入れておきます．そして残り 6 個の球を 4 つの箱に重複を許して分配すれば 1 つの分配方法に対して 1 通りの合鍵の作り方ができます．よって，求める数は 6 個の球を 4 つの箱に重複を許して入れる入れ方に等しいことが分かります．これから，

$$_4H_6 = {}_9C_6 = {}_9C_3 = 84 \text{（通り）}$$ 【答】

◀**別解1**▶ 組み合わせで考えれば，下図のように 10 個の鍵を □ で表しこれを一列に並べて □ と □ の間の 9 個所から 3 個所を選び | を入れて □ を 4 つの組に分けると，それぞれの組に含まれる □ の個数が 4 つの部屋の鍵の作り方の 1 つとみることができるから

```
部屋↓    1      2      3      4
鍵数    □□|  □□□|  □□|  □□□
```

よって，求める鍵の作り方は

$$_9C_3 = 84 \text{（通り）}$$

となります．

◀別解2▶ 1，2，3，4の鍵の個数をそれぞれ a, b, c, d とし，$a+b+c+d=10$, $1\leq a, b, c, d\leq 7$, a, b, c, d は整数として解いても同じです．

(4) 標本比率は $\dfrac{8}{400}=0.02$

標本の大きさ400は十分大きいから，求める不良品比率 p は95%の信頼度で

$$0.02-1.96\sqrt{\dfrac{0.02\times 0.98}{400}} \leq p \leq 0.02+1.96\sqrt{\dfrac{0.02\times 0.98}{400}}$$

$$\therefore\quad 0.006 \leq p \leq 0.034 \qquad 【答】$$

次の問題を課題とします．

● 課題 ●

異なってはいるが似たような鍵を10個束ねた鍵束がある．その中の1個だけが，いま開けようとしている扉の鍵である．

(1) 10個の鍵の中から任意に1個をとり出して扉を開けることを試み，もし開かなかったら，その鍵を元の鍵束から除き，残りの9個から再び任意に1個の鍵をとり出して扉を開けることを試みる．このようにして，多くとも3回の試行のうちに扉が開く確率を求めよ．

(2) (1)の試行において扉の開かなかった場合の鍵を元の鍵束へもどすとすれば3回以内の試行で扉の開く確率はどうか．

(3) この鍵束から1度に3個の鍵をとり出したとき，その扉を開ける鍵が含まれている確率を求めよ． 帯広畜産大．(理科系)．

答は次のようです．確かめて下さい．

(1) $\dfrac{1}{10}$, (2) $\dfrac{271}{1000}$, (3) $\dfrac{3}{10}$.

2. 一致問題から置換の問題への発展

一致問題は，フランスのモンモールがトレーズと呼ばれるギャンブルから最初に提示しニコラス・ベルヌイが証明し，後にスイスのオイラーも再発見したことはP.3～P.5で述べた通りです．

そこで，この問題は**ベルヌイ・オイラーの問題**とも呼ばれています．

この種の問題は言い換えれば，

相異なる n 個のものを1つの順序から他の順序に置き換える,すなわち,**置換の問題**であることになります.

相異なる n 個のものから $n!$ 通りの順列ができます.したがって,1, 2,…, n の順列を $n!$ 通りの他の順列に置換することができます.ただし,この中にはもとのままの置換(**恒等置換**)や,幾つかの位置に同じものがきている置換も含まれています.

置換は一般に次のように表現します.

$$P = \begin{pmatrix} 1 & 2 & \cdots & n \\ a_1 & a_2 & \cdots & a_n \end{pmatrix} \quad \cdots\cdots ※$$

たとえば,1 2 3 4 5 の 2 1 4 5 3 への置換は次のように記します.

$$P = \begin{pmatrix} 1 & 2 & 3 & 4 & 5 \\ 2 & 1 & 4 & 5 & 3 \end{pmatrix}$$

この置換の考えでベルヌイ・オイラーの問題を説明すれば,
上の※式で,

$$a_i \neq i \quad (i=1,2,\cdots,\ n)$$

を満たす置換,すなわち,すべての数の位置を変える置換(**全換置換**)の個数を求めることと同じ内容になります.

そこで,求める数を F_n とします.

1の置換は1を除く $(n-1)$ 通りの方法があり,そのどれに対しても他の全換置換は等しくなります.したがって,その全換置換の個数を G_n とすれば

$$F_n = (n-1) G_n \quad \cdots\cdots ①$$

が成り立ちます.よって,1を2に置換した場合,すなわち $a_1=2$ を利用して G_n を求めることにします.

そのために,2を置換する場合を2つの型に分けます.

2を1に置換する ($a_2=1$) 型のとき,

$$Q_1 = \begin{pmatrix} 1 & 2 & 3 & \cdots & n \\ 2 & 1 & * & \cdots & * \end{pmatrix}$$

この型の個数は,3, 4,…, n の全換置換だから F_{n-2} 個あります.

2を1以外に置換する ($a_2 \neq 1$) 型のとき,

$$Q_2 = \begin{pmatrix} 1 & 2 & 3 & \cdots & n \\ 2 & * & * & \cdots & * \end{pmatrix}$$

この型の個数は $a_2 \neq 1$ ですから，置換する1と2を入れ替えて

$$Q_2 = \begin{pmatrix} 2 & 1 & 3 & \cdots & n \\ 2 & * & * & \cdots & * \end{pmatrix}$$

とした全換置換の個数に等しくなり F_{n-1} 個あります．よって，G_n は2つの型の個数の和より

$$G_n = F_{n-1} + F_{n-2} \qquad \cdots\cdots ②$$

①，②より

$$F_n = (n-1)(F_{n-1} + F_{n-2}), \quad n > 2$$

ただし，$F_1 = 0$, $F_2 = 1$

以下，試問31.の方法でこの漸化式を解けばよい訳です．このように一致の問題が置換の問題として考えられ，置換の代数へと発展することが分かります．

3．ベルヌイ家の人々とオイラーの関係

一致の問題へのニコラス・ベルヌイやオイラーの貢献についてはすでに触れましたが，数学者オイラーの誕生にはベルヌイ家の人々が深く関わっていました．ここで，ベルヌイ家の人々とオイラーの関わりを通してオイラーの生涯を述べてみましょう．まず，17・18世紀に活躍し数学の発展に多大の貢献をしたベルヌイ家の3代8人を中心とする家系図は次のようです．

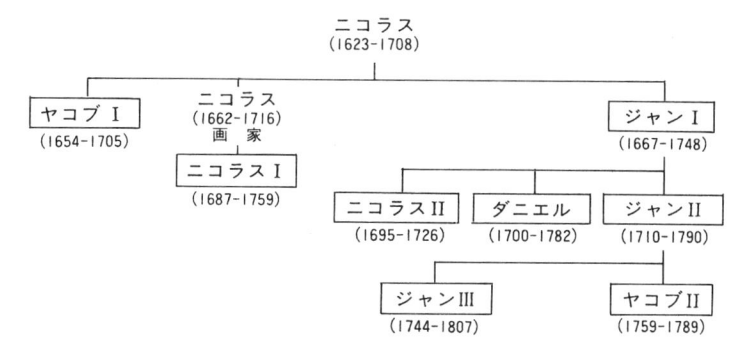

ベルヌイ家初期頃の家系図

ベルヌイ家はユグノー（プロテスタント）で，カトリック教徒の厳しい弾圧や迫害を逃れてアントワープからフランクフルトに移り，16世紀末（1583年）再度スイスのバーゼルに移って，やっと安住の地を得商売を始め大成功をした家柄でした．家系図の最初のニコラスに至るまで商人でした．その子で姓を継いだニコラスは画家となりましたが，この２人のニコラスを除く８人が数学に関わった人々です．モンモールと文通し**一致問題の証明**を届けたのは画家の息子の**ニコラス１世**でした．

　一方，レオンハルト・オイラーは1707年バーゼルで生まれ，翌年父パウル・オイラーがバーゼル近郊のリュヒェン村のカルヴァン派の牧師となり両親と共にその地に移りました．父パウルはバーゼルでヤコブ・ベルヌイ（Ⅰ世）から数学を学びその弟子と云われる人で息子のレオンハルト・オイラーが幼い頃に数学を教えたと云われています．しかし，父は息子が後を継いで牧師になることを望みオイラーはバーゼル大学で神学とヘブライ語を専攻します．そして，それ以外にジャン・ベルヌイ（Ⅰ世）の数学を熱心に受講勉強し，またジャン・ベルヌイは彼の優れた数学の才能を見抜いて特別に個人指導をしました．その結果オイラーは数学に強い関心を持つようになりました．

オイラーの父パウル・オイラーに数学を教えたヤコブ・ベルヌイ

バーゼル大学でオイラーの数学的才能を見抜いたジャン・ベルヌイ

　1724年（17才）で学位を得ると，父は数学に熱中する息子にそれを捨て神学に専念して村の牧師になるよう求めます．バーゼル大学では比較的自由に過ごしジャン・ベルヌイの息子のダニエル・ベルヌイやニコラス・ベルヌイ（Ⅱ世）兄弟とも知り合って親友となり数学に益々強い関心を示します．これらベルヌイ家の人々はオイラーに数学者になることを強く勧め，父にはそれを許す

よう説得しました．結局，父も彼が牧師の後継ぎすることを断念することになります．彼はバーゼル大学での教授を望みますが席が得られず，翌年ペテルスブルグ学士院で職を得ていたダニエル・ベルヌイやニコラス・ベルヌイ兄弟に援助を求め，2人の努力で1727年にロシアは国家状況の変化で就職はきわめて困難な情況にある中彼等の援助でペテルスブルグ学士院へ勤めることになります．1733年ダニエル・ベルヌイがバーゼルに帰った後，26才で学士院の中心的な存在となり，研究に没頭し机上は常に研究論文が山積みだったと言われています．

オイラーを支援した親友のダニエル・ベルヌイ（左）とオイラー（右）
共にバーゼル大学でジャン・ベルヌイから数学を学んだ

その結果，研究の緊張続きで発病し右眼の視力を失うことになりました．

1740年にオイラーはフリードリッヒⅡ世（大王）からベルリン学士院への誘いを受け，その後26年間を数学部長としてベルリンで研究することになりますが，大王とは余りうまくいかず，将来性もないと考え，1766年（59才）にロシアのエカテリーナⅡ世（女帝）の招請を受け再びペテルスブルクに帰りました．オイラーが**一致の問題**を発表したのは『ベルリン……アカデミーの紀要』

オイラーをベルリン学士院に招請したフリードリッヒ大王

オイラーをペテルスブルグ学士院に招請し厚遇したエカテリーナ女帝

(1753年）でした．

　ペテルスブルクではエカテリーナ女帝の厚遇を受けましたが間もなくもう一方の眼も悪化し遂に盲目となりました．その前兆を知ったときオイラーは石盤にチョークで公式を記しておき，目が見えなくなってからは息子に公式を説明しながら口述し筆記させて論文を書き続けました．彼の盲目による絶望の心を静めたのは神学で学んだ信仰心によると云われています．その後大火や妻の先死など度々不幸に遭遇しますが最後まで研究を続け1783年に没しました．孫娘はヤコブ・ベルヌイ（II世）と結婚をしましたが，夫のヤコブは30才の若さで溺死しました．

　オイラーは一生を通じて数学研究に没頭し膨大な量の論文を残し，スイスが誇る最高の数学者になりました．もちろん，高校数学の教科書中にもオイラーの公式は随所で利用され，学習上重要な役割を果たしています．

試問32.の解答

(1) ある部屋の合い鍵は10個の鍵のうち1個であるから，

$$1\text{回で合う確率は}\frac{1}{10}$$ 　【答】

(2) 1回目にちがう鍵を取り出す確率は $\frac{9}{10}$ で，2回目に合鍵を取り出す確率は $\frac{1}{9}$ より，よって，$\frac{9}{10}\cdot\frac{1}{9}=\frac{1}{10}$ 　【答】

(3) 10個の鍵の順列は10!通りである．また，k 番目に合鍵がある順列は9!通りであるから，求める確率は，

$$\frac{9!}{10!}=\frac{1}{10}$$ 　【答】

すなわち，各回目ごとに鍵が合う確率はすべて等しい．

（参考文献）

注1．『数学をつくった人びと』E・T ベル著．田中勇，銀林浩訳．東京図書．1976．

注2．『確率論史』アイザック・トドハンター著．安藤洋美訳．現代数学社．1975．

注3．『オイラー』E・A・フェルマン著．山本敦之訳．シュプリンガー・フェアラーク東京．2002．

(iii) 誕生日の曜日が同じ確率は？

【試問33】

n人からなるクラスがある．これらn人の誕生日の曜日に関して，次の問いに答えよ．ただし，各人の誕生日は互いに独立とし，どの曜日に生まれることも同様に確からしいとする．

(1) このクラスで，少なくとも2人が同じ曜日である確率を求めよ．

(2) (1)で求めた確率が1/2より大きくなるためには，このクラスは少なくとも何人いればよいか．
名古屋工大．

誕生日一致の問題はパズルの問題としてもよく取り上げられています．また，入試においてもしばしば登場します．

この確率問題をパズル的な観点から最初に説明した人はロシア生まれでアメリカの市民権を得た物理学者**ガモフ**（George Gàmow. 1904-68）といわれています[注1]．ガモフは名著『1，2，3，…無限大』(1974) において，

"確率計算で思いがけない答がでる一例に「**誕生日の一致の問題**」がある．24人の友人があるとき，同じ日に2人から別々に誕生パーテイに招かれる，すなわち，二重に招待されるチャンスは稀だというだろう．何故なら，24人しかいないのに，誕生日であり得るのは1年365日あり，選ぶ日が多いから，24人の誕生日が一致するチャンスは非常に小さいと思うだろうから．だが，驚くだろうが，その判断は全く間違いである．実際，24人の友達のうち2人または数組の2人の誕生日の一致する場合でもかなり高い確率となり，このような結果が起こることは起こらない確率よりも高くなる．……それなのに，同じ日に誕生パーテイに招待されない訳は友達がパーテイを開かないか，呼ばれないかのいずれかだろう．"

と述べ，さらに，ガモフは

"一流の学者を含めてたくさんの人々に試してみたところ，その回答はこのような一致が起こらない

ガ モ フ
物理学・天文学・生物学など研究は多分野にわたる．自然科学を分り易く解説し，その普及への貢献は高く評価されている．

確率を起こる確率に対して 2：1 から 15：1 の範囲とされた．もし私がこれで賭をしていたら大儲けをしただろう．"(注2)
と云っています．

　誕生日を考える期間を 1 年365日とすれば計算が大変複雑となり入試では，多くの場合は誕生月またはこの問題のように誕生日の曜日の一致として出題されています．曜日の一致では余りに短期間でガモフのいう驚きは薄れると思いますが……，自分で予想を立てて当たるか外れるか自分の直感を試してみてください．

(ヒント)

　1週間の曜日は日，月，火，……，土の 7 日ですから，8 人以上であれば必ず少なくとも 2 人は一致します（試問35．p.40参照）．したがって，このときの確率は 1 です．これから，$2 \leqq n \leqq 7$ で考えることになります．

　いま，n 人がすべて異なる曜日の場合の数は，順列から，${}_7P_n$ 通りあり，すべての場合の数は 7^n 通りだから，その確率は，

$$\frac{{}_7P_n}{7^n} = \frac{7 \cdot 6 \cdot 5 \cdots \{7-(n-1)\}}{7^n} = \frac{7}{7} \cdot \frac{7-1}{7} \cdot \frac{7-2}{7} \cdots \frac{7-(n-1)}{7}$$
$$= \left(1-\frac{1}{7}\right)\left(1-\frac{2}{7}\right) \cdots \left(1-\frac{n-1}{7}\right)$$

となります．

(1) "少なくとも 2 人が同じ曜日である．"の否定は，"すべての人の曜日が異なる．"となり余事象を利用すれば容易です．

(2) (1)から，求める値は，

$1 - \dfrac{{}_7P_n}{7^n} > \dfrac{1}{2}$ を満たす n の最小値で

$$1 > 1 - \frac{1}{7} > \cdots > 1 - \frac{n-1}{7}$$

から，$1 - \dfrac{{}_7P_n}{7^n}$ は n についての増加関数となります．

(余談)

1．数学的説明

　問題は "少なくとも 2 人の曜日が一致する事象" は "すべての人の曜日が一

致しない事象"の**余事象**であることを利用する例で，

   定理：相異なる n 個のものから r 個取る順列の数は，

  (1) **重複を許さないとき** $_n\mathrm{P}_r$ **通り**

  (2) **重複を許すとき** n^r **通り**

を求めることに帰着します．これから，相異なる n 個のものから任意に r 個取る順列で，すべて異なる場合の確率 p は

$$p = \frac{_n\mathrm{P}_r}{n^r}$$

となります．

  ガモフと同時代の**W. フェラー**（William Feller. 1906-70）は『確率論とその応用』(1950) で次のようにまとめています．(注3)

  "r 人の誕生日は，1年中のすべての日という母集団からの大きさ r の標本となる．……すべての r 人の誕生日が全部ちがっている確率 p は

$$p = \frac{_{365}\mathrm{P}_r}{365^r} = \left(1 - \frac{1}{365}\right)\left(1 - \frac{2}{365}\right)\cdots\cdots\left(1 - \frac{r-1}{365}\right) \quad (*)$$

である．この場合数値を入れて計算すると驚くような結果が得られる．上式から $r = 23$ 人に対しては $p < \frac{1}{2}$ を得る．すなわち，24人のうち少なくとも2人が同じ誕生日をもつ確率は $\frac{1}{2}$ 以上である．"

  ($*$)式の計算で r が小さいとき，展開式の3項以上を無視して，

$$p \fallingdotseq 1 - \frac{1 + 2 + \cdots\cdots + (r-1)}{365} \fallingdotseq 1 - \frac{r(r-1)}{730}$$

を利用します．

  誕生日が一致する確率をグラフで示すと右のようです．当然のことですが，これは**死亡日**が一致する確率でもあります．

  フェラーは，同種のよく知られた例である**エレベーター**の問題も取り上げています．

  "エレベーターは7人の客を乗

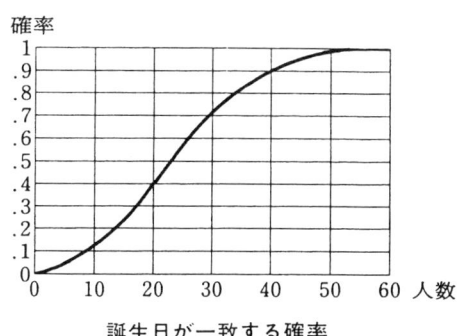

誕生日が一致する確率

せて10個の階に止まる．同じ階で2人の客が降りることのない確率はいくらか．ただし，客がどの階で降りるかはすべて等しい確率とする．"

このとき解として，

$$p = \frac{{}_{10}P_7}{10^7} \fallingdotseq 0.06$$

が得られます．

誕生日の一致に関する問題をもう少し調べてみよう．

2．誕生日の一致に関する問題

問題1．

4月生まれの5人の誕生日が
(1) 全然一致しない確率を求めよ．
(2) 2人だけ一致する確率を求めよ． 　　　　　　　　　　姫路工大．

簡単な復習問題です．

◀解答▶ 4月は30日あるから，
(1) 5人の誕生日のすべての場合の数は30^5通りある．そのうち，5人の誕生日が異なる場合の数は，

$$_{30}P_5 = 30 \cdot 29 \cdot 28 \cdot 27 \cdot 26$$

通りあるから，求める確率は

$$\frac{30 \cdot 29 \cdot 28 \cdot 27 \cdot 26}{30^5} = \frac{2639}{3750} \fallingdotseq 0.704 \qquad 【答】$$

(2) まず，特定の2人の誕生日が一致した場合にこの2人は1組として，この1組と他3人との誕生日がすべて異なる場合の数は

$$_{30}P_4 = 30 \cdot 29 \cdot 28 \cdot 27$$

通りあり，次に，特定の2人の組合せは

$$_5C_2 = \frac{5!}{3!\,2!} = 10 \text{ 通り}$$

ある．よって，求める確率は

$$\frac{30 \cdot 29 \cdot 28 \cdot 27}{30^5} \cdot 10 = \frac{203}{750} \fallingdotseq 0.271 \qquad 【答】$$

問題2.

ある町の住人を任意に3人選んで1, 2, 3と番号をつけ，それぞれの人の生まれた曜日を調べる．ただし町の人口は十分多く，その中でどの曜日に生まれた人も同じ割合であるとする．

3人のうち少なくとも2人が同じ曜日生まれであるという事象をA，1番の人が日曜日生まれであるという事象をB，また3人全員が同じ曜日生まれであるという事象をCとする．

(1) 事象Aの確率を求めよ．
(2) 事象AとBは独立であることを示せ．
(3) 事象Cが起こらないことがあらかじめわかったときの事象Aの条件付確率を求めよ． 　　　　　　　　　　　　　　　　筑波大．(自然学類)．

(1) これまで同様にAの余事象の確率を利用します．(2) 事象AとBが独立とは $P(A \cap B) = P(A) \cdot P(B)$ が成立することをいいます．(3) 条件付確率 $P_{\overline{C}}(A)$ を求めるには $P(A \cap \overline{C}) = P(\overline{C}) \cdot P_{\overline{C}}(A)$ から求められます．

【解答】(1) 事象A：少なくとも2人が同じ曜日に生まれる．だから，
事象 $\overline{A}$：3人とも異なる曜日に生まれる．
となります．ここで，

$$P(\overline{A}) = \frac{_7P_3}{7^3} = \frac{7 \cdot 6 \cdot 5}{7^3} = \frac{30}{49}$$

よって，求める確率は

$$P(A) = 1 - \frac{30}{49} = \frac{19}{49}$$ 　　　　　【答】

(2) 事象Bの確率は $P(B) = \frac{1}{7}$ である．

$$\therefore \quad P(A) \cdot P(B) = \frac{19}{49} \cdot \frac{1}{7} = \frac{19}{7^3}$$

また，事象 $A \cap B$ は，次のア．〜エ．の4つの場合がある．

ア．1, 2, 3すべて日曜日
イ．1, 2が日曜日で3は日曜日以外
ウ．1, 3が日曜日で2は日曜日以外
エ．1が日曜日で2, 3は日曜日以外の同じ曜日

ここで，ア の場合は1通り，イ．～エ．の場合はそれぞれ6通りあるから

$$P(A\cap B)=\frac{1+6\times 3}{7^3}=\frac{19}{7^3}$$

$$\therefore \quad \mathbf{P(A\cap B)=P(A)\cdot P(B)}$$

よって，事象 A と B は独立　　　　　　　　　　　　　　　　【答】

(3)　$P(C)=\frac{7}{7^3}=\frac{1}{49}$ だから

$$P(\overline{C})=1-P(C)=\frac{48}{49}$$

次に，事象 A は事象 C を含むから，$P(A\cap C)=P(C)$ である．したがって，$P(A)=P(A\cap C)+P(A\cap \overline{C})$ より

$$P(A\cap \overline{C})=P(A)-P(A\cap C)=\frac{19}{49}-\frac{1}{49}=\frac{18}{49}$$

よって，

$$P_{\overline{C}}(A)=P(A\cap \overline{C})/P(\overline{C})=\frac{18}{49}\Big/\frac{48}{49}=\frac{3}{8} \qquad 【答】$$

次に，もう少し発展した問題を考えてみよう．

問題3．

無作為に13人を選ぶとき，日曜日生まれの人の数を X，土曜日生まれの人の数を Y とする．このとき，次の問いに答えよ．ただし，どの曜日に生まれる確率も $\frac{1}{7}$ とする．

(1)　$X=k$, $Y=m$ となる確率 $P(X=k, Y=m)$ を k, m の式として表せ．ただし，$0\leq k$, $0\leq m$, $k+m\leq 13$ とする．

(2)　$P(X=k, Y=2)$ が最大となる k を求めよ．　　　　北海道大．(理系)．

曜日は7日で13人いるから必ず曜日の同じ人が存在します．(p.40．参照)

(2)　$X=k$, $X=k+1$ のときの確率を比較する．そのため比 $\frac{P(k+1)}{P(k)}$ と 1 との大小を調べる．

◀解答▶ (1)　日曜日生まれ k 人，土曜日生まれ m 人だから，それ以外の曜日に生まれた人は $(13-k-m)$ 人です．

そして，ある人が日曜日，土曜日以外の日に生まれる確率は $\frac{5}{7}$ です．よっ

て，求める確率は

$$P(X=k,\ Y=m) = {}_{13}C_k \cdot {}_{13-k}C_m \cdot \left(\frac{1}{7}\right)^k \cdot \left(\frac{1}{7}\right)^m \cdot \left(\frac{5}{7}\right)^{13-k-m}$$

$$= \frac{13!}{k!\,m!\,(13-k-m)!} \cdot \frac{5^{13-k-m}}{7^{13}} \qquad 【答】$$

となります．

(2) (1)で得た結果で，$m=2$ とおくと，

$$P(X=k,\ Y=2) = \frac{13!}{k!\,2!\,(11-k)!} \cdot \frac{5^{11-k}}{7^{13}}$$

これは，k の関数ですから改めて $P(k)$ とおくと，$0 \leq k \leq 12$ のとき，

$$\frac{P(k+1)}{P(k)} = \frac{13!}{(k+1)!\,2!\,(10-k)!} \cdot \frac{5^{10-k}}{7^{13}} \times \frac{k!\,2!\,(11-k)!}{13!} \cdot \frac{7^{13}}{5^{11-k}} = \frac{11-k}{5(k+1)}$$

$\dfrac{11-k}{5(k+1)} \geq 1$ とおくと，$k \leq 1$ から

$$k=0\ のとき\ P(k) < P(k+1)$$
$$k=1\ のとき\ P(k) = P(k+1)$$
$$k=2\ のとき\ P(k) > P(k+1)$$
$$\vdots$$
$$k=11\ のとき\ P(k) > P(k+1)$$

$$\therefore\ P(0) < P(1) = P(2) > P(3) > \cdots\cdots > P(11) > P(12)$$

よって，$P(X=k,\ Y=2)$ は **$k=1,\ 2$ のとき最大**となる． 【答】

次の問題には暦上のちょっとした落し穴があります．課題としますので考えて下さい．

● 課題 ●

1968年生まれの者が366人居るとき，全員の誕生日が異なる確率はいくらか．

自治医科大．

答は，$\dfrac{365!}{366^{365}} \left(= \dfrac{366!}{366^{366}}\right)$ となります．1968年はうるう年であったからです．

試問33．の解答

(1) 曜日は7日だから，8人以上のときは必ず誕生日の曜日が一致する人が存

在する．

よって，求める確率 P_n とすると，

$$8 \leq n \text{ のとき，} P_n = 1 \quad \text{【答】}$$

$2 \leq n \leq 7$ のとき，

起こり得るすべての場合は 7^n 通りある．また，すべての人が異なる場合は，${}_7P_n$ 通りあるから，その確率は $\dfrac{{}_7P_n}{7^n}$ である．よって，少なくとも2人の誕生日が一致するのは，この余事象の確率より，

$$P_n = 1 - \dfrac{{}_7P_n}{7^n} \quad \text{【答】}$$

(2) (1)から，

$$\dfrac{1}{2} < 1 - \dfrac{{}_7P_n}{7^n} \quad \therefore \quad \dfrac{{}_7P_n}{7^n} < \dfrac{1}{2}$$

ここで，

$$\dfrac{{}_7P_n}{7^n} = \dfrac{1}{7^n} \cdot 7 \cdot 6 \cdots \{7-(n-1)\} = \dfrac{6}{7} \cdot \dfrac{5}{7} \cdots \dfrac{7-(n-1)}{7}$$

$$= \left(1 - \dfrac{1}{7}\right)\left(1 - \dfrac{2}{7}\right) \cdots \left(1 - \dfrac{n-1}{7}\right)$$

よって，

$$n = 2 \text{ のとき，} \dfrac{6}{7} > \dfrac{1}{2}$$

$$n = 3 \text{ のとき，} \dfrac{6}{7} \cdot \dfrac{5}{7} = \dfrac{30}{49} > \dfrac{1}{2}$$

$$n = 4 \text{ のとき，} \dfrac{6}{7} \cdot \dfrac{5}{7} \cdot \dfrac{4}{7} = \dfrac{120}{343} < \dfrac{1}{2}$$

$$\vdots$$

この値は n が増加すれば減少するから，ゆえに，求める n の最小値は4となり少なくとも4人いればよい． 【答】

(参考文献)

注1．『入試問題が語る数学の世界』岸吉堯著．現代数学社．2004．p.140．

注2．『宇宙=1, 2, 3, …, 無限大』崎川範行他訳．白揚社．1992．

注3．『確率論とその応用 I 上』W.フェラー著．河田龍夫監訳．紀伊国屋書店．1960．

2. 人の「発言」に基づく推論問題

X氏は誰か？

【試問34】

4組8人の夫婦のパーティーが開かれ，開宴に際して出席者の間で握手が交わされた．どの人も自分はもちろん自分の同伴者とは握手をしなかったし，同じ人と2度以上は握手しなかった．握手のあと，X氏は自分の妻も含めた各人に，「握手は何回しましたか」と尋ねたところ，おどろいたことにどの人も異なる回数を答えた．

(1) 次の空欄に当てはまる適当な数・式または語を記せ．

この8人をA，B，C，D，E，F，G，Hとする．異なる握手の回数は，① ～ ② だから，最多握手回数 ③ の人Aと最小握手回数 ④ の人Hがいる．次の残り6人の中に次の最多握手回数 ⑤ の人Bと次の最小握手回数 ⑥ の人Gとがいる．さらにそれらを除いた4人の中に握手回数 ⑦ の人Cとそれより少ない握手回数 ⑧ の人Fがいるであろう．このうち夫婦であるのは，Aと ⑨ ，Bと ⑩ ，Cと ⑪ ，Dと ⑫ とである．

(2) X氏は誰か？　その理由を述べよ．　　　　　　　明治大．(経営)．

この問題も内容は条件から最多と最小の組を次々に決定して解く**組合せの問題**です．

ブタペスト生まれのアメリカの数学者**ハルモス**（Paul Richard Halmos. 1916- ）の考えた問題といわれるもので，原題では

"S氏の家でパーティが催された．（S氏夫妻の他に）4組の男女がいた．全員ではないが多くの人が握手をした．同じ相手と2回握手した人はいないし，同伴者と握手した人もいない．S氏夫妻も何回か握手した．

パーティの終わりにS氏は客に何回握手したかを尋ねた．客の答えはすべて異なる回数であった．S氏自身は何回握手したか．"(注1)

と5組10人の夫婦になっています．この問題が大変面白く関心を引くのはS氏を除く9人の握手の回数がすべて異なるという点で，本当にそのようなことが起こり得るかと予想を狂わすことです．

ヒント

問題の内容が明確で，しかも，解法が誘導式になっていますから，条件に注意して枠を埋めていけば解けるやさしい問題です．

また，下図のようにグラフや視覚図で表現して考えれば確認もでき有効です．

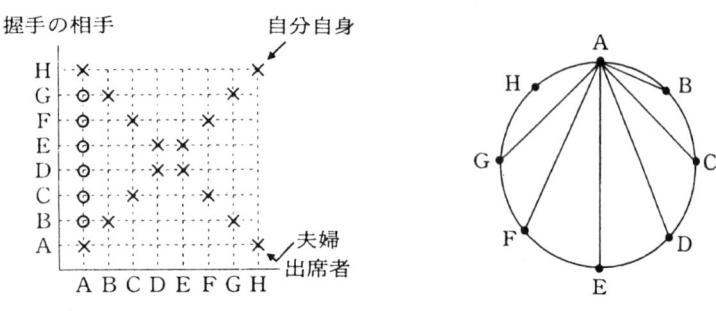

握手回数の多い者から順にA，B，C，…，Hとする．

握手をした相手は○印，握手をしなかった相手は×印を記す．
（右上がり対角線に関して対称．）

出席者を点A，B，…，Hで示し，円形に並べる．
握手をした相手を線で結ぶ．

注意を要するのはX氏自身の握手の回数は他の誰かと同じか，異なるかについては考えないことです．

余談

1．嘘の発言から真相や矛盾を解く問題

人の発言（情報）から，事柄（命題）の真・偽の判定や矛盾を見付ける**推論問題**もいろいろな形式で見かけます．

次の問題は虚偽の発言から真相を推論するものです．

問題1．

A，B，C，D，E，F，G，Hの8人が，下図のような円形のテーブルに向かい，ア～クまでの席に着いて食事をした．その席順について，

Aは「Gは自分のとなりにいた」
　　Bは「Aの左どなりの席であった」
　　Cは「Aの向かい側にいた」
　　Dは「Fの正面の席ではなかった」
　　Eは「自分とDとのあいだには誰かいた」
　　Fは「Aの右どなりではなかった」
　　Gは「Dのとなりであった」
　　Hは「Fとは離れていた」

と言っているが，実は，各人の発言はすべて誤りであった．8人の席順はどうであったか．ただし，Aの席は，図のアの位置とする．　　　　群馬大．(文)．

　8人の発言はすべて誤り（偽）より，各発言を否定すれば正しく（真）なります．
　したがって，各発言を否定して順次席を決めていけばよいことになります．

◀解答▶　各人の発言を否定して正しい発言に直していくと，
　　　　　　条件より：Aはア．の席です．
　　　　　　Fの発言：Fはイ．の席です．
　　　　　　Dの発言：Dはカ．の席です．
　　　　　　Hの発言：Hはウ．の席です．
　　　　　　Eの発言：Eはオ．またはキ．の席です．

(1)　Eがオ．の席のとき，
　　　　　　AとGの発言：Gはエ．の席です．
　　　　　　Bの発言：Bはキ．の席です．
　以上から，Cの席はク．でCの発言と矛盾しないから適す．

(2)　Eがキ．の席のとき，
　　　　　　AとGの発言：Gはエ．の席です．
　　　　　　Bの発言：Bはオ．の席です．
　以上から，Cの席はク．でCの発言と矛盾しないから適す．

　解答は2通りあり次の図のようです．

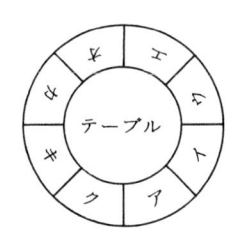

　　　　(1)の場合　　　　(2)の場合　　　　　　　　【答】

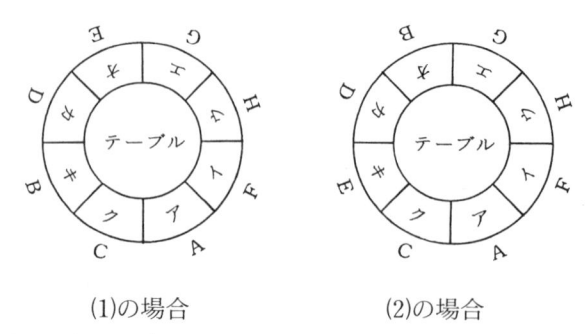

　この問題では全員が嘘をついた場合ですが，嘘と真実の混合する発言を論理的に推論して真偽を調べる問題もあります．

問題2.

　甲，乙，丙，丁の4人の血液型はすべて異なっていて，A型，B型，AB型，O型のいずれかである．4人は自分の血液型について，次のように述べたが，3人は真実を，1人は誤りを言っている．

　　　　甲：「A型である」　　乙：「O型である」
　　　　丙：「AB型である」　　丁：「AB型でない」

このとき次の命題(a), (b), (c), (d)おのおのについて，それが上のことがらに矛盾しているかどうかを判断せよ．

　　　　(a)　甲は誤りを述べている
　　　　(b)　乙は誤りを述べている
　　　　(c)　丙は誤りを述べている
　　　　(d)　丁は誤りを述べている　　　　　　東京理科大．(薬)．

　各場合について順に調べていきます．

◀解答▶

　人と血液型の対応をつくって調べると

(a)のとき，	(b)のとき，	(c)のとき，	(d)のとき，
甲——B	甲——A	甲——A	甲——A
乙——O	乙——B	乙——O	乙——O
丙——AB	丙——AB	丙——＊	丙——AB
丁——A	丁——O	丁——＊	丁——B

のように，(a)，(b)，(d)のときは矛盾しないが(c)のときは，＊で丙と丁が共に真実や共に誤りを言っていることになり3人が真実を，1人は誤りを言っていることに矛盾する．よって，**矛盾は**(c)**である．**　　　　　　　　　【答】

2. 古典的な「嘘つきと正直者の判定」問題

よく知られている問題に次のような問題があります．

"ある島の住民には，正直者と嘘つきの2つの型があり，同じ型の者は同じ地域にそれぞれ住んでいるが両地域の往来は自由である．

いま，この島を訪れたM氏は島の住民の1人に出合った．M氏は，いま自分がどちらの地域にいて，その人がどちらの地域の住人であるかを知らない．

この人に「イエス」か「ノー」だけで答えられる質問をして，自分がどちらの地域にいて，その人がどちらの住民かを知るためには**最小何回質問**すればよいか．"

という内容です．分かり易くするため樹形図を描くと，次の4通りの場合があります．

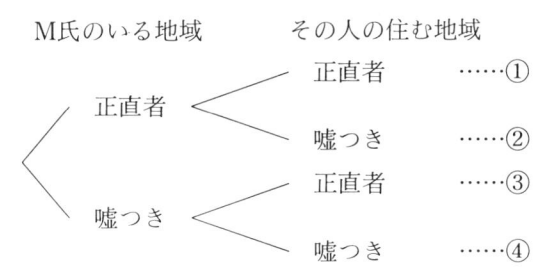

```
M氏のいる地域       その人の住む地域
                    正直者    ……①
    正直者
                    嘘つき    ……②
                    正直者    ……③
    嘘つき
                    嘘つき    ……④
```

そこで，まず，内容を別々にして質問を考えてみよう．もちろん，質問する"言葉"は種々ありますから，どのような返答を得たら決定できるかを考えればよいわけです．例えば，

(1) 「M氏はどちらの地域にいるか．」を調べるには，
　　　　質問：「あなたは，この地域に住んでいますか」
　　　　解答：「イエス」ならば正直者の地域
　　　　　　　「ノー」ならば嘘つき者の地域
　　　　理由：どちらの住人の返事も同じとなります．

	正直者の返事	嘘つきの返事
正直者の地域	イエス	イエス
嘘つきの地域	ノー	ノー

(2)「その人が正直者か嘘つきか．」

質問：「1＋1は2ですか」
解答：「イエス」ならば正直者
　　　「ノー」ならば嘘つき

	返事
正直者	イエス
嘘つき	ノー

理由：質問の内容が正しい．

　以上から，それぞれ1回の質問でM氏の知りたいことは分かります．したがって，2回質問すれば解決可能であることは明らかです．それでは，唯1回だけの質問で解決できる質問がつくれるか？．答は不可能です．つまり，1回の質問では前述の4つの場合のどれかを決定することはできないことが知られています．これは**情報理論**で取り扱われています．一度いろいろ試してみられたら面白いと思います．

3．エピメニデスのパラドックス

　日常の会話にも論理的に考えれば奇妙なことがよくあります．例えば，何かの折り，A君に向かって"いまの君は本当の君ではない"というような発言をしたとします．もちろんA君にはその言葉の意味（発言者の気持ち）は通じますが，発言の内容は矛盾を含んでいます．なぜなら，A君はいつでも，どこでも本当のA君であるからです．

　矛盾を含む命題は論理的に偽ですが，命題の中には真（正しい）のようだが偽のものや，偽（間違い）のようだが真のものがあります．このような命題を**パラドックス（逆理）**と言います．エレアの**ゼノン**の"アキレスと亀の競争"のパラドックスは余りにも有名です．(注2)

　以下に述べる"**エピメニデスのパラドックス**"はゼノンよりさらに約200年前の紀元前6世紀の書物の記述に関するものです．

　クノソス出身でクレタ人の詩人で郷土史家であった**エピメニデス**（B.C.6世紀）は日本の寓話の浦島太郎に類する伝説のある人です．

　"あるとき父から羊の世話のため農場に行かされ，道に迷ってしまいました．

そのため洞窟で休んでいるうちに眠り込んでしまい，起きたとき彼は僅かな眠りと思っていましたが，57年が過ぎていました．羊を探しましたが見つからず農場に行ってみると，すっかり様子が変わって，農場の所有者も変わっていました．途方にくれ，記憶を辿りながら自分の町に帰ると周囲は知らない人達ばかりで，家人の老人となった弟から事情を聞き真相を知りました．そしてギリシャ人の間で評判となった．"

というものです．そして，彼の生存年数には種々の記録があり，その後，眠っていた年数と同じ年とか，154年間とか，300年に1年足りなかったなどがあります．著書には詩集やクレタの地方史の断片が残っていますが，『託宣集』の中にあった詩をカリマコスが借用して，

「**クレタ人たちは，いつも嘘つきだ**．なぜなら，クレタ人たちは，主なるゼウスよ，あなたの墓を作ったのだ．あなたは常にお在りになるから死ぬことはないのに．」

と記していることを（ヒエロニュモス）という人が伝えています．[注3]

問題は，この詩を書いたエピメニデスがクレタ人であるからパラドックスとなります．すなわち，発言者と発言内容の間にパラドックスが生じることになります．

"クレタ人たちは嘘つき"が正しいならばエピメニデスはクレタ人ですから"嘘をつかないクレタ人がいる"ことになります．

"クレタ人たちは嘘つき"が間違いならば"嘘をつかないクレタ人がいる"ことになりエピメニデスは間違ったこと（嘘）を云っていることになります．

このパラドックスで，エピメニデスを"彼"に，クレタ人を"私"に置き換え，

"**彼は，「私は嘘つきである」と言った．**"としても同じ内容だから，これは**嘘つきのパラドックス**と云われています．

よく知られている同種のパラドックスに"**セヴィリアの理髪師**"があります．

"セヴィリアの男性理髪師は自分で髭を剃ることができないすべての男性の髭を剃る．"するとセヴィリアのこの男性理髪師の髭は誰が剃るだろう？　と云うものです．

ところで，数学の集合論でこの種のパラドックスが起こることが，イギリスの博学者（論理，哲学，数学，社会学）で，しかも平和運動家である**ラッセル**

(Bertrand Arthur William Russell. 1872-1970)によって20世紀の初め（1903年）に発表されました．内容を示すと，

いま，集合全体を次の2つの組みに分けて考えます．

第1の組：自分自身を要素として含まない集合
第2の組：自分自身を要素として含む集合

そうすると，任意の集合は，

* 　第1の集合か第2の集合のどちらかに属す
** 　第1の集合と第2の集合に同時に属すことはない

ことになります．

ラッセル
ラッセルは数学を論理学から導こうと努力しましたが，完全に数学を論理学に帰着させることは不可能であることがわかりました．

さて，第1の集合に属している要素全体の集合を作ります（＝**第1の集合自分自身**）．すると，第1の集合が自分自身を要素とする集合を含むことになり，第1の集合の定義に矛盾します．また，この第1の集合に属している要素全体の集合（＝第1の集合自分自身）が第2の集合に属すとすれば，第2の集合が第1の集合を含むことになり*に矛盾します．

このパラドックスを**ラッセルのパラドックス**と言います．

試問34.の解答

(1) 握手の回数の範囲についてみると，X氏とX氏の妻とは握手しないから，握手の最大回数は6回である．したがって，X氏を除く7人の握手の回数は6，5，4，3，2，1，0の7通りである．

∴ 異なる握手の回数は0～6である．

よって最多握手回数6の人Aと最小握手回数0の人Hがいる．AとHを除くと，同様に，次の最多握手回数5の人Bと次の最小握手回数1の人Gがいる．さらに，BとGを除くと，残り4人の中で最多握手回数4の人Cと最小握手回数2の人Fがいる．

次に，Aの握手回数6であるから，Aと握手をしなかったのは1人であるから，この人はAの妻であり握手回数0のHである．よって，AとHは夫婦である．

Bの握手回数は5であり，握手をしなかったのはHと同伴者の2人である．
ここで，Gは握手回数1でAと握手しているからBと握手していない．
よってBとGは夫婦である．
同様にして，CとF，DとEが夫婦である．

(2) 人数は8人で，握手の回数は0～6の7つの場合であるから，X氏の握手の回数は誰かの回数と一致する．（**ディリクレの原理**：p.40 参照）

ここで，(1)で調べた同伴者の組（A，H），（B，G），（C，F）の握手回数 (6，0)，(5，1)，(4，2) のどれかの回数と一致すると仮定すると，いずれの場合もX氏の妻の握手回数が他と一致し，X氏以外すべて異なる回数という条件に反する．よって，X氏の妻の握手回数は3でありX氏の握手回数も3となって，2人はDとEである．

X氏は**D**か**E**のいずれかである．

◀**別解**▶ この問題は，ヒントで示したように次のように人を点で表して円形に並べ，握手をした人を線で結び，視覚図で調べると関係がよく分かり簡単である．

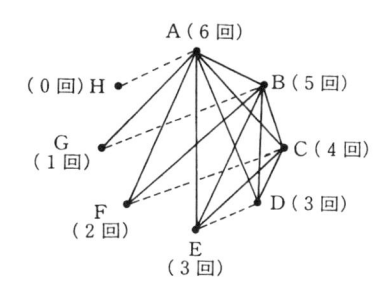

3回握手した人が2人となる．したがって，X氏は3回握手したことになり，DまたはEである．点線が夫婦となります．

(参考文献)
注1．『問題解決への数学』Steven. G. krantz 著．関沢正躬訳．丸善．2001．p.35．
注2．『入試問題が語る数学の世界』岸吉堯著．現代数学社．2004．p.82．
注3．『ソクラテス以前哲学者断片集』（第1分冊）内山勝利他訳．岩波書店．1996．p.52-69．

3. ディリクレの原理

引き出し論法

【試問35】

「$(n-1)$ 以下の引き出しに n 個の物をしまえば，どこかの引き出しには2個以上の物がはいらなくてはならない[1]．」

この至極当然の道理は，**ディリクレの原理**といって数学ではよく利用される．さて，この原理を使って，

「どのような会合においても，その中に友人の数が同じであるような人が少なくとも2人はいる．」ことを証明しよう．ただし，友人関係は相互的であって，自分自身は友人とはいわない．

会合に集まった n 人のおのおのに，その友人の数を対応させる．友人の数は最小 0 から最大 $n-1$ までにわたり得るが，0 と $n-1$ とが同時に現れることはない[2]．

したがって，友人の数は $n-1$ を越えない．そこで，ディリクレの原理により，同じ友人数をもつ人が2人はいることになる[3]．

(1) なぜか，理由をわかりやすく述べよ．
(2) なぜか，理由を述べよ．
(3) ディリクレの原理をどう適用したか．

明治大．（経営）．

原理（Principle）とは，種々の事柄において，認識や行為に普遍的な法則のことを言います．よく知られているものに，"任意の正の実数 a，b について，$an>b$ となる自然数 n が存在する．"という**アルキメデスの原理**があります．問題のディリクレの原理はドイツの数学者 **P. G. L. ディリクレ**が近似式の証明（余談1．参照）に利用した論法ですが，内容は**分配問題の特殊な場合**に関するものであることがわかります．この原理には別名に「**鳩の巣原理**」，「**引き出し（＝抽出し）論法**」，「**部屋割り論法**」などもあります．これまでに1．(ⅱ)の"誕生日の曜日が同じ確率は？"（p. 23）のとき，「8人以上の人が

いれば誕生日の曜日の同じ人が少なくとも2人はいる.」というところでも用いました．今回はこの原理を中心に，その応用問題について述べてみましょう．

ヒント (1)はディリクレの原理の証明，(2)はこの原理を応用する問題に関する証明，(3)で(2)の問題にディリクレの原理を用いて結論を導くようになっています．個々については，

(1) 引き出しの個数とはいる物の個数について，
　ア．$(n-1)$ 個の引き出しに1個ずつ物がはいっているとき
　イ．$(n-1)$ 個の引き出しに空（0個）のものがあるとき
　ウ．引き出しの個数が $(n-2)$ 以下のとき

に分けて考えます．

(2) 背理法を利用します．
　n 人の中で友人の数が $(n-1)$ 人のA君と，0人のB君がいたと仮定します．このとき，A君自身はA君を友人といわないから矛盾が生じます．何故？でしょう．

(3) (2)から引き出しの個数を調べます．すなわち，
　ア．友人 $(n-1)$ の人がいるとき，友人数は　　1, 2, ……, $n-1$
　イ．友人0の人がいるとき，友人数は　　0, 1, ……, $n-2$
となることに注意する．

余談

1．ディリクレの原理

　ドイツのデューレン生まれの数学者**ディリクレ**(Peter Gustav Lejeune Dirichlet. 1805-1859)は少年時代から数学が大好きで，両親の商人になって欲しいという期待に背き，自分の小遣いで数学の書物を買い勉強しました．

　17才のとき，憧れのパリに出て家庭教師をしながら，J.フーリエなど若い数学者と交わって数学を研究しました．特に，ガウスの『整数論』に心酔しこの書を常に大切にし持ち歩いたといわれています．その才能は高く評価され，数学者フンボルトは彼がドイツの大学

ディリクレ
原理は無理数の有理数による近似式（不等式）で用いられ，ミンコフスキーはこの種の不等式をディオファントスの近似と呼びました．

で就職するよう尽力し，22才のときブレスラウ大に勤め，その後，陸軍大学を経て26才のときベルリン大に移りました．1885年ガウスの死後ゲッチンゲン大でガウスの整数論の講義と研究を続け大きな業績を残しました．

ディリクレは1842年に無理数（実数）x を有理数 q/p で近似する次の定理を証明するのに引き出し論法と呼ばれる1つの原理を用いています．

ディリクレの原理

定理：x が与えられた実数であるとき，任意の整数 n について，
$$|px-q|<\frac{1}{n}, \quad 1\leq p<n$$
となる整数 p, q が存在する．

多少技巧を要しますが証明を添えると以下のようです．

証明：

与えられた実数 x について，次のような $(n+1)$ 個の実数をつくります．すなわち，
$$kx-[kx], \quad (k=0, 1, \cdots\cdots, n)$$
ここで，$[kx]$ は kx を超えない最大の整数を表します．（[ ] はガウス記号）

このとき，明らかに $(n+1)$ 個の整数は
$$0\leq kx-[kx]<1, \quad (k=0, 1, \cdots\cdots, n) \quad \cdots\cdots①$$
となります．

そこで，区間 $[0, 1)$（$=0$ と 1 の間で 0 を含み 1 を含まない）を n 個の小区間，
$$\left[0, \frac{1}{n}\right), \left[\frac{1}{n}, \frac{2}{n}\right), \cdots\cdots, \left[\frac{n-1}{n}, 1\right)$$
に分けます．そして，この n 個の小区間を引き出しとみると，①の $(n+1)$ 個の実数の内の少なくとも2個は同じ小区間（引き出し）に入ります．

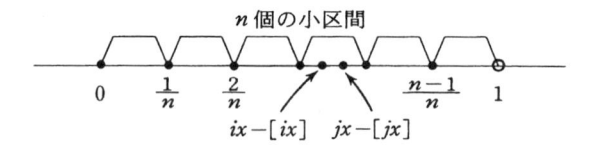

いま，上図のようにある小区間（引き出し）に2つの実数

$$ix - [ix],\ jx - [jx]\ (i < j)$$

が入ったとします．もちろん，
$$0 \leq i < j < n\ \text{で}\ i,\ j,\ [ix],\ [jx]$$

はそれぞれ整数です．そこで，
$$j - i = p,\ [jx] - [ix] = q$$

とおくと，$p,\ q$ は整数です．
$$\therefore\ |px - q| = |(j-i)x - ([jx] - [ix])| = |(jx - [jx]) - (ix - [ix])|$$

であり，各区間は等分幅 $\dfrac{1}{n}$ より，
$$(jx - [jx]) - (ix - [ix]) = \{(j-i)x - ([jx] - [ix])\} < \dfrac{1}{n}$$

$$\therefore\ |px - q| < \dfrac{1}{n}$$

これを変形すると，任意の正整数 n について
$$\left| x - \dfrac{q}{p} \right| < \dfrac{1}{np},\ 1 \leq p < n$$

となる整数 $p,\ q$ が存在することになります．

2．"引き出し論法"の応用問題

問題1．

次の文章は，ある条件を満たすものが存在することを証明する際に，よく使われる「鳩の巣原理」（または，抽出し論法ともいう）を説明したものである．

m 個のものが，n 個の箱にどのように分配されても，$m > n$ であれば，2個以上のものが入っている箱が少なくとも1つ存在する．このことを**鳩の巣原理**という．

たとえば，3つの整数が与えられたとき，その内の少なくとも2つは，ともに偶数であるか，または，ともに奇数である．なぜならば，3つの整数を偶数であるものと奇数であるものとの2組に分けると，鳩の巣原理（$m=3,\ n=2$）により，偶数の組または奇数の組に2つ以上の整数が入っているからである．

この原理を用いて，次の命題(1)，(2)が成り立つことを証明せよ．ただし，証明はこの原理をどのように使ったかがよくわかるようにせよ．

44

(1) 1辺の長さが2の正三角形の内部に,任意に5個の点をとったとき,その内の2点で,距離が1より小さいものが少なくとも1組存在する.

(2) 座標空間で,その座標がすべて整数であるような点を格子点という.座標空間内に9個の格子点が与えられたとき,その内の2点で,中点がまた格子点であるものが少なくとも1組存在する.　　　　　　　　　　広島大.(教).

証明で,ディリクレの原理をどのように使ったかよくわかるようにということは,引き出しの数を n,その中に入れるものの数 m とをはっきり示して $m > n$ を示せばよいことになります.

◀解答▶

(1) 5個の点があるから正三角形を4つの領域に分け,各領域内でどの2点を取っても距離が1より小さくすることが可能であることを示せばよい.何故なら,

　1.点は5個ある. $m = 5$

　2.領域は4個である. $n = 4$

　3.どの領域内でも2点間の距離は1より小さい.

このとき, $m > n$ であるから「鳩の巣原理」により,1つの領域に少なくとも2個の点が入る.ところで,この条件を満たす4つの領域は右図のように存在する.

よって,2点間の距離が1より小さいものが少なくとも1組存在する.

(2) 座標空間の各格子点の x 座標, y 座標, z 座標はそれぞれ偶数か奇数かのいずれかであるから,各格子点は

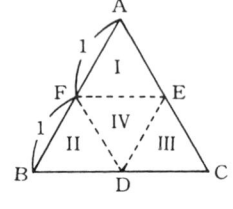

の 8 個の場合のいずれかである．したがって，9 個の格子点があれば，2 個は同じ場合の格子点となる．すなわち，9 個の点（＝m）を 8 個の場合（＝n）に分ければある 1 つの場合に少なくとも 2 個以上の点が存在する．（∵ $m > n$）

ところが，2 点が同じ場合のとき，その中点の座標 x, y, z のそれぞれの座標について，

$$\frac{偶数＋偶数}{2}＝偶数 \quad または \quad \frac{奇数＋奇数}{2}＝奇数$$

となり，格子点となる．

よって，中点の座標が格子点であるものが少なくとも 1 組存在する．

次の問題は少し難しいが挑戦してみよう．

問題 2．

複素平面上の単位円（原点を中心とする半径 1 の円）の周上の点 $z = \cos\theta + i\sin\theta$ をとる．ただし $\dfrac{\theta}{\pi}$ は有理数ではないとする．

(1) m, n が異なる整数ならば $z^m \neq z^n$ であることを示せ．

(2) "曜日の数は 7 であるから，8 人の学生がいればそのうち少なくとも 2 人の誕生日は同じ曜日である．" このような考えで，1 から 101 までの正の整数のうちに，

$$0 < |z^m - z^n| < \frac{\pi}{50}$$

を満たす m, n が存在することを示せ．　　　　　東京都立大．（理科系）．

---

(1)は背理法を用いる．(2)は「**引き出し論法**」を用いよと云うヒントが添えられている．

◀解答▶

(1) $m \neq n$ のとき $z^m = z^n$ と仮定すると，

$$z \neq 0 \text{ より，} \frac{z^m}{z^n} = z^{m-n} = 1$$

よって，$z = \cos\theta + i\sin\theta$ だから

$$z^{m-n} = (\cos\theta + i\sin\theta)^{m-n} = \cos(m-n)\theta + i\sin(m-n)\theta = 1$$

$$\therefore \quad (m-n)\theta = 2k\pi \quad (k \text{ は整数})$$

$$\therefore \quad \frac{\theta}{\pi} = \frac{2k}{m-n}$$

ここで，右辺は有理数で左辺は有理数ではないから，矛盾する．

$$\therefore \quad z^m \neq z^n$$

(2) $z = \cos\theta + i\sin\theta$ だから，複素数

$$z^1, \ z^2, \ z^3, \cdots\cdots, \ z^{101}$$

は複素平面の単位円の周上の点で表される．

また，(1)よりこれらの複素数はすべて異なるから101個の点である．

次に，単位円の円周を点1から偏角 $\frac{\pi}{50}$ で等分すると

$$2\pi \div \frac{\pi}{50} = 100$$

より100個の弧に分けられる．

ここで，$\frac{\theta}{\pi}$ は有理数ではないから，上の円周の100等分点と一致することはない．

よって，101個の点が100個の弧のどれかの上にあるから，「引き出し論法」から2個以上の点を含む弧が少なくとも1つ存在する．

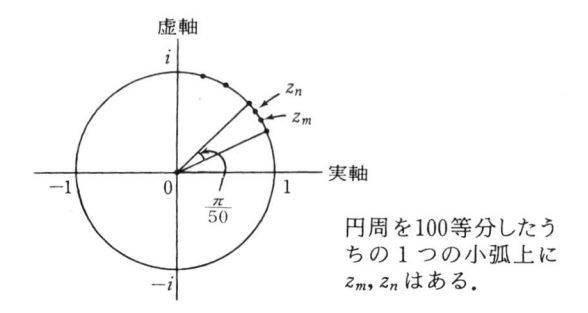

円周を100等分したうちの1つの小弧上に z_m, z_n はある．

その弧に含まれる2個の点を示す複素数を z_m, z_n とすると，m, n は整数であり，$1 \leq m, n \leq 101$ そして，

$$線分 \ \overline{z_m z_n} = |z_m - z_n| < 弧 \ z_m z_n = \frac{\pi}{50}$$

である．

よって，$0<|z_m-z_n|<\dfrac{\pi}{50}$ を満たす整数 m, n ($1\leq m$, $n\leq 101$) が存在する．

ディリクレの原理の成立の証明には背理法がよく用いられます．そこで，背理法を直接使用する類似の問題を幾つか取り上げてみます．背理法の威力を確認しディリクレの原理への応用を考えてみよう．

3．ディリクレの原理と背理法

ディリクレの原理の形式は"（少なくとも1つ）…が存在する．"ことを示していますから，これを否定して，"すべて…でない．"とすれば矛盾が生じることを背理法によって示してもよいことになりディレクレの原理と背理法は表裏一体であることが分かります．

問題3．

区間 $0<x<1$ に含まれる $n+1$ 個の数 x_1, x_2,……, x_{n+1} がある．この中から適当な一対の数 x_i, x_j を選べば

$$|x_i-x_j|<\dfrac{1}{n}$$

とすることができることを証明しなさい． 慶応大．（経）．

ディリクレの場合は区間 $(0, 1)$ を n 個の小区間 $\left(0, \dfrac{1}{n}\right]$, $\left(\dfrac{1}{n}, \dfrac{2}{n}\right]$, ……, $\left(\dfrac{n-1}{n}, 1\right)$ に分けると区間幅は $\dfrac{1}{n}$ で，この小区間に少なくとも1つに2つの数 x_i, x_j を含むものが存在する．（引き出し論法）というものです．これを背理法によると，

証明：

$n+1$ 個の数を $0<x_1\leq x_2\cdots\cdots\leq x_{n+1}<1$ と仮定しても一般性は失われない．そこで，任意の i, j について，

$$|x_i-x_j|\geq\dfrac{1}{n}$$

と仮定すると，$i=1, 2,……, n+1$ について

$$|x_{i+1}-x_i|=x_{i+1}-x_i\geq\dfrac{1}{n}$$

よって, $i=1, 2, \cdots\cdots, n+1$ として辺々加えると,
$$\sum_{i=1}^{n}(x_{i+1}-x_i)=x_{n+1}-x_1 \geq \frac{1}{n}\times n=1$$
$$\therefore \quad x_{n+1} \geq x_1+1 > 1$$
これは, $0 < x_1 \leq x_{n+1} < 1$ に反する.
$$\therefore \quad |x_i-x_j| < \frac{1}{n}$$
を満たす x_i, x_j が存在する. **(Q. E. D)**

以下の問題も同様の問題です.

問題 4.

n 個の点 P_1, P_2, ……, P_n が半径 r $(r>0)$ の円周上にあるとき,
$$\overline{P_iP_j} < \frac{2\pi r}{n} \quad (1 \leq i, \ j \leq n)$$
となるような 2 点 P_i, P_j が少なくとも 1 組存在することを証明せよ.

東北工大.

証明:

$\overline{P_iP_j}$ のうち最小のものを考えると, P_i と P_j は隣り合う. そこで, P_i から P_j の向きに順に Q_1, Q_2, ……, Q_n と点の符号を改めこれらの点を結んで円に内接 n 辺形をつくる.

いま, 題意のような P_i, P_j が存在しないと仮定すると,
$$Q_1Q_2 \geq \frac{2\pi r}{n}, \ Q_2Q_3 \geq \frac{2\pi r}{n}, \cdots\cdots, \ Q_nQ_1 \geq \frac{2\pi r}{n}$$
よって, 辺々加えると
$$Q_1Q_2+Q_2Q_3+\cdots\cdots+Q_nQ_1 \geq 2\pi r$$
これは円の内接 n 角形の周が円周より大きくなり不合理である.

ゆえに, 題意を満たす P_i, P_j が少なくとも 1 組存在する. **(Q. E. D)**

となります.

問題 5.

砂糖 m (kg) を n 個のびんに入れると, どれかびんの 1 つに入る砂糖は $\dfrac{m}{n}$ (kg) 以上になることを証明せよ.

大阪教大. (数学).

背理法によればよいことが分かります．

証明：

n 個のびんに入れる砂糖をそれぞれ a_1, a_2, ……, a_n とすると
$$a_1+a_2+\cdots\cdots+a_n=m\,(\text{kg}) \qquad \cdots\cdots ①$$

いま，n 個のびんに入っている砂糖がすべて $\dfrac{m}{n}(\text{kg})$ より少ないと仮定すると，

$$0<a_1<\dfrac{m}{n},\ 0<a_2<\dfrac{m}{n},\ \cdots\cdots,\ 0<a_n<\dfrac{m}{n}$$

よって，辺々加えると

$$0<a_1+a_2+\cdots\cdots+a_n<\dfrac{m}{n}\times n=m$$

となり①と矛盾する．

ゆえに，どれか1つのびんには $\dfrac{m}{n}(\text{kg})$ 以上入っている．

ここでディリクレの原理の使用を考えると $m\,(\text{kg})$ の砂糖を $n+1$ 個に分けると，その1つ分は $\dfrac{m}{n+1}(\text{kg})$ となります．この $n+1$ 個に分けた砂糖を n 個のびんに入れるとどれか1つのびんには少なくとも2つ分が入ります．したがって，砂糖は

$$\dfrac{2m}{n+1}-\dfrac{m}{n}=m\left(\dfrac{2}{n+1}-\dfrac{1}{n}\right)=\dfrac{m(n-1)}{n(n+1)}\geqq 0$$

これから，そのびんには $\dfrac{m}{n}(\text{kg})$ 以上入っていることになります．

問題6．

次の問題のうち(1)は証明を，(2)は答えのみを記しなさい．

(1) 5つの実数の総和が1であるならば，これらのうちの少なくとも1つは $\dfrac{1}{5}$ 以上であることを証明しなさい．

(2) 上記の(1)を利用して，$x_1+x_2+x_3+x_4+x_5=x_1x_2x_3x_4x_5$ を満たす正の整数 x_1, x_2, x_3, x_4, x_5 （ただし，$x_1\leqq x_2\leqq x_3\leqq x_4\leqq x_5$）の組をすべて求めなさい．

日本医科大．

(1)はこれまでと同様に背理法を用いる．(2)は両辺を $x_1x_2x_3x_4x_5$ で割って(1)を利用する．答は $(x_1, x_2, x_3, x_4, x_5)$ は $(1, 1, 1, 3, 3)$, $(1, 1, 1, 2, 5)$, $(1, 1, 2, 2, 2)$ の3組です．
(1)をディリクレの原理で確かめてみて下さい．

試問35. の解答

(1) $n-1$ 個すべての引き出しに n 個の物を1個ずつ入れるとき，必ず1個余る．その1個を入れる引き出しには2個はいることになる．

　$n-1$ 個の引き出しに何も入れない引き出しがあれば，それを除く引き出しの中に2個以上いる物が必ず存在する．

(2) 背理法による．

　会合に集まったA君は友人数 $n-1$ 人でB君は友人数0人とする．

　A君は自分自身は友人ではないから $n-1$ 人の友人にB君が含まれる．友人関係は相互的であるからB君にとってもA君は友人となる．これはB君の友人数0に矛盾する．

　ゆえに，友人数0人と $n-1$ 人が同時に現れることはない．

(3) 友人数0人と $n-1$ 人は同時には現れないから，次の2通りの場合がある．

　　　　　Ⅰ．友人数：$1, 2, \cdots\cdots, n-1$
　　　　　Ⅱ．友人数：$0, 1, \cdots\cdots, n-2$

　友人数を引き出しとみて，n 人を n 個のものと考えると，上のⅠ，Ⅱの場合ともに引き出しの個数は $n-1$ 個となるから，これに n 個のものをいれるとデイリクレの原理より，どれかの引き出し（友人数）は2個（2人）以上となる．

（ポイント）友人数は n 通りではなく，$n-1$ 通りであることに注目する．

(参考文献)
1．『整数論周遊』片山孝次著．現代数学社．2000．pp. 107-108．
2．『問題解決への数学』スティーブン・クランツ著．関沢正躬訳．丸善．2001．p. 25．
3．『新数学事典』鹿野健執筆．大阪書籍．1979．p. 260．

4. 人の出会い問題

ラムゼーの定理

【試問36】

「どの3点も同一直線上にない6個の点があるとき，それらのうち2点を結ぶ15本の辺を赤か黒かにかってに塗ると，赤の辺だけをもつ3角形か，または黒の辺だけをもつ3角形かが必ずできる．」（ラムゼーの定理）の証明は，次のように行われる．

「6個の点のうち1つPをとると，これと他の5個の点 Q_1, Q_2, Q_3, Q_4, Q_5 を結ぶ5本の辺がある．この5辺のうち □(1)□ 3本は赤か，あるいは □(1)□ 3本は黒でなければならない(2)．いま，前者の場合であるとして，その3本の辺を PQ_1, PQ_2, PQ_3 としても一般性を失わない(3)．

3点 Q_1, Q_2, Q_3 を結ぶ3本の辺のうち1本でも赤の辺があれば □(4)□ と結んで赤の3角形ができるから定理は成り立っている．そうでない場合(5)には，黒の3角形 □(6)□ ができるからやはり定理は成り立っている．」

これについて，次の問いに対する適当な言葉，記号，文章を記せ．
(1) 空欄に入る（同じ）適当な言葉を書け．　(2) なぜか，その理由を述べよ．
(3) なぜか，その理由を述べよ．　(4) 空欄に入る適当な記号を書け．
(5) どういう場合か，くわしく述べよ．(6) 空欄に入る適当な記号を書け．
(7) 点の数が5個の場合に，この定理は成り立つかどうか．理由を付して答えよ．
(8) 点の数が7個の場合に，この定理は成り立つか．
(9) 点は「人」を表し，赤い辺で結ばれているのは「知り合いである」こと，黒い辺で結ばれているのは「知り合いでない」ことと解釈すると，この定理はどういいかえられるか．

明治大．（経営）．

ラムゼー（Frank Plumpton Ramesey. 1903-1930）はケンブリッジで生ま

れ，育ち，学び，そして論理，数学の研究に専念しました．父の A. S. ラムゼーはケンブリッジ大のマドレーヌ校の学長を勤め，彼もケンブリッジ大で数学者として過ごし，弟はカンタベリーの大僧正となった恵まれた家庭環境で過ごしましたが，1930年に腹病のため手術を行ったとき感染症を伴い僅か27歳で生涯を終えました．彼が24歳（1928年）のときロンドンの学会で発表した"形式論理の一つの問題"で，現在「ラムゼー理論」といわれているものの重要な定理の証明を示しました．この理論は組合せ論への応用やグラフ理論と繋がり，特に，**グラフの塗り分け問題**はパズルゲーム的要素を含み，その面からも関心がもたれました．パズル的な一面は，設問(9)の解答で示されます．そこで，先走りとなりますが，その解答を示すと，

　"(任意に) 6人がいるとき，その中の少なくとも3人はお互いに「知り合いか」またはお互いに「知り合いでない」かのいずれかである．"
となります．

　そして，この証明をグラフの2色塗り分け法で行うことになります．

ヒント

　(1)と(2)は関連しており，(2)が解ければ(1)の言葉が決まることになります．

　(2)は前回の「引き出し論法」または"背理法"によります．引き出し論法によると，

　赤と黒の引き出し（$n=2$）に5本（$=m$）の線分を入れると少なくとも一方の引き出しに2本が入ります．（$m>n$）

　いま，赤＝2本の線分とすると黒＝3本の線分となります．

　赤＝3本以上の線分であれば，もちろん題意を満たします．よって，赤，黒の引き出しの両方に2本以下の線分が入るということはありません．

　(3) 赤と黒および線分 PQ_1，PQ_2，PQ_3 は対等より互換性を考えます．
(4)〜(6)はグラフ（図）で調べれば容易です．
(7)，(8)は，もし不成立であれば"反例法"によればよく，成立であれば理由を示します．

余談

1．グラフ理論の誕生への道

　一般に，グラフと言えば関数のグラフを意味しており，それは関数 $y=f(x)$

が与えられたとき，x を定めるとそれによって y が決まる．すなわち，数の組 (x, y) が決まるからこれを座標平面の点に対応付けると，平面上に点集合 $F \equiv \{(x, y) | y = f(x)\}$ ができ，この F を関数 $y = f(x)$ のグラフと言いました．

この座標平面では，距離や角などが定義できて，長さ，面積，角度などの量の測定や比較が可能でした．

ところが，このような数量の関係だけではなく，別の観点から対象物の**位置の順序や繋がりの関係**を図示する方法（グラフ化）についても注目されるようになり，新しい**グラフ理論**は徐々に発展しました．

グラフ理論の起源はオイラー（Leonhard Euler）が"ケーニヒスベルグの橋の問題"を解決（1736年）したとき，地域（点）を橋（線）で結ぶ図形を考えたことに始まることは別冊3．(注1)"一筆書き"のところで述べました．すなわち，

4つの「地域」A，B，C，Dを「点」で表し，これらの地域に架かる橋を「線」1，2，3，4，5，6，7で表した図形（グラフ）を考え，このグラフが一筆書きが可能であるための必要十分条件を求めて解決しました．グラフ理論は，地域の面積，橋の長さ，橋の向きの大きさなど量的側面は無視して点の**位置の順序**やそれらの点の**連結関係**に注目したグラフです．

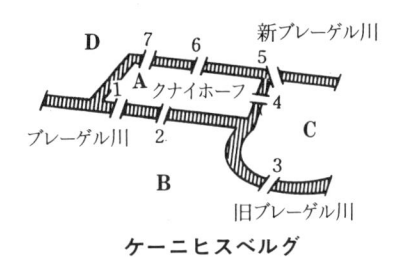

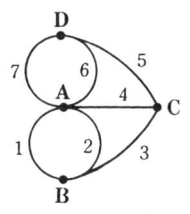

ケーニヒスベルグ　　　　　　**グラフ理論の起源図**

これまで知っているこの種のグラフの例に場合分けで利用した樹形図（または論理図）があります．これは点が示すものの順序あるいは組合せに注目するものです．

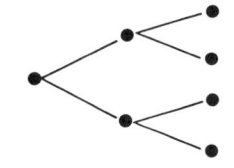

樹形図（tree diagram）

樹形図の最初は物理学者キルヒホッフ（Gustav Robert Kirchhoff. 1824-1887）が1847年に電気回路網の各枝線や回路に電流を与える連立1次方程式の解法に樹形による表現を用いました．彼が用いた図は次のようです．

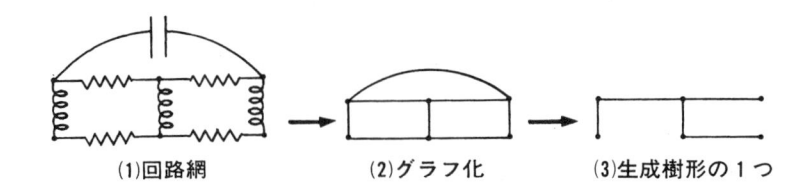

(1) 回路網 → (2) グラフ化 → (3) 生成樹形の１つ

　また，10年後，1857年には**ケイリー**（Arthur Cayley. 1821-1895）は微分における変数変換が樹形表現できることを発見しました．それはＰ個の点をもつ樹型で，各点の次数が１か４であるようなものの個数を見出すものでした．そして，このグラフを次のように n 個の炭素原子をもつ飽和炭化水素の異性体を数え上げることに関連付けました．

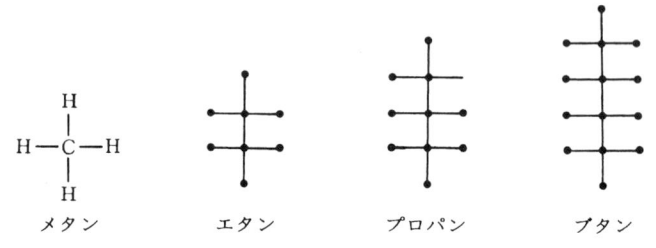

メタン　　エタン　　プロパン　　ブタン

飽和炭化水素の樹形表示例

　すなわち，次数１の点に原子価１の水素，次数４の点に原子価４の炭素の原子をそれぞれ対応させて視覚化されています．

　そして，1859年には**ハミルトン**（William Rowan Hamilton. 1805-1865）が正12面体の20個の頂点に世界有名都市名を付けた"世界20都市巡りゲーム"の考案で正12面体を押し潰してこの種（ハミルトン閉路）のグラフを描いたことは別冊６．(iii)(注2) "郵便屋さんの最短道程"のところで説明した通りです．

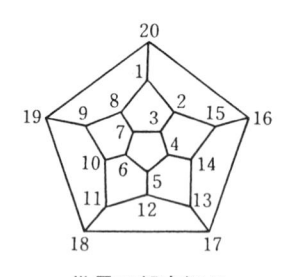

世界20都市巡り

　このようにグラフ理論は実用問題やパズル的要素を含む問題解決のために視覚化した補助的な役割を果たしながらそれらの問題と関連して次第に発展してきました．

　"２．人の「発言」に基づく推理問題「Ｘ氏はだれか？」"で，８人，Ａ，Ｂ，Ｃ，…，Ｈをどの３点も同一直線上にない（例えば，円形）ような点で表

し，握手をした人を線で結んだ，右の視覚図もグラフの一つの例です．

条件は，握手の回数が多い順に A，B，C，……，H で，その回数は 6，5，4，……，0 となっています．（点線は夫婦）

それでは，このような新しいグラフに関する問題で頂点や辺を 2 色を用いて塗り分ける問題を見てみましょう．

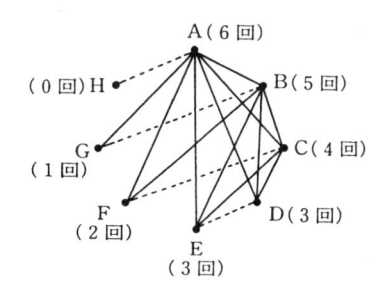

実線は握手した人，点線は夫婦を表す．

2．グラフの2色塗り問題

次の問題は長文ですが，内容は説明を丁寧に読んでいけば解けるものです．

問題1．

次の文章を読み，あとの問いに答えよ．

「図のように，いくつかの点（黒丸）を線（実線）で結んだものをグラフといい，それらの点を頂点，線を辺と呼ぶ．また，1辺の両端にある頂点は隣り合っているといい，1つの頂点から出発していくつかの辺をたどってまた元の頂点に戻ってくる辺の列があれば，それを閉路という．

こうしたグラフについて，隣り合った頂点は同じ色に塗らないという条件で，赤と青の2色に塗り分けられるかどうかを考えてみよう．

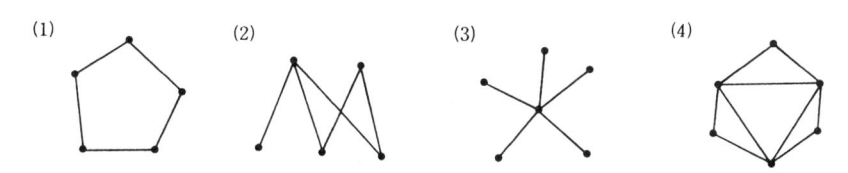

例えば，上の図の(2)，(3)は明らかに2色で塗れるが，(1)と(4)ではそれは不可能である．まず，辺の本数が ① の閉路は明らかに2色では塗り分けられないから，そうした閉路を含むグラフは2色では塗り分けられない．(a)

逆に，グラフが ② 辺数の閉路をもたないと仮定しよう．任意の頂点 A をとりそれを赤で塗る．この頂点から出発して，それに隣接する頂点を ③ ，さらにそれらに隣接する頂点を ④ というように交互に2色を塗

っていく．このようにすると，頂点Aから ⑤ 辺数だけ隔たった頂点には赤が， ⑥ 辺数だけ隔たった頂点には青が塗られる．

いま，ある頂点Bが両方の色で塗られたとしよう．このことは，頂点AからBまで， ⑦ 辺数の辺の列と ⑧ 辺数の辺の列が存在することを意味する．この両方の辺を合わせると ⑨ ができることになり仮定に反する(b)．したがって， ⑩ をもたないグラフの頂点は2色で塗り分けられる．

(1) ①～⑩に当てはまる適当な数・式・語句を記入せよ．
(2) (b)の論法を何というか．それを用いて(a)を詳しく説明せよ．
(3) ここで証明されたことを簡単な文章（命題）にまとめよ． 明治大．（経営）．

問題は，辺の本数が奇数の閉路（サイクル）を含むグラフの隣り合う頂点は異なる2色で塗り分けられない，という定理の証明が内容となっています．

一般に，グラフ理論ではグラフのすべての頂点の対が線分で結ばれているとき，そのグラフを**完全グラフ**と言います．すなわち，頂点の個数が2から6までの完全グラフは次のようです．

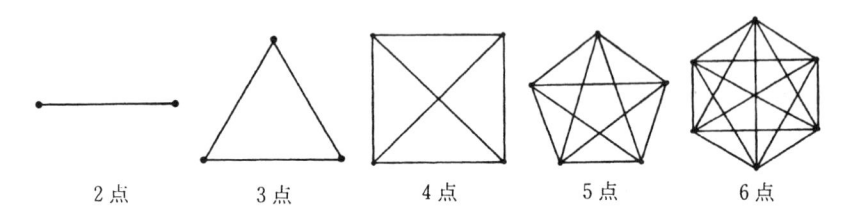

| 2点 | 3点 | 4点 | 5点 | 6点 |

完全グラフの部分完全グラフはそのすべての点や線は元の完全グラフに含まれ，逆にある完全グラフはそれより頂点の少ない完全グラフをすべて含むことになります．

また，簡単なグラフの型には呼び名（俗称）が付けられています．

頂点	道	閉路	星	車輪
2		ナシ	ナシ	ナシ
3			ナシ	ナシ

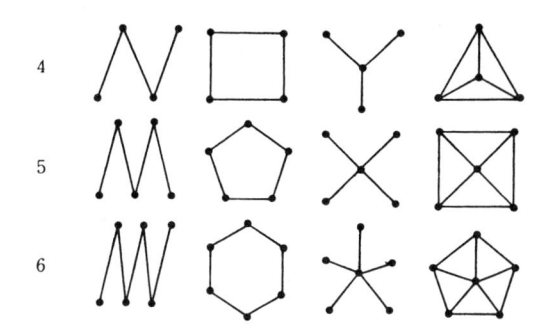

ここで，道や星のグラフの頂点はすべて2色で塗り分けられます．車輪は2色で塗り分けられません．閉路（サイクル）が前記の問題と関係していることになります．そこで，問題の解答にかかることにしましょう．

◀解答▶

(1) 解答は順々に次の通りです．

　① 奇数　② 奇数　③ 青　④ 赤　⑤ 偶数　⑥ 奇数

次の⑦と⑧については，

　⑦ 奇数　⑧ 偶数　または　⑦ 偶数　⑧ 奇数　と入れ替わってもよい．

　⑨ 奇数辺数の閉路　⑩ 奇数辺数の閉路

(2) **背理法**である．

命題(a)：辺の本数が奇数の閉路をもつグラフは2色では塗り分けられない．

　　いま，辺の本数が奇数の閉路をもたないグラフとする．

このとき，頂点Aと異なる頂点Bが赤と青の2色で塗られたとすると，

　AとBが同色の列に対して偶数の辺数

　AとBが異色の列に対して奇数の辺数

となり，閉路の辺数はこの和で奇数辺数となる

　これは，仮定のグラフが奇数の閉路をもたないことに矛盾する．

　よって，グラフが奇数辺数の閉路でない閉路ならばグラフは，ある頂点が2色で塗られることはない．

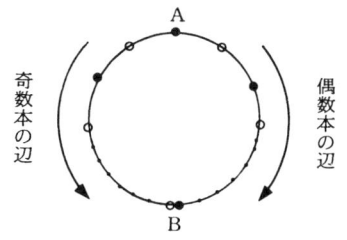

(3) 命題：偶数辺数の閉路のグラフの頂点は2色で塗り分けられる．

問題 2.

正 9 角形の頂点に順に 1 から 9 までの番号を付け，頂点の対（つい）をすべて線分で結ぶ．そのとき，頂点の和が偶数ならば赤線で他は青線で結ぶ．次の問いに答えよ．

(1) 番号のついた点を頂点にもつ 3 角形は全部でいくつあるか．
(2) (1)の 3 角形のうち 3 辺とも赤となるものはいくつあるか．
(3) (1)の 3 角形のうち 3 辺とも青となるものはいくつあるか．

東海大．(理．第二工．海洋)．

組合せ問題で(2)と(3)は 1 から 9 までの自然数から 3 つの数 a, b, c を組み合わせるとき，(I) どの 2 数の和も偶数 ⇔ 3 辺赤の 3 角形，(II) どの 2 数の和も奇数 ⇔ 3 辺青の 3 角形である．

◀解答▶

(1)　$_9C_3 = \dfrac{9 \cdot 8 \cdot 7}{3 \cdot 2 \cdot 1} = 84$ 　　　　　　　　　　　　　　　　【答】

(2)　辺が赤となるのは，辺の両端の数の和が偶数となるときより，

偶数＋偶数　または　奇数＋奇数

だから，3 辺とも赤は偶数 3 個または奇数 3 個の組合せによりできる．

$$\therefore \quad {}_4C_3 + {}_5C_3 = 4 + \dfrac{5 \cdot 4}{2 \cdot 1} = 14 \qquad \text{【答】}$$

(3)　辺が青となるのは，辺の両端の数の和が奇数となるときである．

1 から 9 までの数から 3 数を取るとき，その 3 数のうち少なくとも 2 数は偶数または奇数が生まれる（ディリクレの原理）．したがって，2 数の和がすべて奇数となることは不可能である．

よって，**3 辺青の 3 角形はできない．** 　　　　　　　　　　　　　　　　【答】

次に，空間図形の頂点の 2 色塗り分けを考えてみよう．

問題 3.

正八面体 ABCDEF がある．

(1) 正八面体の12個ある辺から 3 辺を選び，6 つの頂点のどれも，この 3 辺のどれかの端点となっているように選ぶ選び方は ① 通りである．
(2) この正八面体の 3 頂点に赤い印，残りの 3 頂点に青い印を付ける．また，

12個の辺から3辺を次の(※)を満たすように選ぶ．

条件(※)：6つの頂点のどれも，この3辺のどれかの端点となっており，しかも，この3辺のそれぞれに対して，両端の色が異なる．

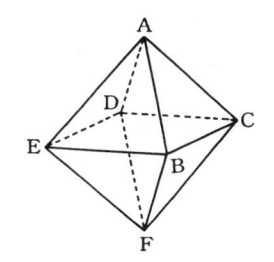

(a) 図において，A，B，Cに赤い印，D，E，Fに青い印が付けられているとき，条件(※)を満たす3辺の選び方は ② 通りである．

(b) 図において，A，B，Fに赤い印，C，D，Eに青い印が付けられているとき，条件(※)を満たす3辺の選び方は ③ 通りである．

(c) 6つの頂点から正八面体の1つの面上にはない3点を選ぶ選び方は， ④ 通りである．

(d) したがって，正八面体の3頂点に赤い印，残りの3頂点に青い印を付け，3辺を条件(※)を満たすように選ぶ選び方は ⑤ 通りである．

上智大．(理工)．

正八面体の頂点と辺の連結関係が乱れないように平面にグラフを描いた方が考えやすい．

◀解答▶

(1) 頂点Aを固定すると，Aを含む辺は，AB，AC，AD，AEの4通りある．このうち，ABを一つの辺にとると，他の辺は(CD, EF), (DE, CF)の2通りあるから，求める解は

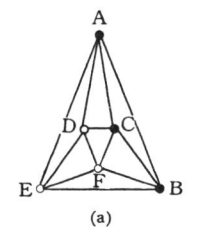

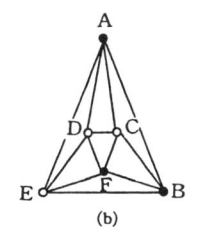

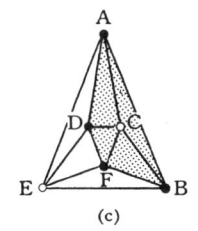

$$\therefore \quad 4 \times 2 = 8 \text{ (通り)} \quad \text{【答】}$$

正八面体の平面図
●印の頂点は赤，○印の頂点は青

(2) 正八面体を前図のようにグラフで示す．
 (a) 頂点Aを端点に含む辺はADとAEであるから，条件を満たすものは，
  (AD，BE，CF) と (AE，BF，CD) の2（通り）である． 【答】
 (b) 頂点Aを端点に含む辺はAC，AD，AEであるから，条件を満たすものは，
  (AC，BE，DF)，(AD，BC，EF)，
  (AD，BE，CF)，(AE，BC，DF)
  の4（通り）である． 【答】
 (c) 1つの面上にない3点は四辺形ABFD，ACFEおよびBCDEの頂点からそれぞれ3点を選ぶときであるから，
$$_4C_3 \times 3 = 12 \text{（通り）}$$
  である． 【答】
 (d) (a)型：赤の印3つすべてが1つの平面上にある．
  8面あるから，$2 \times 8 = 16$通り
  (b)型：赤の印，青の印の両方が1つの平面にある．(b)と(c)から
  $4 \times 12 = 48$通り
  よって，条件(※)を満たすものは
  $16 + 48 = 64$（通り） 【答】

3．完全グラフの2色塗りゲーム

 ラムゼーの定理より6点以上の完全グラフを利用して次のようなラムゼーゲームを楽しむことができます．
 2人のプレイヤーが2色（例，赤と青）の鉛筆のどちらかの色を決めて交互に6点以上の完全グラフの辺を1本ずつ塗るとき自分の色の三角形を作ったら負けとします．このゲームは必ず勝敗が決まることは明らかです．友達と楽しんでみてください．

試問36.の解答

(1) 少なくとも 【答】
(2) 5本の線分を赤と黒に塗る塗り方は，次のように赤と黒の引き出しを考え，その中に5本の線分を入れる方法の数に等しい

赤	0	1	2	③	④	⑤
黒	⑤	④	③	2	1	0

これから，赤または黒が必ず3本以上となる．

すなわち，5辺のうち少なくとも3本は赤か，少なくとも3本は黒でなければならない．

(3) 色の赤と黒および5点のQ_1, Q_2, Q_3, Q_4, Q_5は互換性をもつから色を入れ替えてもまた，点のどの3点の組み合わせとしても推論に影響を与えない．すなわち，一般性は保たれる．

(4) 点P 【答】

(5) 3点Q_1, Q_2, Q_3を結ぶ3本の辺がすべて黒の辺となる．

(6) $Q_1 Q_2 Q_3$ 【答】

(7) 成り立たない

5個の点の1つを固定してPとする．点Pと他の4個の点Q_1, Q_2, Q_3, Q_4を結ぶ線分は少なくとも2本赤か，あるいは少なくとも2本黒となる．いま，赤2本とし，PQ_1, PQ_2としても一般性を失わない．このときQ_1, Q_2を結ぶ辺は黒とすることができるから3角形PQ_1Q_2は同色とならない．

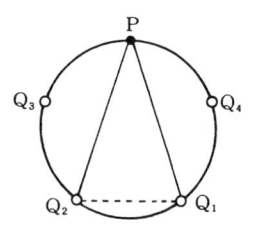

(8) 成り立つ

7個の点から6個の点を組み合わせるとラムゼーの定理が成り立つ．点の数が6個以上であれば成り立つ．

(9) （任意に）6人がいるとき，その中には少なくとも3人はお互いに「知り合い」かまたはお互いに「知り合いでない」かのいずれかである．（パーティー問題とも云われる．5．エステ・クラインの定理参照）．

(参考文献)
1. 注1．注2．『入試問題が語る数学の世界』岸吉堯著．現代数学社．2004．
2. 『グラフ理論』フランク・ハラリイ著．池田貞雄訳．共立出版．1971．
3. 『やさしいグラフ理論』田沢新成他訳．現代数学社．1998．
4. 『めざせ，数学オリンピック』J. コフマン著．山下純一訳，現代数学社．1995．
5. 『メイリック博士の生還』Martin Gardner著．一松信訳．丸善．1992．

5. 平面上の点の組合せ

エステ・クラインの定理

【試問37】

次の簡単な定理は，1931年にハンガリーの女流数学者**エステ・クライン**によって発見されたものである．

「平面上に，どの3点も同一直線上にない5つの点があると，その中から適当な4点を選んで凸四角形がつくられる」

与えられた5点にピンを立て，外側から輪ゴムをはめると，5点を含む最小の凸多角形が得られる．これをこの5点の**凸包**という．この凸包の形により，次の3つの場合に分け，実際に図を描いて凸四角形の存在を示しなさい．

(1) 凸包が五角形のとき
(2) 凸包が四角形のとき
(3) 凸包が三角形のとき
(4) この証明の過程で，「どの3点も同一直線上にない」という仮定はどこに使われているか．

明治大.（経営社会）.

ヒント

最初に，術語の凸多角形と凸包（とつほう）の意味について，はっきりさせておこう．

一般に**凸多角形**とは，簡単に言えばへこみのない多角形のことですが，図形にへこみがないことは数学的に言えば，

図形Fの内部に任意の2点A，Bをとりその2点を直線で結ぶとき，線分ABがつねにその図形Fに含まれるとき，図形Fは**凸型**であるまたはFは**凸図形**である．

と言うことになります．

次に**凸包**の定義は，

平面上にどの3点も一直線上にないn個の点があるとき，これらの点を含

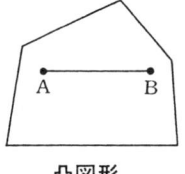

凸図形 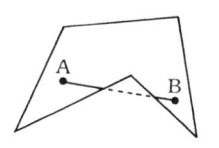　　　　　　　　凸図形ではない

む最小の凸多角形を n 個の点の凸包と云う．
となります．この概念を分かり易く説明すると問題文の説明のように，点にピンを立てその外側から輪ゴムをはめると，輪ゴムが辺となって凸多角形ができます．この輪ゴムによってできる凸多角形が凸包です．凸包が何角形になるかはピン（点）の散らばり方できまります．

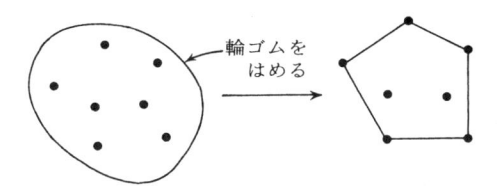

左のような点の散らばりに輪ゴムをかけると
右の凸多角形ができ，この多角形を凸包と云います．

さて，問題では平面上で5つの点の凸包だから実際にその多角形を調べると次の3つの場合が可能であることが分かります．

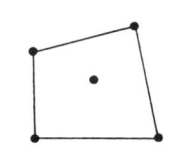

(1)凸包が五角形のとき　　(2)凸包が四角形のとき　　(3)凸包が三角形のとき

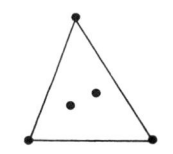

したがって，これらのどの場合においても適当に4点を選ぶと凸四角形が作図できることになります．(4)は(1)と(3)に関連していることは明らかです．

> **余談**

1. エステ・クラインの問題の一般化

エステ・クライン（Esther Klein）は大学生のとき，ノートに無数の点や直線をランダムに描いてそれらの関係を考えているうちに偶然この問題に気付き証明をしました．そしていつものユダヤ人学生が集まるブタペストの市民公園のたまり場で友人達にこの問題を説明しました．友人達は簡単でしかも幾何学と点の組合せを考えた新しい内容に興味をもち，問題の一般化を考えました．

そして，先ず**アンドレ・マカイ**（Endre Makai）が，

平面上に，どの3点も同一直線上にない9つの点があると，その中から適当な5点を選んで凸五角形がつくれる．

ことを証明しました．

8つの点では凸五角形は必ずしもつくれないことは右の8点の例から分かります．

しかし，凸包の考えで拡張できたのはこの凸五角形の存在が限界で，それ以上の凸六角形，凸七角形，……への適応は不可能なことが分かりました．そこで，問題は一般に平面上で，

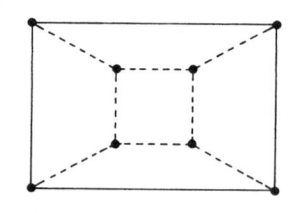

(1) $n \geqq 6$ のとき，凸 n 角形が必ず存在するのに十分な点の個数があるか．

(2) (1)でその個数が存在するならば厳密に何個が必要であるか．

ということが問題となりました．

ポール・エルデシュ（Paul Erdös. 1913-1996）と**ジョージ・セケレシュ**（George Szekres）の2人がこの問題に取組み，(1)についてはセケレシュが数週間後に十分な個数の点があれば凸 n 角形は必ず存在することを証明しました．

彼は証明の過程で，ケンブリッジ大のラムゼー（Frank Plumpton Ramsey. 1903-1930）が1928年に発表した定理を再発見しました．（試問36参照）

すなわち，ラムゼーの定理で6点問題は「人の出会い問題」で取り上げたように，

> どの3点も一直線上にない6個の点があるとき，それらのうち2点を結ぶ15本の線分を赤か黒によって塗ると，赤の辺だけをもつ三角形か，または黒の辺だけをもつ三角形が必ずできる．

であり，この問題は後にエルデシュが**「パーティ問題」**として分かり易く説明しました．

すなわち，あるパーティに招待された任意の2人は互いに知り合い（知人）か，互いに知り合いでない（他人）かのいずれかです．そこで，上の問題を点を「人」，赤を「知人」，黒を「他人」と置き換えて記述すれば，

"あるパーティに招待された人を勝手に6人選ぶとその中に，3人の「知人」か，または「他人」が必ずいる．"

となります．

このことは，3人の「知人」または「他人」が必ずいるパーティの最小人数は6人であることになります．これを $R(3, 3) = 6$ と表して**ラムゼー数**と呼びます．

そこで，この考えを拡張して，4人の「知人」または「他人」が必ずいるパーティの最小の人数，すなわち，$R(4, 4)$ の値はいくらか，さらに，一般化すると，

(1) パーティで任意に指定した m 人の「知人」または n 人の「他人」が必ずいるような人数は存在するか．

(2) (1)で存在するならば $R(m, n)$ の値はいくらか．

が問題となります，

(1)について可能であることを示したのが**ラムゼーの定理**です．

ところが，(2)の $R(m, n)$ を求めるのは大変難しく現在分かっているのは，$2 < n \leq m$ とするとき

$$R(3, 3) = 6 \quad R(3, 4) = 9 \quad R(3, 5) = 14$$
$$R(3, 6) = 18 \quad R(3, 7) = 23 \quad R(4, 4) = 18$$

の6つの場合くらいです．前述の4人の知人または他人が必ずいる最小の人数は18人であることになります．ラムゼー数は定義から

$$R(m, n) = R(n, m)$$

が成立することは明らかです．

ここで，再びエステ・クラインの問題に戻ると，どの3点も同一直線上にないときエステは5個の点があれば必ず凸四角形が存在することを発見しました．マカイは9個の点があれば必ず凸五角形が存在することを証明しました．また，三角形の場合は3点で必ず1個できます．これから凸多角形の存在に最小必要な点の数は

$$三角形のとき，2^{3-2}+1=3$$
$$凸四角形のとき，2^{4-2}+1=5$$
$$凸五角形のとき，2^{5-2}+1=9$$
$$\vdots$$

となることから，エルデシュとセケレシュは次の予想をしました．

$$凸\ n\ 角形のとき，2^{n-2}+1$$

つまり，平面上にどの3点も一直線上にないように点がばらまかれているとき，$2^{n-2}+1$個の点にあれば必ず凸n角形をつくることができる．ここで，nを$n+2$と置き換えて表現すれば次のように表されます．

平面上にどの3点も一直線上にないような2^n+1個の点があるとき，その中から$(n+2)$個の点を選んで必ず凸$(n+2)$角形を作ることができる．(エルデシュ＝セケレシュの予想)

予想した2人はもちろん成立を信じ証明に努力しましたが，難問で現在も未解決のままとなっています．

この予想によると，凸六角形を必ずつくるために必要な点の数は$2^4+1=17$個で十分となりますが，2人は証明できませんでした．エルデシュは71個あれば十分であることを示しましたが，17個とは大きな開きがあります．

この研究を通してエルデシュとセケレシュはラムゼー数の上界について

$$R(m,\ n) \leq {}_{m+n-2}C_{m-1}$$

を示しています．(1935年)

2．ハッピーエンドの問題

エステ・クラインと彼女が発見した問題は年上のポール・エルディシュとジョージ・セケレシュの2人の生涯に大きな影響を与えました．この3人がユダ

ヤ人学生として過ごした時代，また，彼等の研究や人間関係などを簡単にみてみよう．

　ハンガリーは1867年にハプスブルク家が勢力を伸ばしてオーストリア＝ハンガリーの共同統治によりフランツ・ヨーゼフⅠ世の支配下に入りヨーゼフはユダヤ人を受け入れたためハンガリー人（＝マジャール人）の支配層はユダヤ人の移住を奨励しました．そのため，ロシアを初め周辺各地から多数のユダヤ人が流入しました．しかし，1910年頃にはユダヤ人のマジャール同化が進みハンガリー人として金融業，弁護士，医者など経済的にも社会的にも次第に富と地位を得て主導権を握るようになり，その反動としてユダヤ人に対する強い反発が生じ，反ユダヤ主義へと発展しました．ところが，1914年に第1次世界大戦の勃発により共に一致団結して戦うはめになり反ユダヤ主義は一時的に陰を潜めました．

　1918年オーストリア＝ハンガリー帝国は敗戦し，戦中ロシアの捕虜となってレーニンに心酔したユダヤ人ベーラ・クンが非暴力クーデタを成功させ共産主義国家となりました．しかし閣僚の無能さと農民の反発で133日で崩壊し，変わって1920年オーストリア＝ハンガー軍の提督であったミクローシュ・ホルティが君臨し独裁体制に変り1944年まで続くことになります．この間反ユダヤ主義の再燃と反共産主義によるユダヤ人へのテロによる迫害や殺害が行われ多数のユダヤ人が難を逃れるため亡命をしました．後に，アメリカで原爆製造に参画したエドワード・テラー，ジョン・フォン・ノイマン，レオ・シラード，ユージーン・ウィグナーなども含まれています．

　さて，エステ・クラインやポール・エルデシュは10才過ぎから数学の才能が人目に触れ始めます．1926年の数学月刊誌『コマル』（"Kozeépiskolai Matematikai Lapok."）の12月号に年間の懸賞問題の解答者で特別優秀者の写真が掲載されポール・エルデシュはその最優秀者としてトップに，また，優秀者の欄には男性に混じって唯一女性エステ・クラインの写真が載りました．

　『コマル』は1894年教師のダニエル・アラニーが「中学・高校生および教師のために豊富な数学演習問題を提供する」目的で創刊され，その後フォン・ノイマンやユージン・ウィグナー等を育てたラスロー・ラーツ先生に引き継がれ数学的才能の養成を目指した数学者の論文も掲載されました．しかし，数学を勉強する生徒に魅力であったのは学年別に出題された懸賞問題でした．理由は

その優れた解答者が後の号で発表され，年末にその年のすべての優秀者の中から特に優れた人が選ばれ，写真が掲載されたので名前と共に顔も広く知られたからでした．この『コマル』に載った解答者の中から後に多数の有名な科学者やノーベル賞の受賞者も誕生しています．

ジョージ・セケレシュも大学では化学を専攻しましたがやはり『コマル』の熱心な読者でした．第2次世界大戦時には亡命先へカバンに詰めて手放さずに蔵書として大切にしたといわれています．

エルデシュは1930年(17才)にパースニー・ペーテル大学に入りますが，数学の学生仲間には『コマル』で顔も知られており注目されました．しかし，この頃前述の反ユダヤ主義の台頭でユダヤ人の学生にも冷たい秘密警察の目が光っており彼等の周囲も物騒な雰囲気が漂っていました．エルデシュやセケレシュなどユダヤ人学生はいつしか毎週定期的にブダペストの市民公園内に集りヴァイダフニヤド城の中庭に建つアノニマス（中世の匿名（Anonymous）の歴史家）像下のベンチで雑談や数学の問題などについて語り合いました．

エステ・クラインが発見した問題を仲間に伝えたのもこのアノニマス像下のベンチでした．そして，この問題に強い興味を抱いたのがエルデシュとセケレシュでした．2人が関心を示した理由は必ずしも数学に関してだけではなかったようです．2人ともエステに厚意や友情を越えた彼女への"熱い想い"があったようです．エルデシュの両親は高校の数学教師で友達としてエステは以前からよく彼の家を訪れ彼や母親から親しまれて，母親は密かに2人の結婚を願っていました．しかし，エルデシュは自分の思いを誰にも他言しなかったようです．一方，年上のセケレシュは専門の化学を捨てエステの問題の一般化の研究を通して数学の道へ転身し，ラムゼーの定理の再発見に感動したエステと1年後の1932年に婚約して4年後に結婚しました．エルデシュは2人を祝福し発端となったエステ・クラインの問題を「ハッピーエンドの問題」と名付け数学の文献でもこの名を用いました．エルデシュは大学卒業と同時に最年少で数論により博士の学位を得ましたがエステの問題が引き金となり，その後もラムゼーの理論の研究を続けて組合せ理論でも世界

ポール・エルデシュ

の第一人者になりました．エステと結ばれなかったエルデシュは生涯独身を通して世界の研究所を放浪して数学に一生を捧げ，その功績によって16大学から名誉博士号を受け，1996年にワルシャワでの組合せ論に関する国際会議に出席したとき心臓発作で83才で永眠しました．(注3)

最後に，ラルゼー理論に関係するエルデシュ・セケレシュの単調部分列の定理を紹介しておこう．

1から n^2+1 までの整数で任意の数列を作るとき，その中に必ず $n+1$ 項からなる単調増加または単調減少のいずれかの部分列が含まれる．

例えば，$n=5$ であれば1から26までの数からできる数列があれば必ずその中の6項を拾って単調増加または単調減少の数列ができるという定理です．

証明は難しいので，そのイメージを述べてみます．

いま，平面上に25個の点が下図のように並んでいるとします．

この中から6個の点を選んで右肩上がりまたは左肩上がりにすることはできません．何故なら，図のような点の配列では最大5個の点までしか選べないからです．そこで，点に数，右肩上がりを単調増加，また，左肩上がりを単調減少に対応させると1から25までの数列では6個の単調部分列が作れない場合があることを示しています．

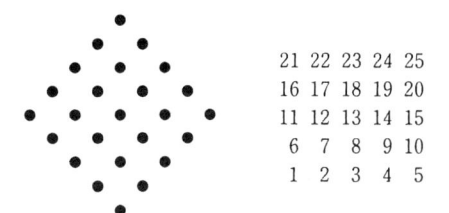

5^2 の項数：6項の単調列は必ずしも存在しない

上の右側にある25個の数を上から下に向かって繋いで25項の数列を作るとき，この中からどのように6つの数を拾っても単調列は作れません．

ところが，ここにもう1個の数26を加えれば，上のどこか好きなところに入れると必ず単調数列となります．確かめてみて下さい．

すなわち，次のように右肩上がりか左肩上がり6個が選べます．

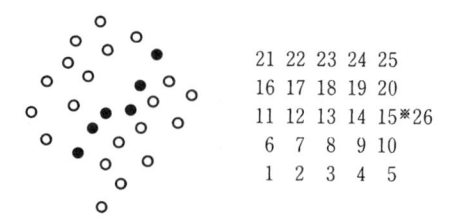

```
            ○ ○
         ○ ●   ○ ○         21 22 23 24 25
       ○ ●   ● ○           16 17 18 19 20
       ○   ●   ○           11 12 13 14 15＊26
         ● ●   ○            6  7  8  9 10
         ○ ○ ○              1  2  3  4  5
            ○
```

5^2+1 の項数：6項の単調列が必ず存在する

3．見上げてごらん夜の星を

　エステ・クラインの定理やラムゼーの定理は平面上に無秩序にばらまかれた無数の点に関する組合せの理論でした．この理論が示しているのは大変奇異なことですが，無秩序の中にある種の秩序が存在するということです．したがって，完全な無秩序は存在しない．つまり，十分大きな点の集合をとれば何らかの秩序が見いだせる（生みだす）ことが可能だということです．

　満点に光る夜空の星をよく見れば点が無秩序にばらまかれたように見え，その星を組合せると色々な図形ができます．古代人は動物や神の姿に似た星座をつくりました．ラムゼーの定理はこのように十分に多くの星が無秩序にばらまかれると必然的にそのような形が現れることを示しているとみることができます．

　一度，夜の星を眺めながら自分でその星を組合せて何かの形を探してみて下さい．

　これまで考えた数学で問題としているのは，その形が必ず存在するのに最小何個の点（星）が必要であるかを問題にしていますが，見かけは簡単でも解決はきわめて難しい内容です．

試問37. の解答

ピンを立て，輪ゴムをはめた凸包について
(1) 凸包が五角形のときどの4点をとっても凸四角形が得られる．

図は右の通り．

(2) 凸包が四角形のとき凸包の4点によって凸四角形が得られる．

図は右の通り．

(3) 凸包が三角形のとき凸包の内部に2点があるから，この2点を通る直線を引くと，直線は凸包の三角形を三角形と凸四角形に分割する．このとき，凸四角形に含まれる4点によって凸四角形が得られる．

(4) (1)の5点の凸包が存在すること．(3)の内部の2点を結ぶ直線で三角形と凸四角形に分割が可能であることに使っている．

(参考文献)
注1．『My Brain is Open.』Bruce Schechter 著．グラベルロード訳．共立出版．2003．
注2．『放浪の天才数学者エルデシュ』ポール・ホフマン著．平石律子訳．草思社．2000．
注3．"放浪の大数学者ポール・エルデス氏死去"朝日新聞1996年10月7日．(夕刊)．同年9月20日の死が伝えられた．

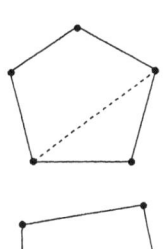

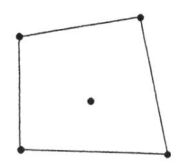

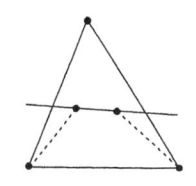

6. 円座の問題

条件付き円順列

【試問38】

男女 5 人ずつ計10人の学生が男女 1 人ずつ 2 人の先生を招き，円卓を囲んで集まりをもつことにし，先生には隣り合った特定の 2 つの席に座っていただくことにした．このとき，次の問に答えよ．

(1) 何通りの座り方があるか．
(2) 先生を含めて男女が交互に座ることにするならば，何通りの座り方があるか．
(3) 先生を含めて男女が別れて座ることにするならば，何通りの座り方があるか．

信州大．(経)．

パーティーやゲームを行うとき円卓を囲んで座ったり，手を繋いで輪を作ったりすることがあります．そのとき円座や輪形での並び方を問題としたのが円順列の問題です．円順列では位置に目印を付けない限り最初と最後の区別はなく，上座や下座も消滅し対等な位置関係となることやお互いの顔が見えるなどの利点もあります．円順列を利用した一例に江戸時代の後期，幕府や藩は財政難に陥り農民に重税を課したため，農民は苦しめられ，その上に凶作や飢饉が追い打ちをかけ，農民は生きるために厳罰をおそれず暴動や一揆を起こしたり，禁令を破って幕府や藩主に訴状を出して領主に減税や悪徳役人の罷免を要求しました．

右の図は文政 9 年（1826），武蔵国の谷本村等の百姓．村役人が団結し，ご用金の徴収に反対して地頭の罷免要求をするために作られた**傘連判状**で首謀者を隠すため円順列を利用したものです．

さて，n 個のものを円形に並べるとき注意を

傘連判状

円座の問題 —— 73

要する点は次のことです．
 (1) n 個の位置を区別する
 (2) n 個の位置を区別しない
のどちらであるかということです．(1)の場合はすべてのものについて両隣が同じでも位置が異なれば**異なる**並び方と見るものです．(2)の場合はものの位置を区別しないからすべてのものについて両隣のものが同じ並び方（回転したら重なる）は**同一**とみるものです．その個数は(1)のときは $n!$ 通り，(2)のときは $(n-1)!$ 通りであることは明らかで，単に**円順列**という場合には通常(2)を意味しています．

 実際に問題を解く過程では(1)，(2)をうまく併用しながら考えることになります．すなわち，ある特定の1つ（または1組）を固定（または指定）してそれを基準に位置に順番をつけて考えていけばよいわけです．

ヒント
(1) 先生の座席が指定されていますから，残りの座席は区別できます．
　指定された席への先生2人の座り方に注意しなければなりません．
(2) まず，先生の並び方を決めます．それにより男女の学生の位置が決まります．
(3) まず，先生の並び方を決めます．それにより学生の男女がどちら側になるかが定まり，男子の並び方，女子の並び方を考えます．

余談
 最初に有名な円座の問題を紹介してみよう．

1．いろいろな円座の問題

(1) リュカの「夫婦円座の問題」
 "n 組の夫婦が円卓を囲んで座るのに，夫は必ず2人の婦人の間に座り，しかもその妻とは**隣席**とならない方法は何通りあるか．"

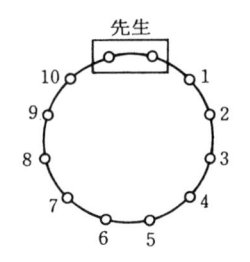

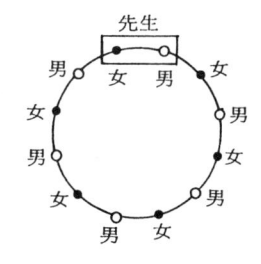

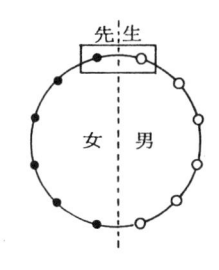

これは，パズル「バラモンの塔（"ハノイの塔"）の問題」[注1]の創作者であるフランスの数学者リュカ（Edouard Lucas. 1842-1891）が1891年に整数論の中で取り上げた問題です．数学者により何通りかの解法が示されましたが，いずれも大変難解で手間のかかるものです．

　座席を区別するとき，n 組の夫婦の妻たちが最初に席に着くとすれば，その座り方は $2 \cdot n!$ 通りあります．

　何故なら，座席を区別するから番号が付いているとします．番号は $1 \sim 2n$ となります．妻たちは奇数番号または偶数番号の座席の場合があります．それぞれの場合の座り方は $n!$ 通りとなるからです．

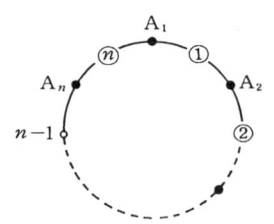

　いま，n 人の夫をそれぞれ $a_1, a_2, \cdots, a_n$，その妻たちを順に $A_1, A_2, \cdots, A_n$ として図のように座っている場合を考えます．
A_1 と A_2，A_2 と A_3，$\cdots$，A_n と A_1 との間の席をそれぞれ $1, 2, \cdots, n$ とし，これらの席に順に $a_1, a_2, \cdots, a_n$ が座ることを

$$\begin{array}{cccc} 席: & 1 & 2 & \cdots\cdots n \\ & \downarrow & \downarrow & \quad\downarrow \\ 夫: & a_1 & a_2 & \cdots\cdots a_n \end{array}$$

と対応付けると，夫婦が隣席とならない条件は席 i について，$a_1 \neq 1$ と n，そして，$2 \leq i \leq n$ のときは $a_i \neq i-1$ と i となります．

　したがって，これを満たす対応全部の個数を U_n とすれば，求める解は $2 \cdot n! \times U_n$ であることが分かります．

　よって，U_n の漸化式を求めて解くことになり，これが見かけによらず難題となります．

　そこで，$n=5$，すなわち 5 組の夫婦の場合について U_5 の求め方を説明してみよう．

　そのため右のように縦を座席，横を夫とする 5×5 個のマス目を作ります．

　ここで，$a_1 \neq 1$ と 5，$a_2 \neq 1$ と 2，$\cdots$，$a_5 \neq 4$ と 5 ですからそのマスに×印を入れたのが右の表です．夫たちは×印のない席に座ることになり，×のないマスから**各行各列と**

	a_1	a_2	a_3	a_4	a_5
1	×	×			
2		×	×		
3			×	×	
4				×	×
5	×				×

も重ならないようにマスを選べばよいわけです．その結果は席 (1, 2, 3, 4, 5) に対応する夫を求めると次のように全部で13通りあります．

$$(a_3, a_1, a_5, a_2, a_4), (a_3, a_4, a_5, a_1, a_2)$$
$$(a_3, a_5, a_1, a_2, a_4), (a_3, a_5, a_2, a_1, a_4)$$
$$(a_4, a_1, a_5, a_2, a_3), (a_4, a_1, a_5, a_3, a_2)$$
$$(a_4, a_5, a_1, a_2, a_3), (a_4, a_5, a_1, a_3, a_2)$$
$$(a_4, a_5, a_2, a_1, a_3), (a_5, a_1, a_2, a_3, a_4)$$
$$(a_5, a_4, a_1, a_2, a_3), (a_5, a_4, a_1, a_3, a_2)$$
$$(a_5, a_4, a_2, a_1, a_3)$$

これから，$U_5 = 13$ だから，席を区別するときの解は

$$2 \cdot 5! \times 13 = 3120 (通り)$$

となり，座席を区別しなければ，妻たちの座り方は $(5-1)!$ 通りですから

$$4! \times 13 = 312 (通り)$$

となります．

参考に U_n の値を n が 2 から 10 まで記すと右の表のようになり $n \geq 6$ となると数え上げる方法では大変であることが分かります．

n	U_n の値
2	0
3	1
4	2
5	13
6	80
7	579
8	4738
9	43387
10	439792

(2) 「デュードニーの円座問題」

"n 人が円卓を囲んで $(n-1)(n-2)/2$ 回席に着いて，どの人も自分の両隣が2回以上同じ人とならないようにせよ．"

この問題は1905年にイギリスのパズル研究家デュードニー (H. E. Dudeney. 1857-1930) が6人10回の場合を発表し，後に上記のように一般化された問題です．ところが一般の場合は大変難問で，どうやら未解決のようです．当のデュードニー自身は1919年の書で，n が（素数＋1）のときは比較的平易であってベルゴールが解決し，また，私が $n=10$ のときを解いた方法でピューリーが偶数の場合を解き，n が奇数の場合は極端に難しいが，これも私が解決したので結局すべての n について適用できる巧妙な解法を発見した．と述べながら，その解法は公表さていないので真偽は不明です[注2]．

デュードニー

(フェルマーのメモの話とよく似ています.)

問題の条件を整理すれば,
(1) 座席を区別しない.(円順列)
(2) $(n-1)(n-2)/2$ 回座る.
(3) どの人も同じ人が2回以上両隣に座ることはない.

となります.条件(2)は,各自の両隣にくる人の組み合わせの場合の数は自分を除く $(n-1)$ 人から2人の組み合わせが,

$$_{n-1}C_2=(n-1)(n-2)/2$$

となることからです.

n の値が小さいときは試行錯誤でも解は求められます.楽しんでみてください.たとえば,n が3,4のときは次のようです.

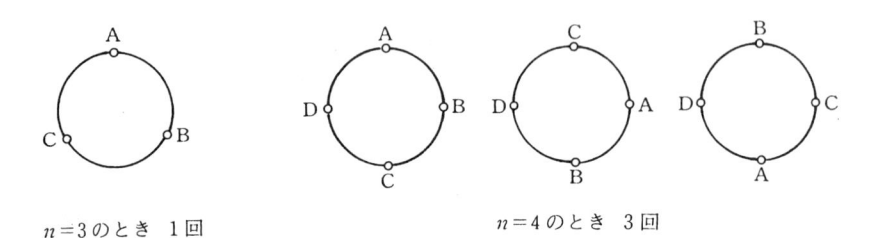

$n=3$ のとき　1回　　　　　$n=4$ のとき　3回

(3) 「オザナムの問題」

"7人がディナーに集まった.しかし,席への座り方が問題になり,結局,毎回異なる座り方で全員が7つの椅子すべてに1度は座り終えるまでディナーを続けることになった.そのために彼等は何回ディナーを共にしなければならないか."

これはフランスの数学者**オザナム**（Jacques Ozanam. 1640-1717）が考えた問題です.オザナムは「数学教程」5巻（1693）や「数学や物理の気晴らし」（1696）などの教科書を著し興味を引く数学の問題を多く作問しました.

ところで,上の問題の解答をオザナムは7つの要素の順列を求めて,

$$_7P_7=7!=5040$$

としました.この解答について**グレイゼル**は「数学史」[注3]で次のように述べ疑問視しています.

オザナムは全ての座席が相異なると考えた．例えば，7人が長方形のテーブルの片側に（1列）に座ると考えるときは正しい．しかし，彼等が**円卓の周りに座る場合**を考えれば（つまり，最後の人が最初の人の隣になる場合には）与えられた規則によって，各人が右隣の椅子に順に移動すれば，互いの並び方そのものは変わることはない．このようにして6回右に座り直してもそれらは同順と見なせるから，それらを異なると考えたオザナムは，ここで誤った．（つまり，7！ではなく，円順列と同様に (7−1)! 通りとしなければならない．）
したがって，ディナーの回数は720通りとなるが，しかし，右隣りの人が左隣りの席に座り直しても隣り合う同士には変わりないから，異なる並び方はさらに半分の360となる．（じゅず順列）これも正しい答えである．

さて，読者のみなさんは問題をどう解釈しますか．

（問題文の"毎回異なる座り方"と"全員が7つの椅子すべてに1度は座り終える"の解釈が分かれています．）

問題1．

男性A，B，C，Dと女性a，b，cが右図のような円テーブルに座って食事をする．
(1) Aがaの隣りになるような座り方は何通りあるか．
(2) 女性どうしが隣り合わせにならないような座り方は何通りあるか．いずれの場合も，対称なものや回転させたものは，別の座り方とみなす．

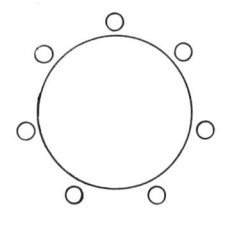

京都教育大．（理系）．

条件が明確ですから平易である．

◀解答▶
(1) Aの座り方は7通り，その1つの座り方に対して，aの座り方はAの左右の2通り，その他の人の座り方は5!通りより，
$$\therefore\ 7\times 2\times 5! = 14\cdot 5!\ (通り)$$ 【答】

(2) aの座り方を固定すると，その仕方は7通り，次にbとcの席を○で示すと次の3つの型があります．

各型bとcの座り方は2通り．男性4人の座り方は4!通りより
$$\therefore\ 7\times 3\times 2\times 4! = 42\cdot 4! = 1008\ (通り)$$ 【答】

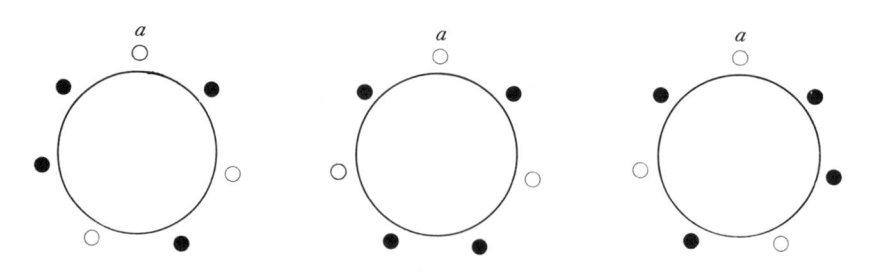

2．輪の問題

円卓に座るのではなく人や物が平面で輪形となる問題を考えてみましょう．円卓を囲んで座る場合には，椅子（位置）を区別するか区別しないかで解が変わることは前述の通りです．しかし，輪の問題では位置を区別しないから円順列となります．

問題2．

5つの国から集まった人たちが両手をつないで1つの輪を作る．どの異なる2つの国をとっても，それぞれの国から来た人たちがどこかで手をつなぐようにしたい．このような輪を作ることができる最少の人数を求めよ．

大阪大．（文理共通）．

ヒント 5つの国だから各国1人では不可能です．また，5つの国の対称性（国を取り替えても同じ結果となる）から各国は同人数となることが分かります．見かけによらず平凡な問題です．

解答

各国の人は4つの国の人と手をつなぎ，ある国の1人は他国の人2人と手をつなぐから4人と手をつなぐためには少なくとも各国2人は必要である．

いま，5つの国をA，B，C，D，Eとし各国2人ずつとすると右図のように可能である．

∴ 各国2人で合計10人 【答】

基本的な問題をいくつか取り上げて最後のまとめとしよう．

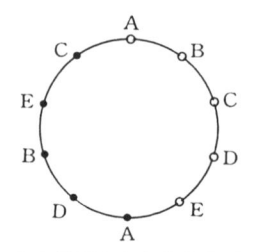

他の並び方もありますが1つ存在することが示されれば十分です．

問題3．

5人の男子と5人の女子が手をつないで輪を作るとき，男女交互に並ぶ方法は何通りあるか．　　　　　　　　　　　　　　北海道学園大．（エ）．

注意を要するのは $4!\times 4!$ 通りではなく，$4!\times 5!$ 通りとることに気付くことです．

この場合は男女同数ですが，並べるものの個数が異なるとき，隣接するものが異なる円順列は最大個数のものを先に並べてからその間に残りのものの並べ方を考えます．

問題4．

赤球3個，青球5個，白球7個，合計15個の球を同じ色の球が隣り合わないように円周上に並べる並べ方は何通りあるか．ただし，同じ色は区別できないものとする．　　　　　　　　　　　　　　　　　　　　　　独協医大．

ヒント　白球が7個で1番多いから，まず白球を円周上に並べます．そのとき，白と白との間は7つありますからそこに赤と青の8個の球を入れることになります．したがって，1箇所には赤と青の2個を入れることになります（ディリクレの原理）．その個所を固定して，残りを考えればよいことになります．

解答

7個の白を円周上に間を開けて並べると7個の間ができる．その間の1つを固定してそこに赤球と青球を1個ずつ入れる．この入れ方は2通りある．

次に，残り6個の間に残った赤球2個と青球4個を入れればよいから，その方法は

$$\frac{6!}{2!\,4!}=15 \text{ 通りある．よって，}$$

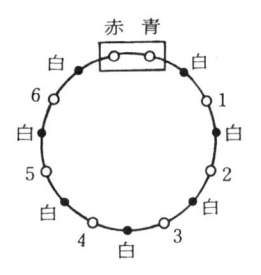

$$15\times 2=30\,(通り) \qquad 【答】$$

しかし，隣接のものが異なるという条件がない場合は最小個数のものを並べてその間に残りのものを並べる方が簡単な場合があります．

問題5.

a, a, b, b, c, c, c, c の8個の文字がある．8個の文字全部を机の上で円形に並べる方法は何通りあるか． 　　　　　　　　大阪女大．（学芸）．

a に注目して，円周上でその並び方の型を調べると

$$aa, \quad a\bigcirc a, \quad a\bigcirc\bigcirc a, \quad a\bigcirc\bigcirc\bigcirc a$$

の4通りあります．

　前の3つの型はそれぞれ a を除いた残りの位置に b 2個と c 4個が並びますがその並び方は b 2個の位置が1つ決まれば1通り決まります．最後の4つ目の型はこの場合は向い合っている2個の a に関して線対称となります．b 2個の位置の決め方は $_6C_2 (=15)$ 通りあるが，そのうち，

　　　　　　対称の位置にあるもの3個
　　　　　　非対称の位置にあるもの12個

ここで，非対称のものはそれぞれ180度回転によって2個が重なる．

　したがって，このときは6通りとなる．

　よって，並べ方の総数は

$$_6C_2 \times 3 + (3+6) = 54 \text{(通り)} \qquad 【答】$$

試問38.の解答

(1) 2人の先生の席は特定の席より，先生の座り方は2通りある．それぞれの場合に学生の座り方は $10!$（通り）あるから，

$$10! \times 2 = 7257600 \text{(通り)} \qquad 【答】$$

(2) 女の先生の席を指定すると，男の先生の席はその左右の2通りあり，また，それぞれの場合とも，男女学生の座り方は $5! \times 5!$（通り）あるから，

$$5! \times 5! \times 2 = 28800 \text{(通り)} \qquad 【答】$$

(3) 先生の席を指定すると，先生の座り方は2通り

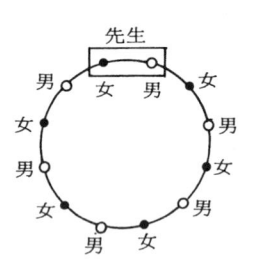

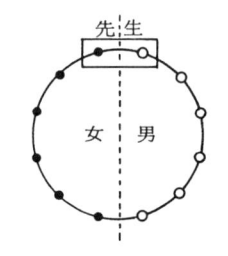

あり，それぞれの場合とも，男女学生の座り方は
5!×5!(通り) であるから．

$$5! \times 5! \times 2 = 28800 (通り)$$ 　【答】

(参考文献)
注1．『入試問題が語る数学の世学』岸吉尭．現代数学社．
　　　2004．p.103．
注2．『続・数理パズル』中公新書460．中村義作・小林茂太郎・西山輝夫著．1977．
注3．『グレイゼルの数学史Ⅲ』保坂秀正他訳．1997．

7. 地図の塗り分け

隣接関係の単純化とグラフ

【試問39】

東北地方の概形は右の通りである．
6つの県を色で塗り分ける．ただし，隣り合う県は異なる色で塗り分ける．次の問いに答えよ．
(1)　2色を用いるとき，何通りの塗り方があるか．
(2)　3色を用いるとき，何通りの塗り方があるか．
(3)　4色を用いるとき，何通りの塗り方があるか．
　　ただし，塗り分けができないときには，0通りと答えよ．

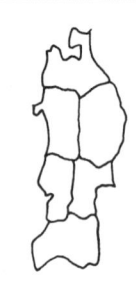

東北学院．（工）．

　東北地方の6県，すなわち青森，秋田，岩手，山形，宮城，福島を順にA，B，C，D，E，Fとします．さて，問題では各県の形状や面積など図形や量を考えるのではなく，各県が繋がっているかどうかの位置や順序が考察の対象となります．
　すなわち，右図のように東北地方を長方形など閉じた交わりのない図形（位相図）で表し，この図形を各県の繋がり（接し方）や順序が保たれるように6つの区画に分割し，隣り合う区画を異なる色に塗り分ける問題と考えればよいことになります．

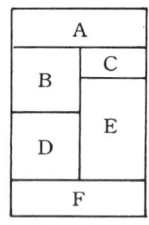

倍相図

　さらに，このことはケーニヒスベルグの橋渡り問題（p.53）や"世界20都市巡りゲーム"（p.54）のところで述べたように，各区画は点で表し，隣り合う区画は線で結んでグラフ化すれば東北地方は右図のようなグラフで表現され，問題は，線で隣り合った点が異なる色となるように**点を塗り分ける**問題と同じことになります．

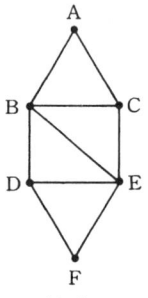

双対グラフ

このグラフを東北地方の**双対グラフ**と云います．以上整理すると，
$$(1) 地図 \rightarrow (2) 位相図 \rightarrow (3) 双対グラフ$$
と変換しましたが，問題はどれによっても考察可能で，複雑な地図や領域の塗り分けを考えるときは双対グラフが有効になります．

(ヒント)

双対グラフで説明してみましょう．

双対グラフとは，

　　領域を点，隣り合う領域を

線に置き換えたとき，

　　領域とその隣接関係 ⇔ 点と線の接続関係

となるグラフのことです．

(1) 隣接したA，B，C 3点（$=m$）を 2 色（$=n$）で塗ると，$m>n$だからディリクレの原理よりA，B，Cのうち少なくとも2つは同色で塗ることになります．

(2) 用いる3色をa，b，cとします．

　　A，B，Cの塗り方は
$$_3P_3 = 3! = 6 (通り)$$

ここで，点A，B，Cを色a，b，cで塗るとき，これを$(A, B, C) \equiv (a, b, c)$と表すと残りの点の塗り方は，$(D, E, F) \equiv (c, a, b)$とただ1通り決まります．

(3) 用いる4色をa，b，c，dとします．

　　A，B，Cを塗るのに用いる色の組合せは
$$_4C_3 = 4 (通り)$$
A，B，Cの塗り方は
$$_3P_3 = 3! = 6 (通り)$$
いま，$(A, B, C) \equiv (a, b, c)$とするときの塗り方を樹形図で調べると
右図のように 8 通りあります．

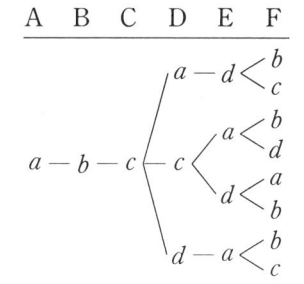

```
A B C D E F
        a-d<b
            c
          a<b
            d
a-b-c-c<
          d<a
            b
        d-a<b
            c
```

(余談)

1. "地図の塗り分け"と「4 色予想問題」

1852年，ロンドン大学の学生であった**フレデリック・ガスリー（Frederick Guthrie）** が**ド・モルガン教授**（Augustus De Morgan. 1806-1871）に，「兄の**フランシス・ガスリー（Francis Guthrie）** が，

"平面上のあらゆる地図を塗り分けるのに4色あれば十分ではないか."

と気付いたがその根拠が分からない.」と言っていることを話して証明を質問しました．ド・モルガンはこの問題に大変興味を感じ挑戦しましたが解けませんでした．

正しければ証明が必要で，そうでなければ反例を1つ示せば十分であることになります．

4色が必要であることは次の場合から容易に分かります．

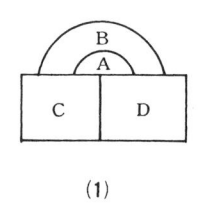

ド・モルガン

(1) 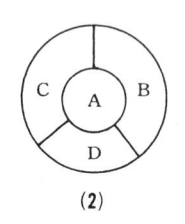　(2) 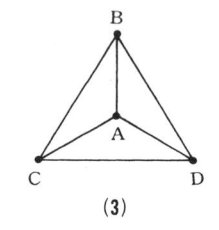　(3)

ド・モルガンは，早速**ハミルトン**（William Rowan Hamilton. 1805-1865）に手紙でいきさつを伝えて質問しましたがハミルトンからの返事は，"今，その問題に関われそうもない."という内容でした．後，ド・モルガンは機会あるたびに学生や数学者にこの問題を紹介しましたが，解決を見ないまま次第に人々の意識から薄れました．

ド・モルガンが亡くなって8年後，この問題に関心をもった**ケイリー**（Arthur Cayley. 1821-1895）は1878年のロンドン数学会ですでにフランシス・ガスリーの「**4色予想問題**」が解決されたのか否かを問いかけた結果，未解決であることを知り，翌年の王立地理学会報告でこの問題の難点を整理して再提唱しました．すると早速翌年に雑誌『ネイチャー』（Nature）に**ケンペ**（Alfred Bray Kempe. 1849-1922）が証明したという報告が掲載

ケイリー

され，別誌『アメリカ数学誌』に論文が発表されて解決したと見られました．しかし，約10年後の1890年，**ヒーウッド**（Peray John Heawood. 1861-1955）がこの証明には誤りがあり，"5色を用いれば十分である．"ことは彼の方法で証明可能なことを示したため，4色予想問題は再び振り出しに戻り，その後，多数の挑戦者により研究は続きましたが解決されないまま20世紀に至りました．

そして，問題発見から，実に124年を経た1976年にイリノイ大学の数学者**ハーケン**（Wolfgang. R.G. Haken. 1928-）と**アッペル**（Kenneth Appel. 1932-）が大学院生の**コッホ**（John Koch）の協力を得て計算機を使用し肯定的に解決したと公表され，ほぼ間違いないとされています．"ほぼ"と言うのは，計算機で要した時間は1200時間（＝50日）を下らないと言われ人力による検証は不可能に近く，また計算機を使用するにしてもその費用は余りに膨大で個人ではとても無理のようです．

2．マーチン・ガードナーのいたずら

「4色予想問題」は「フェルマー最終定理」と同様に大変親しみやすく解決に至るまで数学者はもとより多数の一般の人々も取り組み，何度か証明できたと発表されましたがいずれも誤りでした．サイエンテイフイック・アメリカン誌の「数学ゲーム」を執筆担当していた**マーチン・ガードナー**（Martin Gardner. 1914-）は1975年4月号に5色でないと塗れない「**反例**」が見つかったとして下図を掲載しました．これは，エイプリルフールのいたずらでしたが本気にした人もいたということです．

もちろん，4色で塗り分けられます．読者の皆さんも試してみて下さい．

ここで，この問題を考えるとき陥りやすい錯覚について，**高木貞治**（1875-1960）著『数学小景』にある「**隣組，地図の塗り分け**」での説明を紹介してみよう．書き出しは，

"トントントンカラリの隣組では，お隣のお隣は，やっぱりお隣である．太朗君の隣が二郎君で，二郎君

ガードナー

ガードナーの図形

の隣が三郎君ならば，太朗君と三郎君とは同じ隣組に属しても，必ずしも，垣根越しにお話ができるとは限らない．今もし，お隣の意味を狭く限定して，直接に隣接するうちだけで隣組を組織するならば，一つの隣組に幾軒が参加することができるであろうか．"
とあり，その結果は，家を区域で表すと次の4通りに限ることが示されています．

高木貞治

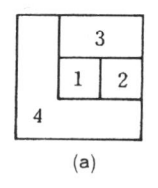

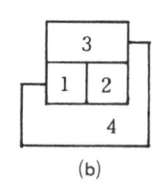

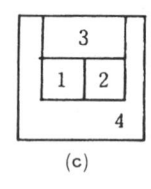

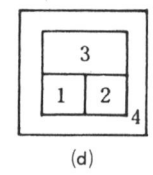

そして，"隣接区域の問題では，各区域の形に関しては，何らの要求もないのだから，各区を矩形または矩形もどきにする必要は勿論ない．重要なのは，区と区との隣接する具合である．即ち隣組の型，隣組の形相である．その形相を見易くするためには，……（上の）形相を，次のよう書くこともできる．"

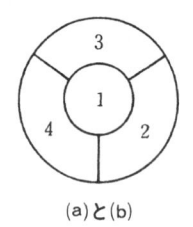

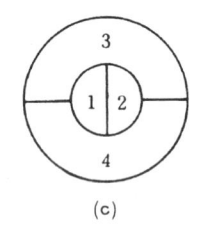

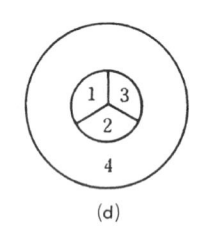

すると，"どの2つも互いに隣接する4つの区域がある以上，それらを塗り分けるに4種の色を要することは当然である．しかし，**どの二つも互いに隣接する5つ以上の区域は不可能であるから，色は4種だけで十分だろう．**と言うのは，**理屈らしい不理屈である．……**"
と述べ，この点が陥りやすい錯覚であるとし，これでは証明にならない理由は，この論法を採用すれば，

"若しも或る地図に於いて，3つより多くの国が2つづつ接してゐないならば，その地図は3種の色で塗り分けられるといふのである．所が（下図）は，そのやうな地図である．然るにその塗り別けには，どうしても4種の色を要す

るではないか！"
と**論法**に**矛盾**が生じるという指摘があります．

3．領域の塗り分け問題

いくつかの塗り分け問題を練習してみよう．

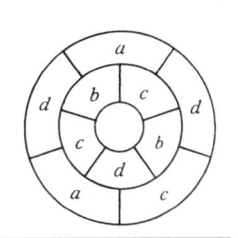

問題1．

　正 n 角形と各頂点から放射状に伸ばした線とで区分され，方向の固定された図を『n 角地図』と呼ぶことにする．

　n 角地図を異なる4色すべてを使って塗り分ける場合について，以下の各問いに答えよ．ただし，同じ色を何回使ってもよいが隣り合う領域とは異なる色でなければならない．

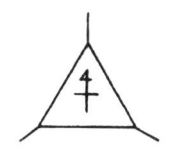

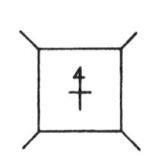

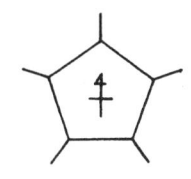

(1) 三角地図を塗り分ける場合の数（塗り方の総数）を求めよ．
(2) 四角地図を塗り分ける場合の数を求めよ．
(3) 五角地図を塗り分ける場合の数を求めよ．
(4) n 角地図（$n>3$）を塗り分ける場合の数を求めよ． 　　　麻布大．（獣医）．

　問題の地図は方向が指定されているから，それぞれの領域も固定（回転して重なっても異なっていると）されます．

　いま，n 角地図の各領域を順に A，B，C，D，……として，双対グラフを書

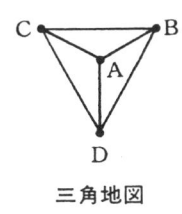

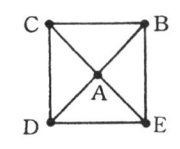

三角地図　　　　四角地図　　　　五角地図
　　　　　　　双対グラフ

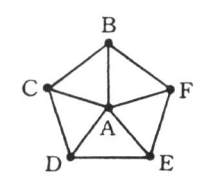

きます．（グラフはすべて車輪．p.57参照）

ここで，用いる4色をa，b，c，dとし，Aから順々に色を塗ると，Aの塗り方は4通り，Bの塗り方は3通りであるから，AとBの塗り方は4×3通りあります．いま，Aにa，Bにbを塗るとき，B以下の塗り方は樹形図を書いて調べます．$n=5$のときは右図のようになります．そして，

```
    B C D E F
            c < b
         b <    d
      c <    d < b
   b <       c
      d <    b < c
         c <    d
   d ─        
         上で，最下段の c
         と d を交換する
```

1．最後の領域がBと同色のbである
2．cまたはdが用いられていない

の場合は不適であり，そして

nが奇数のときは1．が生ずる．
nが偶数のときは1．と2．が生ずる

ことに注目します．

◀解答▶ 上記の樹形図で，

(1) $n=3$のときを調べると

1，3番目の枝はDがb

∴ $4\times 3\times (2^2-2)=24$（通り）　　【答】

(2) $n=4$のときを調べると

3，7番目の枝はEがb
1番目の枝にdが含まれない
6番目の枝にはcが含まれない

∴ $4\times 3\times (2^3-2-2)=48$（通り）　　【答】

(3) $n=5$のときを調べると

1，3，7，9，11，15番目の枝はFがb

∴ $4\times 3\times (2^4-6)=120$（通り）　　【答】

さらに，$n=6$のとき

3，7，9，11，15，19，23，25，27，31番目の枝がbで，また，1および22番目の枝にはdおよびcが含まれない

∴ $4\times 3\times (2^5-10-2)$　　……※

(4) (1)，(3)より

$n=3$ のとき　　$4\times 3\times\left(2^2-\dfrac{2^2+2}{3}\right)$

$n=5$ のとき　　$4\times 3\times\left(2^4-\dfrac{2^4+2}{3}\right)$

また，(2)，※より

$n=4$ のとき　　$4\times 3\times\left(2^3-\dfrac{2^3-2}{3}-2\right)$

$n=6$ のとき　　$4\times 3\times\left(2^5-\dfrac{2^5-2}{3}-2\right)$

　　　　　　　　　　　$\vdots$

であるから，よって

　　n が奇数のとき　　$4\times 3\times\left(2^{n-1}-\dfrac{2^{n-1}+2}{3}\right)$

　　n が偶数のとき　　$4\times 3\times\left(2^{n-1}-\dfrac{2^{n-1}-2}{3}-2\right)$　　【答】

問題2.

右図の8個の領域を色で塗り分けたい．線分または曲線を共有して隣接する領域は異なる色を塗るものとする．

(1)　3色で塗り分ける方法は何通りあるか．
(2)　4色まで使えるものとすると何通りあるか．

大分大．(教，経).

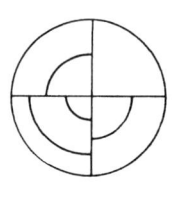

与えられた領域の位相図と双対グラフを書き，各領域を図の如くA，B，……，Hとします．

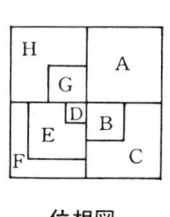

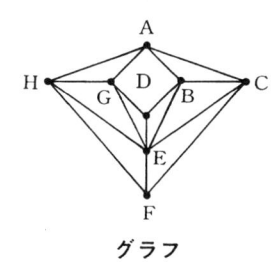

位相図　　　　グラフ

3領域 A，B，Cの隣接関係より2色では無理です．双対グラフの点の塗り分けで考えると次のように解くことができます．

◀解答▶

(1) 用いる3色を a, b, c とする．この3色で点 A, B, C の塗り方は $_3P_3=6$ 通りあります．

いま，(A, B, C)≡(a, b, c) とすると，他の点の塗り方は，

(D, E, F, G, H)≡(c, a, b, b, c)

のようにただ1通り決まる．

∴ 6（通り）【答】

(2) 用いる4色を a, b, c, d と3点 A, B, C の塗り方は

$_4P_3=4×3×2=24$（通り）

あります．

いま，(A, B, C)≡(a, b, c) とするとき樹形図から他の点の塗り方を調べると右に示した16通りです．

∴ $24×16=384$（通り）【答】

```
           E  D  F  G  H
                   b < c
               b <   d
           c <     d ─ c
               d <  b ─ c
                    d < b
        a <             c
                    b < c
               b <   d
           d <     c ─ d
               d <  b ─ c
                    c ─ b
                    a < b ─ c
               a <  c ─ b
           d <    b ─ b ─ c
               c <  a ─ b ─ c
                    b ─ b ─ c
```

E から塗り始めることに注意．

次に，応用として立方体の面の塗り方を取り上げてみましょう．このとき，解法の基本となるのは**対称性**から1面を固定し対面を考え，側面は**環状順列**で考えることです．

問題3．

立方体の6面を4色を用いて塗り分ける方法はいく通りあるか．ただし，塗り分けるとは4色すべてを用い，相隣る2面は異なる色で塗ることである．

城西大．(理)．

◀解答▶

用いる4色を a, b, c, d とし，立方体の1つの面に a を塗り固定する．

このとき，a の対面が a のとき，

側面は b, c, d の3色の環状順列であり3色のうち1色は2回使用することになる．よって，その方法は3通りである．

a の対面が b, c, d のいずれかのとき，

側面は残りの2色を各2回使用することになるから，その方法は1通りであ

る．
　よって，その方法は3通りである．
　ゆえに，求める解は3+3=6(通り)　　　　　　　　　　【答】

◀別解▶ ディリクレの原理の利用

6面（=m）を4色（=n）で塗るから，（$m>n$ より）4色のうち2色は2回使用することになる．よって，使用する2色の選び方から，${}_4C_2$=6(通り)
この問題を少し拡張した次の問題を課題問題とします．

●課題●

　6色（赤色，黒色，黄色，緑色，青色，紫色）のペンキと立方体がある．いま，この立方体の各面をペンキで塗り分けるのに何通りの方法があるか．次のそれぞれの場合について答えよ．ただし隣り合う面は異なる色で塗るとし，また回転して同じ色の配置になるものは1通りとして数えることにする．
(1) 6色で塗り分ける．　(2) 3色で塗り分ける．　(3) 4色で塗り分ける．

　　　　　　　　　　　　　　　　　　　　　　　　　　　　　　　　　　埼玉医大．

ヒント (1) 環状順列 $\frac{1}{2}(n-1)!$ を利用

(2) 対面が同色になる．

(3) 6色から4色の組み合わせると，問題3．と同様．

答：は，(1)15通り　　　(2)20通り　　　(3)90通り．

試問39．の解答

東北地方の6県を点でA，B，C，D，E，Fと表し，隣り合う県を線で結ぶと，問題は線で繋がる点を異なる色で塗り分ければよい．

(1) A，B，Cの3点のうち，2点は同色となる．
　　　　　∴　0（通り）　　　　　　　　　　　　　【答】

(2) A，B，Cの塗り方が決まると，D，E，Fの塗り方が決まって，結局，全ての塗り方が定まる．
　　　　　∴　${}_3P_3$=6!=6(通り)　　　　　　　　　　【答】

(3) 用いる4色を a，b，c，d とする．

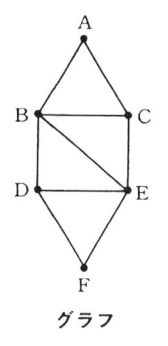

グラフ

この4色からA，B，Cを塗る3色の組み合わせの数は $_4C_3=4$（通り）あるから，A，B，Cの塗り方は，$4 \times {}_3P_3=24$（通り）

　いま，点A，B，Cに色 a，b，c を塗った場合を樹形図で調べると，

```
A B C D E F
─────────────
              a─d<b
                  c
              ┌a<b
                  d
a─b─c─c
              ┌a<a
              d<
                  b
              d─a<b
                  c
```

の8通りある．よって，求める塗り方は

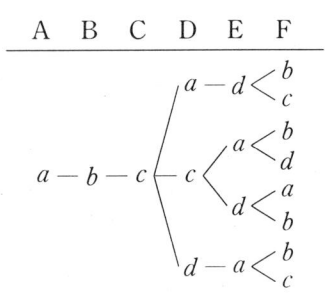

　　　　$24 \times 8 = 192$（通り）　　　　【答】

(参考文献)

1．『四色問題』一松信著．講談社．1978．
2．『グラフ理論への道』N. L. ビッグス他共著．一松信他共訳．地文書院．1986．
3．『数学小景』高木貞治著．岩波書店．1943．岩波現代文庫．2002．

8. 平面のタイル張りの問題

典型的な充塡形とその敷き詰め方

【試問40】

辺の長さ1の正三角形のタイルをいくつか用意して，辺の長さが自然数 m の正三角形をタイルで張りつめたい．

(1) $m=2, 3, 4$ のとき，どのようにタイル張りすれば良いか図示せよ．

(2) 一般に，辺の長さ m の正三角形をタイルで張りつめるのに必要なタイルの個数を m の式で表し，その式が成り立つ理由を述べよ．

九州大．（理科系）．

タイルは，古くから建築物（床．壁．柱など）や，舗道などに装飾を兼ねて用いられ，モザイク用の小さいものから建築物用の大きなものまで，形も大きさも様々なものがあります．タイル張りでは，個々のタイルに**重なりがなく**かつ平面に**隙間がないこと**，すなわち，**平面がタイルで埋め尽くされている（充塡）**ことが重要です．

数学では，平面をタイル張りするときのその形や種類，また，必要枚数などを求める問題を**平面のタイル張りの問題**（または，**充塡問題**）と言います．一般的には，大変複雑多岐で難問も含まれ，ここでは極めて基礎的な図形である正多角形や長方形を対象とする問題を主に見ていきます．

正多角形は無数にあり，これらの中でタイル張りが可能なのは何種かを最初に研究したのは，古代ギリシャの**ピタゴラス学派**で，それは，**正三角形，正方形，正六角形の3種**に限ることを証明しました（**ピタゴラスの平面充塡形**）．

現代風に説明すると，次のようになります．

1つの頂点のまわりに正 n 角形が m 個集まっているとする．1個の内角は $\dfrac{2(n-2)}{n}$ 直角より，m 個で合わせて4直角になることから，

$$m\left\{\dfrac{2(n-2)}{n}\right\}=4 \quad \therefore \quad \dfrac{1}{m}+\dfrac{1}{n}=\dfrac{1}{2}$$

ここで，$n \geq 3$ より

$$0 < \frac{1}{n} = \frac{1}{2} - \frac{1}{m} \leq \frac{1}{3} \quad \therefore \quad 3 \leq m \leq 6$$

したがって，$m=3, 4, 5, 6$ となりますが，$m=5$ のとき，n は整数ではないから不適となり，よって，

$$(m, n) = (6, 3), (4, 4), (3, 6)$$

となります．すなわち，1頂点のまわりに重ならないように張れるのは，6個の正三角形，4個の正方形，3個の正六角形の3種に限ることが分かり，これらの正多角形はどの頂点でも同様に成り立つから，平面はこれらの正多角形のタイルで張ることができます．

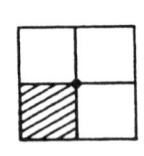

正三角形　　　正四角形　　　正六角形

これは，帰納的にも容易に分かります．平面を張ることができる正多角形で内角が最小のものは正三角形で，各頂点のまわりに6個集めればよいことは直ちに分かります．

ここで，正多角形は辺数が増えると，その内角も大きくなるから，したがって，各頂点に7個以上の正多角形が集まることはできません．また，正多角形の1つの内角は180°より小さいから2個以下ともなりません．

よって，平面を正多角形で張るとき，1頂点のまわりに集まる正多角形の個数は3個以上で6個以下です．これから，1点の回りに集まる個数で360°を割り，その値を内角とする正多角形が存在するかどうかを調べればよいわけです．この方法によると，

　　　3個のとき，360°/3＝120°で正六角形
　　　4個のとき，360°/4＝90°で正四角形
　　　5個のとき，360°/5＝72°　正多角形なし
　　　6個のとき，360°/6＝60°で正三角形となります．

以上は1種の正多角形によるものですが，2種以上の正多角形による平面の

タイル張りに関しては後述（余談．参照）します．

ヒント

(1)は，図示するだけで大変容易です．(2)は，式を求めて，その式が成り立つ理由を述べよ．とありますが，解答は，次のⅠ．またはⅡ．のどちらかでよいと思います．

Ⅰ．(1)と(2)を関係付けて考えて，

(1)から式の結果を類推して，(2)で数学的帰納法で証明する．

Ⅱ．(1)と(2)を別々に考えて，

(2)では代数的に式を求め，幾何学的に説明する．

さて，(2)の式の求め方には以下のようにいろいろな方法が考えられます．

1辺の長さが m の正三角形を1辺の長さ1の正三角形で張るとき．必要なタイルの個数 a_m として，

1．数列を利用する

$a_1=1$, $a_2=1+3$, $a_3=1+3+5$, ……,
$a_m=1+3+5+……+(2m-1)$

2．漸化式を作る

a_{m+1} と a_m の関係は，

$a_{m+1}=a_m+m+(m+1)$ より，

$a_{m+1}-a_m=2m+1$ （ただし，$a_1=1$）

3．相似比を利用

m が正整数のとき，1辺 m の正三角形は1辺が1の正三角形で張ることができ，このとき，個数は面積比に等しくなる．

4．図形を点に置き換え並べ換える．

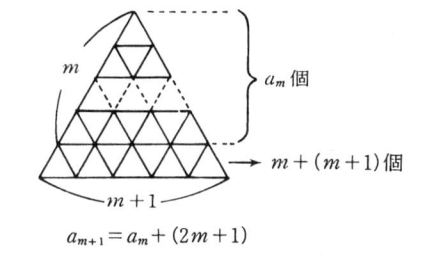

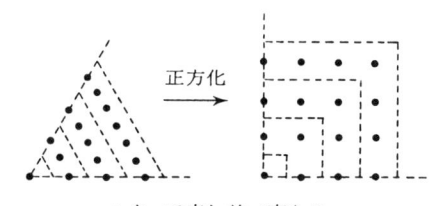

余談

ピタゴラスの充填形は下図(ｱ)のようです．

これらの，特徴を見ると，

(1) 正三角形と正方形は下段の図(ｲ)のようにタイルをずらしても張ることも可能ですが，正六角形はずらして張ることはできません．したがって，安定した張り方と見ることができます．

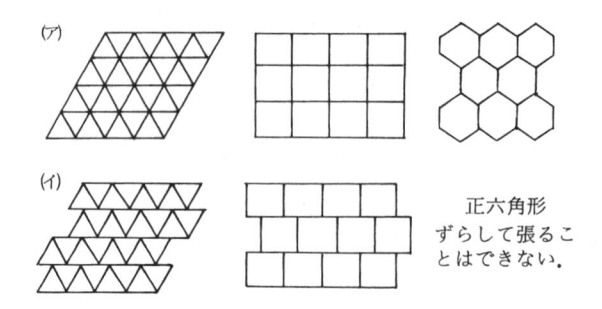

(ア)

(イ)

正六角形
ずらして張ることはできない．

(2) 周の長さが一定のとき，囲まれた面積が最大となるのは正六角形です．これから，平面を囲むとき最も効果的といえます．

自然界で蜂は，巣作りに上の特性を大変うまく利用していると言われ，また，昆虫の複眼も，正六角形の小単眼をぎっしり敷き詰めた形状となっています．

アシナガ蜂の巣

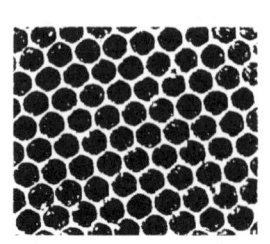

顕微鏡で見たモンシロ蝶の小単眼の集まり．1500個近くからなる．

1．2種以上の正多角形によるタイル張り

ここでは，2種以上の正多角形を用いての平面のタイル張りを考えてみよう．ただし，1種のときと同様に用いる各正多角形はすべて辺の長さが等しい，また，タイルの張り方は各正多角形の**頂点をすべて1点に集める**ことにします．
このとき，タイル張りの可能な条件は，
Ⅰ．1点に集めた頂点のまわりが各正多角形で張ることができること．すなわち，各正多角形の内角の和は $4\angle R$ となる．
Ⅱ．各頂点での正多角形の配列を同じにできること．こうして，2種以上の正多角形による平面のタイル張りを**アルキメデスの平面充塡形**と呼びます．

そこで，アルキメデスの充塡形は何種あるでしょうか？

最初に述べたように平面の1点のまわりを張ることができる正多角形の個数は3個から6個までですから，個数が3，4，5，6の場合を順々に調べるとすべて求めることができ，その結果は全部で7種（ただし，配列を考慮すれば8種）あります。

モザイク：アルキメデスの死1924年発見．古代ローマのものとする説もあります．

次の問題は，3個の場合の部分解（正方形を含むもの）を求める過程を問うものです．

問題 1.

辺の数がそれぞれ ℓ，m，n である3枚の正多角形のタイルがある。この3枚のタイルが1つの頂点のまわりに隙間なく，かつ互いに重なることなく敷き詰められている。このとき，次の問に答えよ。ただし，$\ell \leq m \leq n$ とする。

(1) $\dfrac{1}{\ell} + \dfrac{1}{m} + \dfrac{1}{n} = \dfrac{1}{2}$ ……① を証明せよ。

(2) ①式を用いて，$\ell \leq 6 \leq n$ であることを証明せよ。

(3) (2)において $\ell = 4$ のとき，m，n の値を求めよ。　　　　　岩手大.（農・工）.

ピタゴラスの充塡形の場合と同様に考える．

◀解答▶

(1) 正 ℓ，m，n 角形の各頂角の和より，

$$\frac{2\ell - 4}{\ell} + \frac{2m - 4}{m} + \frac{2n - 4}{n} = 4$$

これを整理すると，

$$\frac{1}{\ell} + \frac{1}{m} + \frac{1}{n} = \frac{1}{2}$$　　　　　【答】

(2) $\ell \leq m \leq n$ より

$$3 \times \frac{1}{n} \leq \frac{1}{\ell} + \frac{1}{m} + \frac{1}{n} \leq 3 \times \frac{1}{\ell}$$

(1)から，

$$\frac{3}{n} \leq \frac{1}{2} \leq \frac{3}{\ell} \quad \therefore \quad \ell \leq 6 \leq n$$　　　　　【答】

(3) $\ell=4$ のとき，(1)と(2)より

$$m = 4 + \frac{16}{n-4}, \quad 6 \leq n$$

これを解くと，

$$(m, n) = (5, 20), (6, 12), (8, 8) \quad \text{【答】}$$

となります．

　問題は解けましたが，しかし，タイル張りが可能なためには，これだけでは不十分で，条件II．を満たすことが必要です．実際に，図示すると，次のようになります．

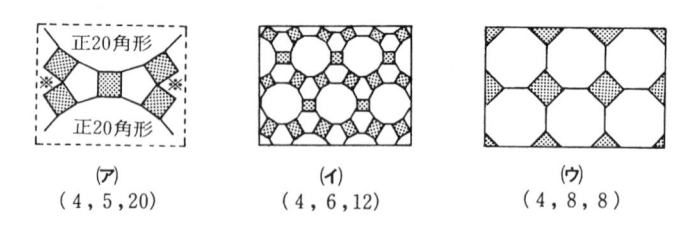

(ア) (4, 5, 20)　　(イ) (4, 6, 12)　　(ウ) (4, 8, 8)

　これから，$(\ell, m, n)=(4, 5, 20)$ のときは1頂点のまわりに張ることができても，※印の個所が他の個所の正多角形の配列と異なりタイル張りはできないことになります．

　以上は，問題中の(2)から $3 \leq \ell \leq 6$ で，$\ell=4$ の場合を調べましたが，他の $\ell=3, 5, 6$ について同様に調べると，3個の正多角形でタイル張りができる場合をすべて求められます．結果は，次のようになります．

　先ず，1頂点のまわりに張ることができる場合は．

$\ell=3$ のとき，$(m, n)=(7, 42), (8, 24), (9, 18), (10, 15), (12, 12)$
$\ell=5$ のとき，$(m, n)=(5, 10)$
$\ell=6$ のとき，$(m, n)=(6, 6)$

となり，このうち，2種以上でタイル張りできるのは，$(\ell, m, n)=(3, 12, 12)$ だけです．

　以上から，3個の正多角形による**アルキメデスの充填形は3通り**となります．

　さらに，4個，5個，6個のときに上の方法を適用して求めれば，アルキメデスの充填形はすべて求めら

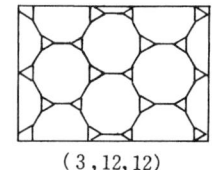

(3, 12, 12)

れますので，自分で解いて確かめて下さい．その解答は下記のように4個が2通り，5個が2通り（配列を考慮すれば3通り），6個の場合はすべて正三角形で異種を含まずピタゴラスの充塡形となるので除きます．

4個の場合：
$$(\ell, m, n, p) = (3, 6, 3, 6), (3, 4, 6, 4)$$

5個の場合：
$$(\ell, m, n, p, q) = (3, 3, 3, 3, 6), (3, 3, 3, 4, 4) \equiv (3, 3, 4, 3, 4)$$

2．長方形による平面のタイル張り

正多角形だけでなく，長方形を用いての平面の敷き詰めも極めてよく使用されます．（ただし，正方形も長方形の特殊なものとして含める．）そこで，長方形のタイル張り問題を見てみよう．

問題2．

2辺の長さが1と2の長方形と1辺の長さが2の正方形の2種類のタイルがある．縦2，横nの長方形の部屋をこれらのタイルで過不足なく敷き詰めることを考える．そのような並べ方の総数をA_nで表す．ただしnは正の整数である．たとえば，$A_1 = 1$，$A_2 = 3$，$A_3 = 5$である．このとき以下の問に答えよ．
(1) $n \geq 3$のとき，A_nをA_{n-1}，A_{n-2}を用いて表せ．
(2) A_nをnで表せ．

東京大．（理科）．

問題は，張られたタイルの個数を漸化式を作って求めるものです．思考方法の1つとして最後の状態を考えるのも有効な方法です．

解答

(1) タイルを敷き詰めたとき，最後のタイルの状態は下図の(i), (ii), (iii)の3通りある．それぞれの場合の並べ方の数は，

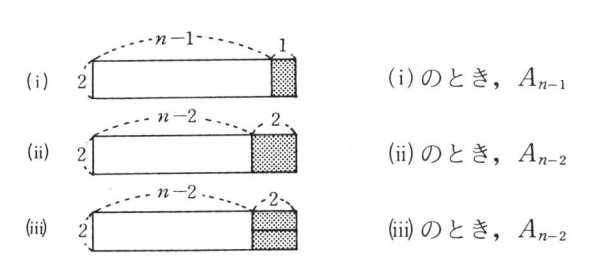

(i)　　　　　　(i)のとき，A_{n-1}

(ii)　　　　　　(ii)のとき，A_{n-2}

(iii)　　　　　　(iii)のとき，A_{n-2}

$$\therefore\ A_n = A_{n-1} + 2A_{n-2} \quad (n \geqq 3) \qquad 【答】$$

(2) (1)を変形すると,

$$A_n + A_{n-1} = 2(A_{n-1} + A_{n-2}) \qquad \cdots\cdots ①$$

$$A_n - 2A_{n-1} = -(A_{n-1} - 2A_{n-2}) \qquad \cdots\cdots ②$$

ここで, $A_1 = 1$, $A_2 = 3$ から, $A_2 + A_1 = 4$

したがって, ①より, $n \geqq 1$ のとき, 数列 $\{A_{n+1} + A_n\}$ は初項4, 公比2の等比数列だから,

$$A_{n+1} + A_n = 4 \cdot 2^{n-1} = 2^{n+1} \qquad \cdots\cdots ③$$

同様に, $A_2 - 2A_1 = 1$ より, ②式から,

数列 $\{A_{n+1} - 2A_n\}$ は初項1, 公比-1の等比数列だから,

$$A_{n+1} - 2A_n = 1 \cdot (-1)^{n-1} = (-1)^{n+1} \qquad \cdots\cdots ④$$

③×2+④より,

$$3A_{n+1} = \{2^{n+2} + (-1)^{n+1}\}$$

$$\therefore\ A_n = \frac{1}{3}\{2^{n+1} + (-1)^n\} \quad (n \geqq 1) \qquad 【答】$$

問題3.

a, b を自然数とする. 右の図のような南北 a m, 東西 b m の長方形の部屋 ABCD に2辺が2m, 3m の長方形の板をすきまなく, また, 板が互いに重なり合うことのないように敷き詰めたい. 次の場合に, 板の敷き詰め方の総数を求めよ.

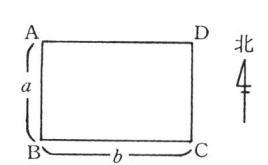

(1) $a = 6$, $b = 7$ のとき,

(2) $a = 6$, $b = 18$ のとき,

(3) $a = 8$, $b = 9$ のとき,

九州大. (文科系).

a, b の値が比較的小さいから, 実際に図を描いても求めることが可能です. タイル1枚の面積は $6m^2$ ですから使用する板の枚数は $ab \div 6$ 枚です.

◀解答▶

(1) 南北方向には3mの辺を2個, 2mの辺3個の並べ方があり, このとき, それぞれの場合に東西方向は

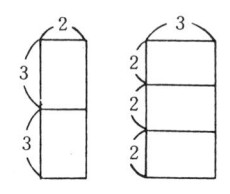

2m, 3m となる．

そこで，2辺が 6m と 2m，および 6m と 3m の板を南北方向に 6m がくるように揃えて東西方向に並べられるとみればよい．

いま，東西方向に 2m の辺を p 個，3m の辺を q 個並べるとすると，
$$2p+3q=7 \quad \therefore \quad (p, q)=(2, 1)$$
同じもの 2 個と異なるもの 1 個の順列より，
$$\frac{3!}{2!}=3 \text{ (通り)} \qquad 【答】$$

(2) (1)と同様にして，$2p+3q=18$

これを解くと，
$$(p, q)=(9, 0), (6, 2), (3, 4), (0, 6)$$
よって，求める解は，
$$1+\frac{8!}{6!\,2!}+\frac{7!}{3!\,4!}+1=65 \text{ (通り)} \qquad 【答】$$

(3) まず，東西方向について(1)と同様にして，
$$2p+3q=9$$
を求めると，$(p, q)=(3, 1), (0, 3)$

I．$(p, q)=(3, 1)$ のとき，

南北方向を考えると次の 2 つの型が考えられる．

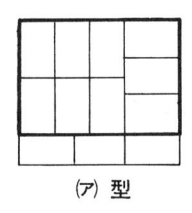

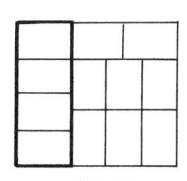

　　(ア) 型　　　　　　(イ) 型

(ア)型の太線で囲まれた部分の並べ方は，$\frac{4!}{3!}=4$（通り）あり，細線部分は太線部分の上と下に来ることができるから，(ア)型は全部で 8 通りある．

(イ)型は細線で囲まれた部分の並べ方は 3 通りあるが，そのうち 2 通りは(ア)型と同じであるから，それを除くと 1 通りであり，また，太線部分の左と右に来ることができるから(イ)型は全部で 2 通りある．

∴ $(p, q) = (3, 1)$ のとき, 10通り.

II. $(p, q) = (0, 3)$ のとき,

I. の(ア)型と同じものを除くと1通り.

よって, I. II. から, **11（通り）**　　　　　　　　　　　　　　【答】

ここで, 用いられた板は2辺の比が2:3でしたが, この比は黄金分割の比 $\dfrac{\sqrt{5}-1}{2}$ の近似値で美観を伴う**長方形**とされ, はがきや国旗など大変広く利用されている形です.

問題4.

縦の長さが自然数 m, 横の長さが自然数 n の板 R_{mn} がある. 縦の長さ2, 横の長さ1の長方形のタイルAと, 縦の長さ1, 横の長さ3の長方形のタイルBの2種類のタイルを縦横の向きは変えずに用いて, 板 R_{mn} をぴったり覆うように貼り詰めたい（例えば, 図の斜線部にAは貼れない）. もし, これが可能なら, 実はA, Bどちらか1種類のタイルだけで貼り詰められることが次のようにして証明できる.

R_{mn} を縦横の長さが1の正方形 $m \times n$ のます目に分割し, 上から s 番目, 左から t 番目のます目には $(-1)^s \omega^t$ を記入する. ここで, ω は $\omega^3 = 1$, $\omega \neq 1$ をみたす複素数である.

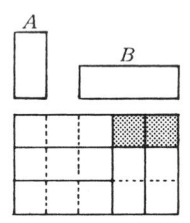

(1) A, Bどちらのタイルであってもその1枚を R_{mn} のます目に合わせて貼れば, 覆われたます目に記入された複素数の和は貼った場所によらず常に0であることを示しなさい.

(2) R_{mn} をA, Bのタイルによって貼り詰めることができれば, A, Bどちらか1種類のタイルだけで貼り詰められることを示しなさい. **慶応大.（理工）.**

見掛けは複雑そうですが, 丁寧に考えていけば思うほど難問ではありません. 要点は, (1)でAのタイルを貼っても, Bのタイルを貼ってもその中に記入される複素数の和は0となる. (2)は板 R_{mn} がAとBでぴったり貼ることができるとき(1)より, この板 R_{mn} に記入されたすべての複素数の和は0となり, また, 板 R_{mn} は m が2の倍数のときAだけで, また, n が3の倍数のときBだけで貼れることになります.

◀解答▶

(1) $\omega^3=1$ より, $(\omega-1)(\omega^2+\omega+1)=0$

また, $\omega \neq 1$, ∴ $\omega^2+\omega+1=0$

上から s 番目, 左から t 番目を (s, t) とし, ここに, A, Bを貼るとタイルは次のようになります.

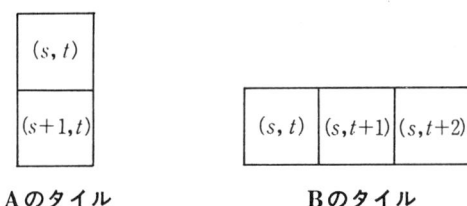

Aのタイル   **Bのタイル**

Aのタイルが貼られるとき, タイルが覆う複素数の和は,
$$(-1)^s\omega^t+(-1)^{s+1}\omega^t=(-1)^s\omega^t\{1+(-1)\}=0$$

Bのタイルが貼られるとき, タイルが覆う複素数の和は,
$$(-1)^s\omega^t+(-1)^s\omega^{t+1}+(-1)^s\omega^{t+2}=(-1)^s\omega^t(1+\omega+\omega^2)=0$$

以上から,

タイルが覆う複素数の和は常に 0　　　　【答】

(2) 板 R_{mn} に記入された $m \times n$ 個の複素数の和を S とすると, A, Bのタイルがぴったり覆うように張り詰められるとき, (1)より, $S=0$ また,

$$S=\sum_{t=1}^{n}\{\sum_{s=1}^{m}(-1)^s\omega^t\}$$

$$=\sum_{t=1}^{n}\{(-1)+(-1)^2+\cdots\cdots+(-1)^m\}\omega^t$$

$$=\{(-1)+(-1)^2+\cdots\cdots+(-1)^m\}\sum_{t=1}^{n}\omega^t$$

$$=\{(-1)+(-1)^2+\cdots\cdots+(-1)^m\}(\omega+\omega^2+\cdots\cdots+\omega^n)=0$$

したがって,

$$(-1)+(-1)^2+\cdots\cdots+(-1)^m=0 \quad \cdots\cdots ①$$

または,

$$\omega+\omega^2+\cdots\cdots+\omega^n=0 \quad \cdots\cdots ②$$

①のとき, m は 2 の倍数（偶数）

よって, R_{mn} はタイルAだけで貼ることが可能

②のとき，$1+\omega+\omega^2=0$ より，
$$\omega+\omega^2+\omega^3=0 \text{ だから } n \text{ は3の倍数}$$
よって，R_{mn} はタイルBだけで貼ることが可能

以上より，題意は示された．

我が国には，畳を敷いた和室があります．畳の敷き方に関して，寛永18年 (1641) にでた**吉田光由著**の『**新編塵劫記**』の第15．で下図のように座敷に，畳を敷く方法が説明されています．読者は，この図で畳を敷く方法が幾通りあるかを考えてみてください．

8畳敷の座敷に，中にいろりをおきて，たたみのすみ欠さず．

12畳半敷の中に，いろりを入れば此如也．

3．ルージンの問題

有名な問題に，"一つの正方形を全て大きさの異なる正方形に分割せよ．"があります．

これは，1907年にデュードニーが提出した難問です．この問題にモスクワ大学教授の**ルージン**（N. N. Luzin. 1883-1950）が関心を持ち研究しましたが解決できず，**不可能だろうと予想**をしていました．ところが，1940年ケンブリッジ大の4人の学生が共同研究によって，電気回路網の理論を応用して，このような正方形（**完全正方形**という）が存在することをカナダの数学雑誌で発表し

ルージン

ました．それは，26個の異なる正方形による1辺が608となるものでした．これによって，**ルージン予想は否定的に解決**されました．研究者の1人の**テユッテ**（W. T. Tutte）は1958年 "Scientific American"（11号）で内容を詳しく

解説し，次の課題は，**最小完全正方形は何個の異なる正方形からなるか？** であることを指摘しました．

その後，コンピューターも利用され何種かの完全正方形が求められています．右図は，現在知られている最小完全正方形で21個の正方形に分割され，辺の長さは，112となるものです．

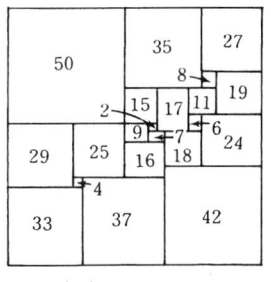

数字は1辺の長さ

試問40.の解答

(1) 図示すると次のようになる．

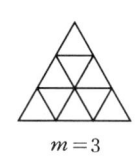

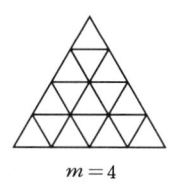

$m=2$　　$m=3$　　$m=4$

(2) 辺の長さが m のとき，必要なタイルの個数を a_m とすると，下図のように a_{m+1} は a_m に下向きに m 個，上向きに $m+1$ 個付け足して張ることになる．

$$\therefore \quad a_{m+1} = a_m + m + (m+1)$$

これから，$m \geq 2$ のとき

$a_{m+1} - a_m = 2m+1$ ……①

$a_m - a_{m-1} = 2m-1$ ……②

①-②から，

$$(a_{m+1} - a_m) - (a_m - a_{m-1}) = 2$$

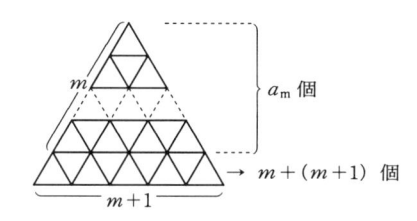

よって，$a_2 - a_1 = 3$ より，

数列 $\{a_m - a_{m-1}\}$ は初項3，公差2の等差数列である．

$$\therefore \quad a_m - a_{m-1} = 3 + (m-1) \times 2 = 2m+1$$

$$\therefore \quad a_m = \sum_{k=1}^{m-1}(2k+1) + a_1 = 2\sum_{k=1}^{m-1}k + m = m^2$$

これは，$m=1$ を含むから，

$\therefore$ 必要な個数は m^2 個である． 　　　【答】

(理由) $1+3+5+\cdots+(2m-1)=m^2$

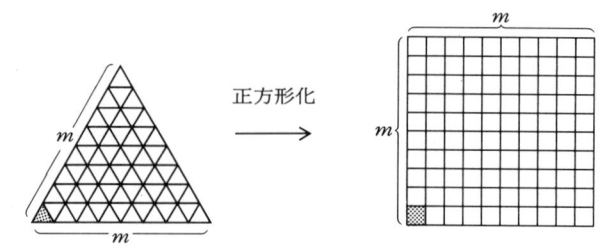

$1+3+5+\cdots+(2m-1)^2=m^2$

正三角形のタイルを正方形化して，上のように並び替えると1辺 m の正方形を1辺1のタイルで張る場合と同じ個数である．

(参考文献)
1．『正多面体を解く』一松信著．東海大出版．1983．
2．『数のエッセイ』一松信著．中央公論社．1972．
3．『学研の図鑑昆虫』学習研究社．2001．

9. 同型図形の個数は何個あるか？

相似な三角形と四角形の個数

【試問41】

1．右図は正三角形 ABC の各辺の 4 等分点を結んでできた図形で，いろいろな正三角形や平行四辺形が考えられる．
(1) 正三角形の個数を求めよ．
(2) 平行四辺形の個数を求めよ．

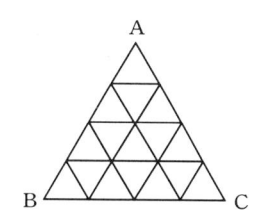

広島女子大．

2．図のような 8×8 の方眼紙を考える．
(1) 方眼紙にある正方形の総数を求めよ．
(2) 方眼紙にある長方形の総数を求めよ．
ただし，長方形は正方形を含むものとする．

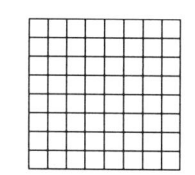

大阪教育大．（理科）．

1辺 n の正三角形や正方形の各辺をそれぞれ n 等分し，辺に平行になるように等分点を結ぶともとの正三角形や正方形の内部に，1辺1の n^2 個の相似な（小さい）正三角形や正方形が生じ，もとの正三角形や正方形はこれらの小さい正三角形や正方形のタイルで敷き詰められた形になります．また，見方を変えると，もとの正三角形や正方形を n^2 個の相似な形に分割したものとなります．

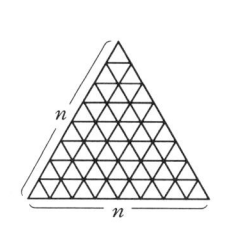

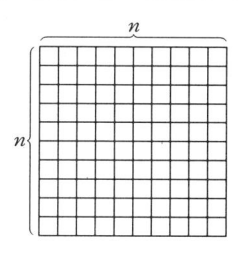

このようにして，正三角形や正方形を分割したものを眺めると，その中にもとの図形と相似な形や平行四辺形などがいろいろ浮かんできます．そこで，それらの相似な正三角形や正方形また平行四辺形などが何個含まれているかが興味を引きます．

組合せの理論の適用により簡単に計算可能なものもありますが，一般には，辺の長さ，頂点の位置等に注目して場合分けして考えるため，少々厄介となる場合もあります．

(ヒント)

1．正三角形の場合

もとの正三角形の1辺の長さを4とします．

(1) 相似な形がもとの正三角形と同じ向きのもの（△）と逆向きのもの（▽）について，辺の長さが1，2，3，4のものの個数を求めます．

(2) 2辺 m, n とする平行四辺形を $m \times n$ と表わし，対称性を利用します．

$m = n$ のとき

$$m = 1, 2 \text{ のものがあります．}$$

$m \neq n$ のとき，

$$(1 \times 2) \text{ 型の個数} = (2 \times 1) \text{ 型の個数}$$
$$(1 \times 3) \text{ 型の個数} = (3 \times 1) \text{ 型の個数}$$

以上の場合の個数を求めます．

2．正方形の場合

(1) 正方形の1辺は，1, 2, ……, 8 のものがあります．したがって，縦，横のどちらかに注目して，その1辺の長さ k の取り方の個数 n を求めると，1辺 k の正方形，

$$k \times k \text{ 型（ただし，} k = 1, 2, \cdots\cdots, 8)$$

の個数は n^2 と求まります．

(2) 上と同様に長方形の型に注目します．

$$1 \times k, 2 \times k, \cdots\cdots, 8 \times k$$
$$(\text{ただし，} k = 1, 2, \cdots\cdots, 8)$$

として，それぞれの型の個数の和を求める．

同型図形の個数は何個あるか？ —— *109*

【別解】 長方形の場合は，縦2本と横2本の組合せで1個の長方形（正方形を含む）が決まるから，縦2本の組合せ方の数と横2本の組合せ方の積として総数は求められます．

余談

1. 正三角形の個数の求め方

次の問題によって，一般の場合，すなわち，1辺が整数 $n(n \geq 3)$ の正三角形が1辺1の正三角形に分割されているとき，含まれる正三角形の個数を求める方法を探ってみよう．

問題1.

右の図に含まれる三角形（辺長の大小は問わない）は全部で◯◯◯個ある．

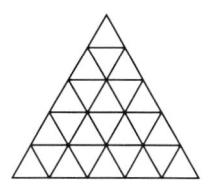

東北学院大．（エ）．

含まれる三角形はすべて正三角形で，前述したように上向き（△）と下向き（▽）のものがあります．

図の1辺の長さを5とし，1辺の長さ1の正三角に分割されているとします．

上向き（△）の個数：

〈考え方〉 1辺の長さ2の正三角形から順次辺の長さを増して考えます．

1辺の長さが2のとき，

1辺の長さ1の正三角形が2段に積まれていると見て，その頂点（・印）に注目する．

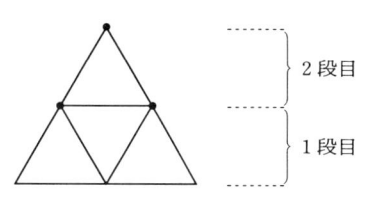

図で，1段目には2個の頂点があり，それぞれの頂点に対して1個の正三角形が対応しています．2段目には1個の頂点があり，大小の2個の正三角形が対応しています．

よって，正三角形の個数は，
$$(2 \times 1) + (1 \times 2) = 4 \text{（個）}$$
となります．

1辺の長さが3のとき，

同様に，1辺の長さ1の正三角形が3段に積まれていると見て，その頂点（・印）に注目します．
すると，頂点に対応する正三角形の個数は
  1段目の3頂点……各1個
  2段目の2頂点……各2個
  3段目の1頂点……　3個
よって，正三角形の個数は，
$$(3×1)+(2×2)+(1×3)=10 (個)$$
となります．

以下同様に考えればよいわけです．そうすると，この問題では5段積みになっていますから，
  1段目の5頂点……各1個
  2段目の4頂点……各2個
  3段目の3頂点……各3個
  4段目の2頂点……各4個
  5段目の1頂点……　5個
ですから，上向きの個数は全部で，
$$(5×1)+(4×2)+(3×3)+(2×4)+(1×5)=35 \quad \cdots\cdots ①$$
となります．

下向き（▽）の個数：
上向きの方法では駄目だということは試してみれば，すぐ分かります．
下向きの場合は，2つの正三角形の関係で考えます．つまり，**漸化式**を作ってみよう．
問題で辺の長さ3のとき，

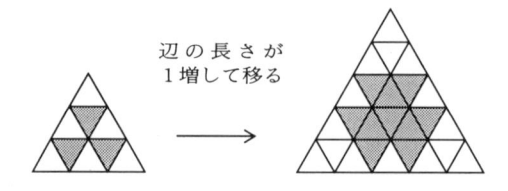

下向きのものは辺の長さ1のもの3個で，辺の長さ5のときは辺の長さ2の

ものが 3 個となる．つまり，辺の長さが 2 増すと，前の下向きのものは辺の長さが 1 増えて後の正三角形の中に同数含まれていくことになります．したがって，その個数を a_3, a_5 とすれば，

$$a_5 = a_3 + (辺の長さ 1) = 3 + (1+2+3+4) = 13 \qquad \cdots\cdots ②$$

①，②から，

$$35 + 13 = 48 \qquad 【答】$$

となります．

上の漸化式は奇数と偶数に分ければ常に成り立つことは後で見ることにします．

上の方法で，一般の辺の長さが n の場合を求めてみよう．

上向き（△）の個数：

$$\begin{array}{ll} 1\,段目の\,n\,頂点 & \cdots\cdots 各 1 個 \\ 2\,段目の\,(n-1)\,頂点 & \cdots\cdots 各 2 個 \\ 3\,段目の\,(n-2)\,頂点 & \cdots\cdots 各 3 個 \\ \qquad\qquad \vdots & \\ (n-1)\,段目の\,2\,頂点 & \cdots\cdots 各\,(n-1)\,個 \\ n\,段目の頂点 & \cdots\cdots n\,個 \end{array}$$

よって，正三角形の個数は，

$$(n \times 1) + \{(n-1) \times 2\} + \{(n-2) \times 3\} + \cdots\cdots + \{2 \times (n-1)\} + (1 \times n)$$
$$= \sum_{k=1}^{n} k(n+1-k) = \sum_{k=1}^{n} \{(n+1)k - k^2\} = (n+1)\sum_{k=1}^{n} k - \sum_{k=1}^{n} k^2$$
$$= (n+1)\frac{n(n+1)}{2} - \frac{n(n+1)(2n+1)}{6} = \frac{n(n+1)(n+2)}{6}$$

となります．

下向き（▽）の数：

まず，辺が奇数か偶数の場合に分けて考え漸化式を作ります．

いま，1 辺 n の正三角形について求める個数を a_n とすると，

(1) $n = 2m$ のとき，

$n = 2$ の正三角形で，下向きのものは 1 個ですが，この 1 個が $n = 4$ となったときどう変わったかに注目し，それは辺の長さが 2 となったとみます．そうすると，$n = 4$ の個数は $n = 2$ のときより辺の長さ 1 のものの個数だけ増した

ことになります．

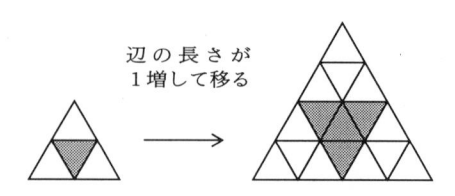

辺の長さが
1増して移る

∴　$a_4 = a_2 +$ (辺1の個数)

同様に，$n=4$ の正三角形で下向きのものは，$n=6$ ではそれぞれ辺の長さが1増したものに変わり，$n=6$ の個数は $n=4$ のときより辺の長さ1のものの個数だけ増します．

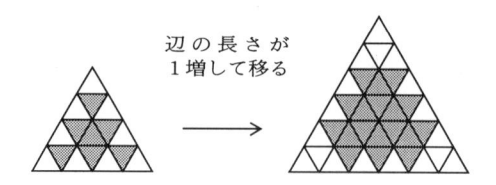

辺の長さが
1増して移る

∴　$a_6 = a_4 +$ (辺1の個数)

以下同様ですから，結局，

$$a_{2m} = a_{2(m-1)} + (辺1の個数) = a_{2(m-1)} + 1 + 2 + \cdots\cdots + (2m-1)$$
$$= a_{2(m-1)} + \frac{2m(2m-1)}{2}$$

$m \geqq 2$ のとき

∴　$a_{2m} - a_{2(m-1)} = m(2m-1)$

$m = 2, 3, \cdots\cdots$ として，辺々加えると

$$a_4 - a_2 = 2 \cdot 3$$
$$a_6 - a_4 = 3 \cdot 4$$
$$\vdots$$
$$a_{2m} - a_{2(m-1)} = m(2m-1)$$

∴　$a_{2m} - a_2 = \sum_{k=2}^{m} k(2k-1)$,　$a_2 = 1$

∴　$a_{2m} = 2 \sum_{k=1}^{m} k^2 - \sum_{k=1}^{m} k = 2 \cdot \frac{m(m+1)(2m+1)}{6} - \frac{m(m+1)}{2}$

$$=\frac{4m^3+3m-m}{6}=\frac{m(m+1)(4m-1)}{6}$$

(2) $n=2m-1$ $(m\geq 2)$ のとき,

$n=3$ のときは前述したとおりです.同様に,下図で $n=5$ のとき場合のすべては,1辺の長さが1増した形で $n=7$ の場合に含まれています.

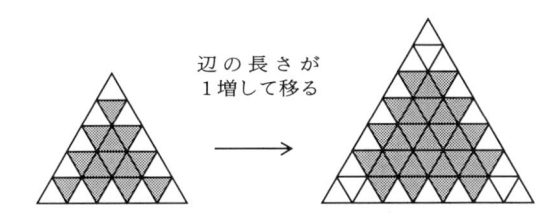

辺の長さが
1増して移る
→

$$\therefore\ a_7=a_5+(\text{辺1の個数})$$

したがって,一般化すれば,

$$a_{2m-1}=a_{2m-3}+(\text{辺1の個数})=a_{2m-3}+1+2+\cdots+(2m-2)$$
$$=a_{2m-3}+\frac{(2m-2)(2m-1)}{2}=a_{2m-3}+(m-1)(2m-1)$$
$$\therefore\ a_{2m-1}-a_{2m-3}=(m-1)(2m-1)$$

$m=2,3,\cdots$ として,辺々加えると

$$a_3-a_1=1\cdot 3$$
$$a_5-a_3=2\cdot 5$$
$$\vdots$$
$$a_{2m-1}-a_{2m-3}=(m-1)(2m-1)$$

$$\therefore\ a_{2m-1}=\sum_{k=2}^{m}(k-1)(2k-1)=2\sum_{k=2}^{m}k^2-3\sum_{k=2}^{m}k+\sum_{k=2}^{m}1,\ a_1=0$$

$$\therefore\ a_{2n-1}=2\sum_{k=1}^{m}k^2-3\sum_{k=1}^{m}k+m$$
$$=2\cdot\frac{m(m+1)(2m+1)}{6}-3\cdot\frac{m(m+1)}{2}+m$$
$$=\frac{m(m-1)(4m+1)}{6}$$

以上より,辺の長さが n の正三角形に含まれる上向き($\triangle$),下向き($\triangledown$)の個数を偶数と奇数の場合に分けて表にまとめると,$m\geq 1$ のとき,

n	$2m-1$ （奇数）	$2m$ （偶数）
△	$\frac{1}{3}m(2m-1)(2m+1)$	$\frac{2}{3}m(m+1)(2m+1)$
▽	$\frac{1}{6}m(m-1)(4m+1)$	$\frac{1}{6}m(m+1)(4m-1)$

したがって，すべての正三角形の個数は，

n が奇数のとき

$$a_{2m-1} = \frac{1}{3}m(2m-1)(2m+1) + \frac{1}{6}m(m-1)(4m+1)$$
$$= \frac{1}{2}m(4m^2 - m - 1)$$

n が偶数のとき

$$a_{2m} = \frac{2}{3}m(m+1)(2m+1) + \frac{1}{6}m(m+1)(4m-1)$$
$$= \frac{1}{2}m(m+1)(4m+1)$$

となります．

2．正方形の個数の求め方

正方形の場合は正三角形よりずっと易しくなります．次の問題で見てみよう．

問題 2．

1 辺の長さが n の正方形の各辺を n 等分して図のような網目状の図形を考える．
(1) この図形に含まれる線分を辺とする正方形の個数を求めよ．
(2) この図形に含まれる線分を辺とする長方形であって正方形ではないものの個数を求めよ．

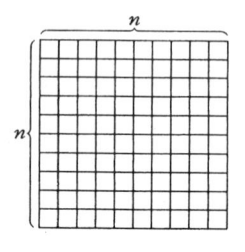

学習院大．（理）．

(1) 正方形の個数を求めるのには，前述したように，1 辺の長さに注目して，

$$n,\ n-1,\ \cdots\cdots,\ 3,\ 2,\ 1$$

となるものの個数を求める方法がありますが，他の方法として，**正方形の中心の位置に注目**する方法もあります．

すなわち，1辺の長さを ℓ とするとき，

ℓ が奇数のとき，中心はマス目の中

ℓ が偶数のとき，中心は格子点上

よって，その個数を加えれば求まります．

$\ell=1$ のとき，n^2

$\ell=2$ のとき，$(n-1)^2$

$\ell=3$ のとき，$(n-2)^2$

$\vdots$

$\ell=k$ のとき，$(n+1-k)^2$

$\vdots$

$\ell=n$ のとき，1^2

よって，求める個数は，

$$\sum_{k=1}^{n}(n+1-k)^2=\sum_{k=1}^{n}k^2=\frac{n(n+1)(2n+1)}{6}$$ 【答】

となります．

(2) 長方形は縦2本，横2本の直線の組み合わせによって定まるから，その個数は，

$$_{n+1}C_2\times_{n+1}C_2=\left\{\frac{(n+1)n}{2}\right\}^2$$

よって，求める個数は，正方形の個数を除いて

$$\left\{\frac{n(n+1)}{2}\right\}^2-\frac{n(n+1)(2n+1)}{6}=\frac{1}{12}n(n+1)\{3n(n+1)-2(n+2)\}$$

$$=\frac{1}{12}n(n+1)(n-1)(3n+2)$$ 【答】

となります．

3．長方形の個数の求め方

応用として，長方形に含まれる長方形の個数を求める場合を考えてみよう．

問題3．

平面上で，距離が1で等間隔に並んだ m 本の平行な直線の組とそれに垂直

に直交して距離が1で等間隔に並んだ n 本の平行な直線の組とがある．ただし，$m \geq n \geq 2$ とする．

これらの2つの組の直線によって作られる長方形の中で，正方形でないものはいくつあるか．
名古屋工大．

考え方は前問と同様です．まず，作られる長方形の個数は正方形を含めて，

$$_mC_2 \times {}_nC_2 = \frac{m(m-1)}{2} \cdot \frac{n(n-1)}{2} \quad \cdots\cdots ①$$

です．このうち，正方形は辺の長さが，

$$1 のもの \quad (m-1)(n-1) 個$$
$$2 のもの \quad (m-2)(n-2) 個$$
$$\vdots$$

ここで，$m \geq n \geq 2$ だから，最大辺の1辺は $n-1$ となり，個数は，$\{m-(n-1)\}\{n-(n-1)\}$ です．

よって，正方形の個数は，

$$\sum_{k=1}^{n-1}(m-k)(n-k) = \sum_{k=1}^{n-1}\{k^2-(m+n)k+mn\}$$
$$= \frac{n(n-1)(2n-1)}{6} - \frac{n(n-1)(m+n)}{2} + mn(n-1) \quad \cdots\cdots ②$$

そこで，① − ② から，

$$\frac{mn(m-1)(n-1)}{4} - \frac{n(n-1)(2n-1)}{6} + \frac{n(n-1)(m+n)}{2} - mn(n-1)$$
$$= \frac{n(n-1)}{12}\{3m(m-3)+2(n+1)\} \quad 【答】$$

次の問題は，課題としておきます．

● 課題 ●

右図のように1辺の長さが1の正方形が縦横に8個ずつ並んだ碁盤状の図形がある．

以下で正方形．長方形とはこの図中の線分を辺とするものを指し，正方形は長方形の一種とする．

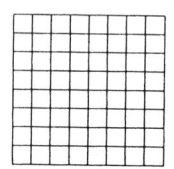

(1) 正方形は全部でいくつあるか．

(2) 縦の長さが n，横の長さが m の長方形（$n \times m$ の長方形）は全部でいく

つあるか．
    $(1 \leq n \leq 8, 1 \leq m \leq 8)$
(3) 同じ形の長方形で最も数が多いものはどれで，いくつあるか．ただし，縦横を入れ替えた $n \times m$ と $m \times n$ の長方形は同じ形とする．
(4) 長方形は全部でいくつあるか．　　　　　　　　　　　図書館情報大．

答：(1) 204．(2) $(9-m)(9-n)$．(3) $(m, n) = (1, 2), (2, 1)$ で最大で112個．(4) 1296．

試問41．の解答

1．(1) もとの正三角形の一辺の長さを4とし，正三角形の形状によって，上向き（△型）と下向き（▽型）に分けて求めると，右の表の通りである．

辺の長さ	1	2	3	4	計
△ 型	10	6	3	1	20
▽ 型	6	1	0	0	7

よって，20＋7＝27(個)　　　　　　　　　　　　　　　　　　【答】

(2) 次に，平行四辺形の個数はその2辺を m, n とし，$m \times n$ で表すと，対称性より $m \times n$ 型と $n \times m$ 型の個数は等しい．

$m = n$ のとき，
$$1 \times 1 : (3+2+1) \times 3 = 18$$
$$2 \times 2 : 1 \times 3 = 3$$

$m \neq n$ のとき，
$$1 \times 2 : (2+1) \times 3 = 9$$
$$1 \times 3 : 1 \times 3 = 3$$
$$2 \times 1 : (2+1) \times 3 = 9$$
$$3 \times 1 : 1 \times 3 = 3$$
$$\therefore 18 + 3 + 2(9+3) = 45 (個) \quad 【答】$$

2．(1) 正方形の型は，$1 \times 1, 2 \times 2, 3 \times 3, \cdots\cdots, 8 \times 8$ の型の正方形があり，その個数は順に，

　$8^2, 7^2, 6^2, \cdots\cdots, 1^2$

だから，

$$\sum_{k=1}^{8} k^2 = \frac{8 \cdot 9 \cdot (16+1)}{6} = 204$$ 【答】

(2) 長方形の型で分けると，

$$1\times1,\ 1\times2,\ \cdots\cdots,\ 1\times8$$

の個数は，順に，

$$8\cdot8,\ 8\cdot7,\ \cdots\cdots,\ 8\cdot1$$

$$2\times1,\ 2\times2,\ \cdots\cdots,\ 2\times8$$

の個数は，順に，

$$7\cdot8,\ 7\cdot7,\ \cdots\cdots,\ 7\cdot1$$

$$\vdots$$

$$8\times1,\ 8\times2,\ \cdots\cdots,\ 8\times1$$

の個数は，順に，

$$1\cdot8,\ 2\cdot7,\ \cdots\cdots,\ 1\cdot1$$

であるから，総数は，

$$8(8+7+\cdots\cdots+1)+7(8+7+\cdots\cdots+1)+\cdots\cdots+1(8+7+\cdots\cdots+1)$$
$$=(1+2+\cdots\cdots+8)^2=\left(\frac{8\cdot9}{2}\right)^2=36^2=\mathbf{1296}$$ 【答】

◀別解▶ 長方形は縦2本，横2本の直線の組合せで定まるから，

$$_9C_2 \times _9C_2 = \left(\frac{9\cdot8}{2}\right)^2 = 36^2$$

10. フィボナッチ数列

(i) 兎の繁殖問題と数値の配列表現

【試問42】

$p_1=1$, $p_2=1$, $p_{n+2}=p_n+p_{n+1}$ ($n\geq 1$) によって定義される数列 $\{p_n\}$ をフィボナッチ数列といい，その一般項は $p_n=\dfrac{1}{\sqrt{5}}\left\{\left(\dfrac{1+\sqrt{5}}{2}\right)^n-\left(\dfrac{1-\sqrt{5}}{2}\right)^n\right\}$ で与えられる．必要ならばこの事実を用いて，次の問いに答えよ．

各桁の数字が 0 か 1 であるような自然数の列 X_n ($n=1, 2, \cdots\cdots$) を次の規則により定める．

(i) $X_1=1$

(ii) X_n のある桁の数字 α が 0 ならば α を 1 で置き換え，α が 1 ならば α を '10' で置き換える．X_n の各桁ごとにこのような置き換えを行って得られる自然数を X_{n+1} とする．

たとえば，$X_1=1$, $X_2=10$, $X_3=101$, $X_4=10110$, $X_5=10110101$, $\cdots\cdots$ となる．

(1) X_n の桁数 a_n を求めよ．

(2) X_n の中に '01' という数字の配列が現れる回数 b_n を求めよ．
　　（たとえば，$b_1=0$, $b_2=0$, $b_3=1$, $b_4=1$, $b_5=3$, $\cdots\cdots$）．　　　東京大．(文)．

この問題は，ピサの商人で数学者のフィボナッチ著．『算盤の書』(1202年) の中の次の「兎の繁殖の問題」を数値化して扱ったものです．

"兎の対が毎月 1 対の子を産む．生まれた子は 1 か月後には子を産むことができるように成育し，2 か月後から 1 対の子兎を産む．このとき，最初の兎の 1 対は 1 年間に何対となるか．ただし，どの兎も死ぬことはないとする．"

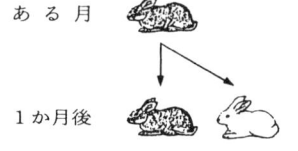

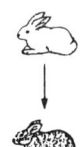

というものです.

ここで，子を産む1対の兎を黒，子兎の1対を白で表すと，1対の兎のある月とその1か月後への増え方の規則は前図のようです.

いま，問題の兎の対の増えていく過程を図示してみると，次の図のようになり，

これから，各月の対の数を示したのが下の表です.

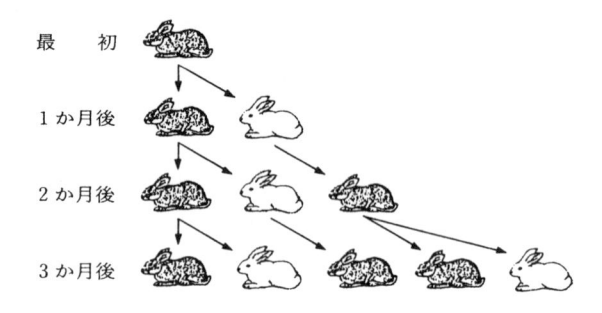

月	対の数	月	対の数
最　初	1	7か月後	34
1か月後	2	8　〃	55
2　〃	3	9　〃	89
3　〃	5	10　〃	144
4　〃	8	11　〃	233
5　〃	13	12　〃	377
6　〃	21		

ここで，もし，最初を子兎の1対から始めると1か月後に子を産めるように成育し，上の表に続きますから，1年後までの対の数は

$$1, 1, 2, 3, 5, \cdots\cdots, 233$$

で，この数列を $\{p_n\}$ とすると，

$$p_1=1, \quad p_2=1, \quad p_{n+2}=p_{n+1}+p_n \quad (n \geqq 1)$$

となります.

さて，上の図において，白兎の1対を0，また黒兎の1対を1と数値化すれば，n か月後の兎の配列が数値の配列 X_n となり，兎の対の数が X_n の桁数 a_n となります．このことは，1対の兎の繁殖の規則が次のように X_n の配列から

X_{n+1} の配列へ変換する規則より明らかです．

すなわち，前述の各月の対を示した図は右のような数値の配列となります．

桁数の配列 $\{a_n\}$ は，$a_1=1$, $a_2=2$ で，
$$a_{n+2}=a_{n+1}+a_n \quad (n\geqq 1)$$
であり，$a_1=p_2$, $a_2=p_3$ とみると，一般項は $a_n=p_{n+1}$ の関係となり，**フィボナッチ数列**と同じことになります．この数列の一般項，

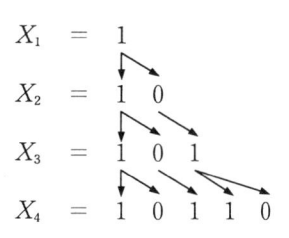

$$p_n=\frac{1}{\sqrt{5}}\left\{\left(\frac{1+\sqrt{5}}{2}\right)^n-\left(\frac{1-\sqrt{5}}{2}\right)^n\right\}$$

はフランスの数学者ビネ（Jacques Philippe Marie Binet. 1786-1856）によって求められ，**ビネの公式**と呼ばれています．

$X_1 = 1$
$X_2 = 1\ 0$
$X_3 = 1\ 0\ 1$
$X_4 = 1\ 0\ 1\ 1\ 0$

ヒント

(1) X_n の桁数 a_n がフィボナッチ数列になることを示せば，一般項はビネの公式が与えられているからそれを利用します．そこで，

X_n の各桁に含まれる数字 0 の個数を α_n，数字 1 の個数を β_n とすると，その桁数 a_n は

$$a_n=\alpha_n+\beta_n \qquad \cdots\cdots ①$$

であり，また，X_n と X_{n+1} において，規則(ii)から右のようにと変換され，

$X_n\ :\ 1\quad 0$
$X_{n+1}\ :\ 1\ 0\quad 1$

$$\alpha_{n+1}=\beta_n \qquad \cdots\cdots ②$$
$$\beta_{n+1}=\alpha_n+\beta_n \qquad \cdots\cdots ③$$

となり，これから α, β を消去します．

(2) X_{n+1} の右側に X_n を並べた数を $X_{n+1}X_n$ と表すと，
$$X_{n+2}=X_{n+1}X_n \qquad \cdots\cdots ④$$

たとえば，$X_1=1$, $X_2=10$, $X_3=101$ より $X_3=101=X_2X_1$ となります．
（証明は数学的帰納法による）

ここで，X_n の最高位の数字は 1，末位の数字は，n が奇数のとき 1，偶数のとき 0 より，④から，

n が奇数のとき，$b_{n+2}=b_{n+1}+b_n+1$

n が偶数のとき，$b_{n+2} = b_{n+1} + b_n + 0$

すなわち，自然数 n について

$$b_{n+2} = b_{n+1} + b_n + \frac{1+(-1)^{n+1}}{2}$$

さらに，

$$\frac{1+(-1)^{n+2}}{2} = \frac{1+(-1)^n}{2}$$

だから，これを両辺に加えて，

$$b_{n+2} + \frac{1+(-1)^{n+2}}{2} = b_{n+1} + \frac{1+(-1)^{n+1}}{2} + b_n + \frac{1+(-1)^n}{2}$$

を利用します．

余談

1．フィボナッチと業績

12世紀から，13世紀にかけイタリアでは，ピサ，ヴェニス，ジェノアなどの海港都市がビィザンティン帝国との貿易で繁栄し商業の中心地でした．この最盛期，ピサの商人で，北アフリカ（アルジェリア）のベジャイアの関税官であったボナッチの息子としてフィボナッチ (Fibonacci. 1174?-1250?) は生まれました．この名は，"ボナッチの息子" と云う渾名で，別名レオナルドと云い，この呼び名は，たとえば，レオナルド・ダ・ヴィンチ（ヴィンチ村のレオナルド）のように他にも同名があり，この呼び名を用いるときはレオナルド・ダ・ピサ (Leonardo da Pisa) と云います．父は，息子を商人に育てるため算術を学ぶことを奨め，初等教育はベジャイアで受け，父の後を継ぎ商用でエジプト，シリア，シチリア，ギリシャ等を往来し活躍しました．その間，北アフリカやコンスタンティノープルなどにも居住しました．また，商業上の必要から数学にも関心をもち，旅先ではギリシャやローマの数学を始めインド＝アラビア数学やその計算法を熱心に学びました．ピサに帰ったフィボナッチは1202年に，彼の名を後世に残すことになった『算盤の書』（改訂版は1228年）を出版しました．

フィボナッチ

この書のタイトルは『算盤についての本』となっていますが，内容は算盤に関するものではなく，アラビア数字の紹介や計算法および問題の解法です．当時は計算には算盤が用いられ，算盤と計算は同義であったからこの書名としたものです．

　全体は15の章から構成され，第1章．インド，アラビア数字の読み方と書き方．では「インドの九つの数字は 9, 8, 7, 6, 5, 4, 3, 2, 1 である．これらの九つの数字とアラビアで sifr と呼ばれる記号 0 とをもって，どんな数でも自由に表すことができる．」と述べ，位取りの記数法を，初めてヨーロッパに移入しました．これは，後にローマ数字や算盤を衰退へと導く役割を果たすことになります．

　（数字が逆順となっているのはアラビアでは文字を右から左へ書くことに従ったものです．）

　ヨーロッパでは，当時ローマ数字が用いられ，計算には算盤が使用されていました．そして，商売上のシステムは，算盤で計算を行い結果を得ると，それを羊皮紙の契約書や領収書にローマ数字で書かれました．そのため，後で再検討するとき，計算の過程が消失して，大変不便でした．これに対してインド＝アラビア数字を用いて直接羊皮紙上で計算をすれば，この計算が契約書や領収書の一部となり，後で誤りや不正のチェックが可能となります．

　こうして，イタリアでは13世紀の初め頃から商人の間で徐々にインド数字が広まり採用が始まりましたが，強い反対もありました．フイレンツェでは，1299年商人に簿記にインド数字の記入の厳禁令を出し，従来のローマ数字または言葉で書くことを命じました．理由は，商人の間ではインド数字が使用されても，まだ字体が一定していなかったこと，変体や乱筆による誤解または詐欺などの悪用を防ぐためでした．イタリア以外のヨーロッパでは依然として算盤が改良されて使用が続き，ローマ数字による算盤派とインド＝アラビア数字を使用する筆算派の間で実用論争が約3世紀も続きインド＝アラビア数字がヨーロッパで定着しはじめたのは15世紀の後半からでした．

　第12章．問題の解法．では算術，数学の興味深い問題が多数含まれ，冒頭の**兎の繁殖の問題**もこの章に含まれています．このフィボナッチ数列は，その後一般化の研究へと発展し，フィボナッチ数列の名称は18世紀にフランスの数学者ギョーム・リーブルによると云われ，また，数列の規則（$a_n + a_{n+1} = a_{n+2}$）

〈算術〉を擬人化した女神ミューズ像の前で計算をしている算盤派（右）と筆算派（左）．この2人は算盤派がピタゴラスで算筆派はボエティウスとの説もある．中世の人達は彼等がそれぞれ，その計算法の発明者と誤解していたためとされる．3人の目の位置と表情を見て下さい．『哲学宝典』．グレゴール・ライッシュ著．1503．

の発見は19世紀になってフランスのエデュアール・アナトール・リュカと言われ，後に，ド・モルガンはこの種の数列を**回帰数列**と名付けました．

イタリアの海港都市が商業の中心地として栄えたのに対して，シチリアの首都パレルモでは国王が学術，芸術に理解と関心をもちその援助をしたため，宮殿には諸国から学者，文人，政治家，芸術家が集まって，国際文化の交流の場となりパレルモは「前ルネッサンス文化」の様相を呈しました．ギリシャ語，アラビア語の書物などがラテン語に翻訳されてヨーロッパへ伝えられ東方文化の中継地ともなりました．ホーエンシュタウフェン家のフェデリーコは1197年にシチリア国王となり，1215年にはドイツ国王に選出されてドイツに向かいますが滞在したのは僅か7年だけで，1222年に神聖ローマ帝国皇帝（フリードリッヒⅡ世）の戴冠式をローマで終えた後パレルモ宮殿で過ごしました．この国王は行政，数学，自然科学の才能にも優れ1225年には宮殿で数学試合を開催し，そのとき，広く名の知れたフィボナッチも招かれました．彼に問題を提出したのは王室の公証人ジョバンニでしたが，フィボナッチはこれらの問題を見事に解決して彼の実力の程を示しました．

フリードリッヒⅡ世
(1194-1250)

2．配列とフィボナッチ数列

フィボナッチ数列は試問のように配列問題でよく出現します．いくつかの例を取り上げてみよう．

問題1.

記号＋と－を重複を許し1列に並べてできる列のうち，同じ記号は3つ以上連続して並ばないものを考える．＋と－という記号を全部で n 個（ $n \geq 2$ ）使って作られるこのような列のうち，最後が＋＋または－－で終わる列の個数を a_n とおき，最後が＋－または－＋で終わる列の個数を b_n とおく．

(1) a_{n+1} と b_{n+1} を a_n と b_n で表せ．
(2) $\{a_n + rb_n\}$ が公比 r の等比数列となるような r の値をすべて求めよ．
(3) 長さが n のこのような列の個数 $a_n + b_n$ を(2)で求めた r の値を使って表せ．

東北大．（理・Ⅰ）．

規則は，同じ記号が3個以上は連続して並ばないこと，これを a_{n+1}, b_{n+1} の最後の3個の記号に適用して a_n と b_n の関係を導きます．

◀解答▶

(1) a_{n+1} の場合：

最後3個の記号の並び方は，

$$\cdots\cdots - ++ \quad \text{または} \quad \cdots\cdots + --$$

であるから最後の1個を除くと，すなわち，n 個の並び方は，

$$\cdots\cdots - + \quad \text{または} \quad \cdots\cdots + -$$

となる．

$$\therefore \quad a_{n+1} = b_n \quad (n \geq 2) \quad \cdots\cdots ①$$

b_{n+1} の場合：

最後3個の記号の並び方は，

$$\cdots\cdots ++- \;, \quad \cdots\cdots --+$$

または，

$$\cdots\cdots +-+ \;, \quad \cdots\cdots -+-$$

であるからの最後の1個を除くと，

$$\cdots\cdots ++ \;, \quad \cdots\cdots --$$

または，

$$\cdots\cdots +- \;, \quad \cdots\cdots -+$$

となる．

$$\therefore \quad b_{n+1} = a_n + b_n \quad (n \geq 2) \quad \cdots\cdots ②$$

①, ②より, $n \geq 2$ のとき,
$$a_{n+1} = b_n, \quad b_{n+1} = a_n + b_n \qquad 【答】$$

(2) 公比 r の等比数列より,
$$a_{n+1} + rb_{n+1} = r(a_n + rb_n) = ra_n + r^2 b_n \qquad \cdots\cdots③$$

また, ①, ②より
$$a_{n+1} + rb_{n+1} = b_n + r(a_n + b_n) = ra_n + (1+r)b_n \qquad \cdots\cdots④$$

③, ④を比較すると, $b_n \neq 0$ より
$$r^2 = 1 + r \quad \therefore \quad r^2 - r - 1 = 0$$
$$r = \frac{1 \pm \sqrt{5}}{2} \qquad 【答】$$

(3) ②から, $a_n + b_n = b_{n+1}$
$$\therefore \quad b_{n+2} = a_{n+1} + b_{n+1} = b_n + b_{n+1} \quad (\because \text{①より})$$

また, (1)から,
$$a_{n+2} = b_{n+1} = a_n + b_n = a_n + a_{n+1}$$

であるから, 数列 $\{a_n\}$, $\{b_n\}$ は共に**フィボナッチ数列**であることが分かります. また,
$$b_{n+2} - b_{n+1} - b_n = 0 \quad (n \geq 2) \qquad \cdots\cdots⑤$$

から, $x^2 - x - 1 = 0$ の 2 つの解を α, β ($\alpha > \beta$) とすると, ⑤式は
$$b_{n+2} - \alpha b_{n+1} = \beta(b_{n+1} - \alpha b_n)$$

また, $b_{n+2} - \beta b_{n+1} = \alpha(b_{n+1} - \beta b_n)$
と変形できる.

ここで, a_2 は $++$, $--$ $\quad \therefore \quad a_2 = 2$
b_2 は $+-$, $-+$ $\quad \therefore \quad b_2 = 2$
$$\therefore \quad a_2 = b_2 = 2, \quad b_3 = a_2 + b_2 = 4$$

だから,
$$b_{n+2} - \alpha b_{n+1} = \beta(b_{n+1} - \alpha b_n) = \beta^2(b_n - \alpha b_{n-1})$$
$$\vdots$$
$$= \beta^{n-2}(b_3 - \alpha b_2) = \beta^{n-2}(4 - 2\alpha)$$

ここで, $\alpha + \beta = 1$, $\beta^2 = \beta + 1$ より
$$4 - 2\alpha = 4 - 2(1-\beta) = 2(1+\beta) = 2\beta^2$$
$$\therefore \quad b_{n+2} - \alpha b_{n+1} = 2\beta^n \qquad \cdots\cdots⑥$$

同様にして,
$$b_{n+2} - \beta b_{n+1} = 2\alpha^n \qquad \cdots\cdots ⑦$$

⑦−⑥から,
$$(\alpha - \beta)b_{n+1} = 2(\alpha^n - \beta^n)$$

α, β は $x^2 - x - 1 = 0$ の解で, $\alpha > \beta$ より
$$\alpha - \beta = \frac{1+\sqrt{5}}{2} - \frac{1-\sqrt{5}}{2} = \sqrt{5}$$

$$\therefore \ \boldsymbol{b_{n+1}} = \frac{2}{\sqrt{5}}\left\{\left(\frac{1+\sqrt{5}}{2}\right)^n - \left(\frac{1-\sqrt{5}}{2}\right)^n\right\} \qquad 【答】$$

次に,人の並び方(配列)に現れるフィボナッチ数列を見てみよう.

問題2.

n 人が1列に並んでいる.この n 人の並び方をかえて,どの人も新しく並んだ位置が,もとの位置かまたはすぐ隣になるようにしたい.今,このような並び方が a_n 通りあるとする.ただし,全員が動かない並び方も1通りとして数えるものとする.

(1) $a_{n+2} = a_{n+1} + a_n$ が成り立つことを証明せよ.

(2) $b_n = \dfrac{a_{n+1}}{a_n}$ とおくとき, $b_n = \dfrac{\alpha^{n+2} - \beta^{n+2}}{\alpha^{n+1} - \beta^{n+1}}$

であることを数学的帰納法によって証明せよ.

ただし, α, β は方程式 $x^2 - x - 1 = 0$ の2つの解である.

(3) $\displaystyle\lim_{n \to \infty} b_n$ を求めよ. 　　　　　　　　　　　　　大阪教育大.(中.数).

---

(1)はこの並び方がフィボナッチ数列をなすことの証明で,少し技巧的ですが $(n+2)$ 人を考えて, $P_1, P_2, \cdots\cdots, P_n, P_{n+1}, P_{n+2}$ とします.このとき $(n+2)$ 人の並び方は, a_{n+2} 通りです.そして, P_{n+1} と P_{n+2} の2人を列の最後に固定して考えます.このとき,2人は

　(i) 動かない　　　(ii) 入れ替わる

の2通りであることを利用します.(3)はフィボナッチ数列の性質を調べるものです.すなわち,

$$a_1, \ a_2, \cdots\cdots, \ a_n\cdots\cdots$$

がフィボナッチ数列のとき,比の数列

$$a_2/a_1,\ a_3/a_2,\ \cdots\cdots,\ a_{n+1}/a_n,\ \cdots\cdots$$

の極限値が，実は**黄金比**であることを示すものです．

◀解答▶

(1) $(n+2)$ 人を考え，その人を $P_1, P_2, \cdots\cdots, P_n, P_{n+1}, P_{n+2}$ とすると，その並び方は

$$a_{n+2} \text{ 通り}$$

このとき，P_{n+1} と P_{n+2} の2人を固定して考えると，

(i) 2人が動かないとき，

$$P_1,\ P_2,\ \cdots\cdots,\ P_n,\ P_{n+1},\ \underline{P_{n+2}}$$

P_{n+2} を除く $(n+1)$ 人の並び方は，

$$a_{n+1} \text{ 通り}$$

(ii) 2人が入れ替わるとき，

$$P_1,\ P_2,\ \cdots\cdots,\ P_n,\ \underline{P_{n+2},\ P_{n+1}}$$

P_{n+1}, P_{n+2} を除く n 人の並び方は，

$$a_n \text{ 通り}$$

よって，

$$\boldsymbol{a_{n+2} = a_{n+1} + a_n}$$ 【答】

(2) 題意から，

$$a_1 = 1,\ a_2 = 2$$

また，$x^2 - x - 1 = 0$ の2つの解を

$$\alpha = \frac{1+\sqrt{5}}{2},\ \beta = \frac{1-\sqrt{5}}{2}$$

とすると，$\alpha + \beta = 1,\ \alpha\beta = -1$

証明：

(i). $n=1$ のとき，

$$b_1 = \frac{a_2}{a_1} = 2,$$

$$b_1 = \frac{\alpha^3 - \beta^3}{\alpha^2 - \beta^2} = \frac{\alpha^2 + \alpha\beta + \beta^2}{\alpha + \beta} = \frac{(\alpha+\beta)^2 - \alpha\beta}{\alpha+\beta} = \frac{1+1}{1} = 2$$

よって，$n=1$ のとき成り立つ．

(ii). $n=k$ のとき成り立つとすると，

$$b_{k+1}=\frac{a_{k+2}}{a_{k+1}}=\frac{a_{k+1}+a_k}{a_{k+1}}=1+\frac{a_k}{a_{k+1}}=1+\frac{1}{b_k}$$

$$=\alpha+\beta+\frac{\alpha^{k+1}-\beta^{k+1}}{\alpha^{k+2}-\beta^{k+2}}=\frac{(\alpha+\beta)(\alpha^{k+2}-\beta^{k+2})+\alpha^{k+1}-\beta^{k+1}}{\alpha^{k+2}-\beta^{k+2}}$$

$$=\frac{\alpha^{k+3}-\beta^{k+3}+(\alpha\beta+1)(\alpha^{k+1}-\beta^{k+1})}{\alpha^{k+2}-\beta^{k+2}}=\frac{\alpha^{k+3}-\beta^{k+3}}{\alpha^{k+2}-\beta^{k+2}} \quad (\because \alpha\beta=-1)$$

よって，$n=k+1$ のとき成り立つ.

ゆえに，(i), (ii)よりすべての自然数 n について与式は成り立つ.

(3) $|\alpha|>|\beta|$ より，

$\left|\dfrac{\beta}{\alpha}\right|<1$ だから，

$$\lim_{n\to\infty}b_n=\lim_{n\to\infty}\frac{\alpha^{n+2}-\beta^{n+2}}{\alpha^{n+1}-\beta^{n+1}}=\lim_{n\to\infty}\alpha\cdot\frac{1-\left(\dfrac{\beta}{\alpha}\right)^{n+2}}{1-\left(\dfrac{\beta}{\alpha}\right)^{n+1}}=\alpha=\frac{1+\sqrt{5}}{2} \qquad 【答】$$

3．フィボナッチ数列の性質

フィボナッチ数列 $\{a_n\}$ の基本的な性質をいくつか導いてみよう．ただし，$a_1=1$, $a_2=1$ とする．

性質 I．最初の n 個の和．

$$a_1+a_2+\cdots\cdots+a_n=a_{n+2}-1$$

証明：
$$a_1=a_3-a_2$$
$$a_2=a_4-a_3$$
$$\cdots$$
$$a_{n-1}=a_{n+1}-a_n$$
$$a_n=a_{n+2}-a_{n+1}$$

辺々加えると，
$$a_1+a_2+\cdots\cdots+a_n=a_{n+2}-a_2=a_{n+2}-1$$

性質 II．奇数項の和．

$$a_1+a_3+\cdots\cdots+a_{n-1}=a_{2n}$$

証明：
$$a_1=a_2$$
$$a_3=a_4-a_2$$
$$a_5=a_6-a_4$$

$$\cdots$$
$$a_{2n-1} = a_{2n} - a_{2n-2}$$

辺々加えると,
$$a_1 + a_3 + \cdots\cdots + a_{2n-1} = a_{2n}$$

性質Ⅲ. 偶数項の和.
$$a_2 + a_4 + \cdots\cdots + a_{2n} = a_{2n+1} - 1$$

Ⅰ. より
$$a_1 + a_2 + \cdots\cdots + a_{2n} = a_{2n+2} - 1$$

これからⅡ. を引くと
$$a_2 + a_4 + \cdots\cdots + a_{2n} = a_{2n+2} - a_{2n} - 1 = a_{2n+1} - 1$$

また, ⅡからⅢを引いて,

性質Ⅳ. $a_1 - a_2 + a_3 - a_4 + \cdots\cdots + a_{2n-1} - a_{2n} = 1 - a_{2n-1}$

を得る.

次の問題は性質Ⅳ. を数学帰納法によって証明せよというものです. 証明は読者で試みてください.

問題3.

次の漸化式で定められた数列 $\{a_n\}$ を考える.
$$a_1 = a_2 = 1$$
$$a_{n+2} = a_{n+1} + a_n \quad (n \geq 1)$$

この数列について, 次の等式がすべての自然数 n について成り立つことを数学帰納法を用いて証明せよ.
$$1 - a_{2n-1} = a_1 - a_2 + a_3 - a_4 + \cdots\cdots + a_{2n-1} - a_{2n}$$

広島市大. (情報).

このように漸化式の証明には, 数学的帰納法が便利な場合がしばしばあります. 次のシムソンの公式を数学的帰納法で証明してみよう.

性質Ⅴ. $a_{n-1}a_{n+1} - a_n^2 = (-1)^n \quad (n \geq 2)$

証明 : (i). $n=2$ のとき,
$$左辺 = a_1 a_3 - a_2^2 = a_1(a_1 + a_2) - a_2^2 = 2 - 1 = 1$$
$$右辺 = (-1)^2 = 1$$
$$\therefore \ 左辺 = 右辺 \quad よって, \ n=2 \ で成立.$$

(ii). $n=k$ のとき成立すると仮定すると,

$$a_{k-1}a_{k+1} - a_k{}^2 = (-1)^k \quad (k>2)$$

両辺に $a_k a_{k+1}$ を加えると

$$a_{k+1}(a_{k-1}+a_k) - a_k{}^2 = a_k a_{k+1} + (-1)^k$$
$$\therefore \quad a_{k+1}{}^2 - a_k(a_k + a_{k+1}) = (-1)^k$$
$$a_{k+1}{}^2 - a_k a_{k+2} = (-1)^k$$
$$\therefore \quad a_k a_{k+2} - a_{k+1}{}^2 = (-1)^{k+1}$$

よって，$n=k+1$ のとき成り立つ．

ゆえに，(i), (ii)よりすべての自然数 n について成り立つ． **(Q. E. D)**

これを**シムソンの等式**と言います．直接証明するには，フィボナッチ数列の一般項が

$$a_n = \frac{1}{\sqrt{5}} \left\{ \left(\frac{1+\sqrt{5}}{2} \right)^n - \left(\frac{1-\sqrt{5}}{2} \right)^n \right\}$$

となること（ビネの公式）を用いて行うこともできます．

次の問題は**性質V.** の逆が成り立つことを証明する問題です．

問題 4.

数列 $\{a_n\}$ は $a_1=1$, $a_2=1$, $a_{n-1}a_{n+1} - a_n{}^2 = (-1)^n$ $(n>2)$ を満たす．このとき

(1) a_3, a_4, a_5 を求めなさい．

(2) $n \geq 3$ のとき $a_n = a_{n-1} + a_{n-2}$ が成り立つことを証明しなさい．

学習院大．（理）．

---

(1)はフィボナッチ数列となることを予測するため初めの $n=3, 4, 5$ のときを調べてみるものですが，数列 $\{a_n\}$ は，$1, 1, 2, 3, 5, \cdots\cdots$ となることは(2)が成り立てば明らかです．

(1) $a_1=1$, $a_2=1$, $a_{n+1} = \dfrac{a_n{}^2 + (-1)^n}{a_{n-1}}$ より，

$$a_3 = (1+1)/1 = 2$$
$$a_4 = (4-1)/1 = 3$$
$$a_5 = (9+1)/2 = 5 \qquad \text{【答】}$$

(2) **証明**：（数学的帰納法）

(i) $n=3$ のとき，

(1)より $a_3=2$, $a_1+a_2=2$ より
$$a_3=a_1+a_2 \quad \therefore \quad n=1 \text{ のとき成り立つ}$$
(ii) $3\leqq n\leqq k$ のとき成立すると仮定すると
$$a_k=a_{k-1}+a_{k-2} \quad \cdots\cdots ①$$
である．また，
$$a_{k-2}a_k-a_{k-1}{}^2=(-1)^{k-1} \quad \cdots\cdots ②$$
$$a_{k-1}a_{k+1}-a_k{}^2=(-1)^k \quad \cdots\cdots ③$$
よって，②と③から
$$a_{k-2}a_k-a_{k-1}{}^2=-(a_{k-1}a_{k+1}-a_k{}^2)$$
$$a_{k-1}(a_{k+1}-a_{k-1})-a_k(a_k-a_{k-2})=0$$
①から，
$$a_{k-1}(a_{k+1}-a_{k-1})-a_ka_{k-1}=0$$
$$a_{k-1}(a_{k+1}-a_k-a_{k-1})=0$$
ここで，$a_{k-1}\geqq 2$ だから，
$$a_{k+1}-a_k-a_{k-1}=0$$
$$\therefore \quad a_{k+1}=a_k+a_{k-1}$$
$$\therefore \quad n=k+1 \text{ のとき成り立つ}$$
ゆえに，(i)，(ii)よりすべての自然数 n について与式は成り立つ．

この証明について，注意を要するのは(ii)の成立の仮定を $3\leqq n\leqq k$ とする点です．理由は a_k, a_{k-1}, a_{k-2} の 3 つの項に関わるからです．

試問42. の解答

(1) X_n の桁数に含まれる数字 0，1 の個数をそれぞれ α_n, β_n とすると X_n の桁数から，
$$a_n=\alpha_n+\beta_n \quad \cdots\cdots ①$$
また，変換の規則(ii)から，
$$\alpha_{n+1}=\beta_n \quad \cdots\cdots ②$$
$$\beta_{n+1}=\alpha_n+\beta_n \quad \cdots\cdots ③$$
①から，$a_{n+2}=\alpha_{n+2}+\beta_{n+2}$
②，③から，
$$\alpha_{n+2}=\beta_{n+1}, \quad \beta_{n+2}=\alpha_{n+1}+\beta_{n+1}$$

∴ $a_{n+2} = \alpha_{n+2} + \beta_{n+2} = \beta_{n+1} + \alpha_{n+1} + \beta_{n+1} = (\alpha_{n+1} + \beta_{n+1}) + (\alpha_n + \beta_n) = a_{n+1} + a_n$

また, $a_1 = 1$, $a_2 = 2$ だから, フィボナッチ数列の第2項が初項となっているから,

$a_n = p_{n+1}$ の関係である.

∴ $a_n = \dfrac{1}{\sqrt{5}} \left\{ \left(\dfrac{1+\sqrt{5}}{2} \right)^{n+1} - \left(\dfrac{1-\sqrt{5}}{2} \right)^{n+1} \right\}$ 【答】

(2) X_{n+1} の右側に X_n を並べた数を $X_{n+1}X_n$ と表すと,

$$X_{n+2} = X_{n+1}X_n \quad \cdots\cdots ④$$

この成立を数学的帰納法で示すと,

Ⅰ. $n=1$ のとき

$$X_1 = 1, \quad X_2 = 10, \quad X_3 = 101 \text{ より}$$
$$X_3 = 101 = (10)1 = X_2 X_1$$

よって, $n=1$ のとき成り立つ.

Ⅱ. $n=k$ のとき成り立つと仮定すると

$$X_{k+2} = X_{k+1} X_k$$

このとき, 規則の(ⅱ)から

$$X_{k+3} = X_{k+2} X_{k+1}$$

となり, $n=k+1$ のとき成り立つ

よって, Ⅰ. Ⅱ. からすべての自然数について④は成り立つ.

さて, X_n の最高位の数字は1で, 末位の数字は,

n が奇数のとき1, 偶数のとき0

であるから, ④より

n が奇数のとき, $b_{n+2} = b_{n+1} + b_n + 1$
n が偶数のとき, $b_{n+2} = b_{n+1} + b_n + 0$

すなわち,

$$b_{n+2} = b_{n+1} + b_n + \dfrac{1+(-1)^{n+1}}{2}$$

さらに,

$$\dfrac{1+(-1)^{n+2}}{2} = \dfrac{1+(-1)^n}{2}$$

だから, 両辺に加えると

$$b_{n+2} + \frac{1+(-1)^{n+2}}{2} = b_{n+1} + \frac{1+(-1)^{n+1}}{2} + b_n + \frac{1+(-1)^n}{2}$$

ここで，

$$c_n = b_n + \frac{1+(-1)^n}{2} \text{ とおくと，}$$

$$c_{n+2} = c_{n+1} + c_n$$

また，$c_1 = b_1 = 0$，$c_2 = b_2 + 1 = 1$，$c_3 = b_3 = 1$ フィボナッチ数列で $n=0$ とおくと，$p_0 = 0$ となるからフィボナッチ数列において，$c_n = p_{n-1}$ ($n \geq 2$) である．

$$\therefore \quad c_n = p_{n-1} = \frac{1}{\sqrt{5}} \left\{ \left(\frac{1+\sqrt{5}}{2} \right)^{n-1} - \left(\frac{1-\sqrt{5}}{2} \right)^{n-1} \right\}$$

$$\therefore \quad b_n = \frac{1}{\sqrt{5}} \left\{ \left(\frac{1+\sqrt{5}}{2} \right)^{n-1} - \left(\frac{1-\sqrt{5}}{2} \right)^{n-1} \right\} - \frac{1+(-1)^n}{2} \quad 【答】$$

(参考文献)

1．『初等数学史』(復刻版) カジョリ著．小倉金之助補訳．共立出版．1997．
2．『フィボナッチ数・再帰数列』ヴォロビエフ・マルクシエヴィチ著．筒井孝訳．東京図書．1966．
3．『数の文化史』K. メニンガー著．内林政夫訳．八坂書房．2001．
4．ルネッサンス時代の『商人用教科書』

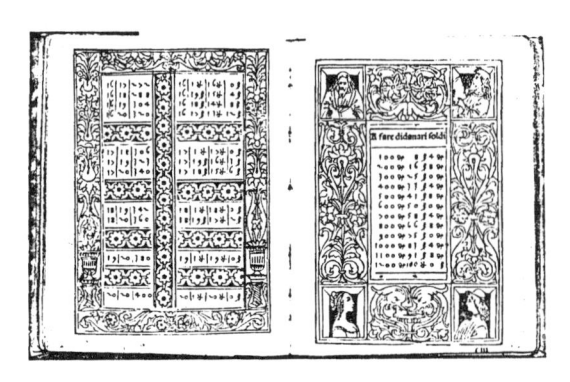

インド＝アラビア数字が用いられ，左はかけ算表，右はフィレンツェの貨幣換算表．

(左上)

16	17	272
16	18	288
16	19	304
16	20	320

(ii) 階段の上り方は何通り

【試問43】

n 段の階段をのぼるのに，1 段ずつのぼっても，2 段ずつのぼっても，または両方をまぜてのぼってもよいとする．このときののぼり方の数を a_n とする．
(1) $a_n = a_{n-2} + a_{n-1}$ $(n \geq 3)$ を証明せよ．　(2) a_{10} を求めよ．　　城西大．(理)．

お寺や神社に参拝したとき，子どもが石段を1段ずつ上るのが面倒で，戯れから2段上りを混ぜながら上っていく光景をよく見かけます．石段の数は寺社によって異なりますが，驚くことにこのように1段または2段を交ぜながら上るとき上り方の総数は**フィボナッチ数**（フィボナッチ数列の項）となるというのがこの問題の内容です．したがって，例えば100はその数列の項に含まれないから100通りの上り方が解となることはあり得ないということになります．

ある石段または階段の上り方の総数は次のように方程式を解くことからも求められます．

"いま，10段の階段を1歩に1段または2段を上ることを許すとき，上り方の数を求めよ．"
という問題であれば，

1段上る回数を x，2段上る回数を y とすると，x，y は非負の整数で，階段の数について

$$x + 2y = 10$$

が得られます．

$$\therefore \quad x = 2(5-y)$$

x，y が非負の整数より解は

x	0	2	4	6	8	10
y	5	4	3	2	1	0

となり，この解の組のそれぞれに対して1段と2段を進む順番の決め方（順列）の個数から総和を求めると，

$$\frac{5!}{0!\,5!} + \frac{6!}{2!\,4!} + \frac{7!}{4!\,3!} + \frac{8!}{6!\,2!} + \frac{9!}{8!\,1!} + \frac{10!}{10!\,0!} = 1 + 15 + 35 + 28 + 9 + 1 = 89$$

となります．

この数はフィボナッチ数ですが，この解法からは任意の階段数の場合その数と階段の上り方との関係は見えてきません．

ヒント

(1) 証明する式の左辺と右辺の式の意味を考えてみることです．

左辺の a_n は n 段の階段の上り方の数です．同様に，右辺の a_{n-2} は $(n-2)$ 段，a_{n-1} は $(n-1)$ 段の階段の上り方の数を示しているから，右辺は n 段の階段の上り方で，最後の状態を考えると，次の2通りがあるということです．

Ⅰ．$(n-2)$ 段上がって，最後の2段を上る．
　　この上り方は a_{n-2} です．

Ⅱ．$(n-1)$ 段上がって，最後の1段を上る．
　　この上り方は a_{n-1} です．

これらは，逆に最初の上り方と残りの階段の上り方と考えても同じです．すなわち，

Ⅰ′．最初2段上るとき，残りの $(n-2)$ 段の上り方は a_{n-2} です．

Ⅱ′．最初1段上るとき，残りの $(n-1)$ 段の上り方は a_{n-1} です．

(2)　1段の階段の上り方，$a_1=1$
　　 2段の階段の上り方，$a_2=2$
　(1)から，
　　$n≧3$ のとき，$a_n=a_{n-2}+a_{n-1}$ より，
$$a_3=a_1+a_2=1+2=3$$
$$a_4=a_2+a_3=2+3=5$$
$$\vdots$$
$$a_{10}=a_8+a_9$$

と順々に求まります．

余談

1．フィボナッチ数列とタイル張り

試問42.で，フィボナッチ数列とものの配列の関係を述べました．そこで，この配列問題をタイル張りで（モデル化して）考えてみましょう．

例1．階段の上り方

まず，今回の階段の上り方について，

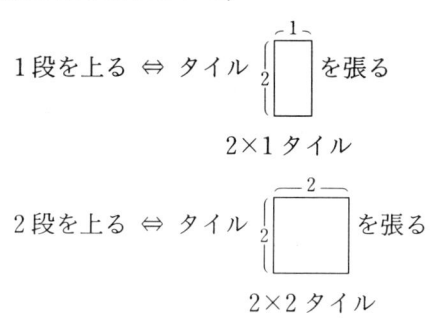

1段を上る ⇔ タイル ▯ を張る

2×1タイル

2段を上る ⇔ タイル ▢ を張る

2×2タイル

と対応させれば，問題は，

2×n の長方形を 2×1 タイルまたは 2×2 タイルを横にしないように用いて張る張り方の数を求めることと同じです．

すなわち，2×n の長方形をこの2種のタイルの使用を許して張るときの張り方を a_n とします．この張り方を最後の状態で考えれば，

I．2×$(n-2)$ の部分を張り，最後 2×2 のタイルを用いる場合の張り方は a_{n-2}

II．2×$(n-1)$ の部分を張り，最後 2×1 のタイルを用いる場合の張り方は a_{n-1} となります．

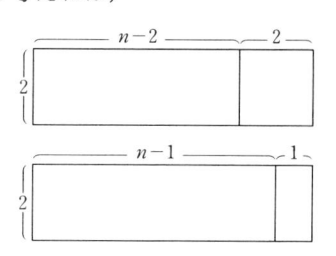

例2．畳の敷き方

例1．で長方形の 2×1 タイル1枚を畳1枚と考えて，2×n の長方形を幅が2で長さの n の廊下と考えると，この廊下への畳の敷き方はフィボナッチ数列となることが分かります．

理由は，正方形のタイルは右図のように畳2枚を横にしたものとみればよいからです．

畳2枚 → 正方タイル1枚

例3．モールス信号

モールス信号では「・」と「――」の符号を使用します．このとき，「・」を 2×1 タイル，「――」を 2×2 タイルでモデル化するとき，2×n の長方形にこれらのタイルの敷き詰め方の数を考えると，その個数に等しい文字（記号）

が作れます．すなわち，$2 \times n$ の長方形にタイルの敷き方が a_n とすれば，例 1.
から a_n はフィボナッチ数列となります．

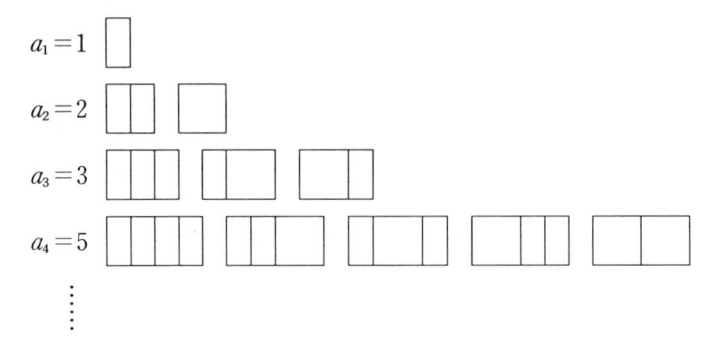

$a_1 = 1$
$a_2 = 2$
$a_3 = 3$
$a_4 = 5$
$\vdots$

これから，アルファベット 26 文字は $a_7 = 21$，$a_8 = 34$ だから 2×8 の長方形とすればよいことになります．

例 4．女性 2 人が隣り合わない並び方

"n 個の椅子が 1 列に並べて置かれている．この椅子に男性と女性が座るとき，どの女性も 2 人が隣り合わないような座り方は何通りあるか？"
について考えてみよう．

男子を白タイル，女子を黒タイルとすると，問題は白と黒の 2 種のタイルを合計 n 個を 1 列に並べるとき，黒が 2 個隣り合わないような並べ方を求めればよいことになります．

求める数を a_n とする．$a_1 = 2$，$a_2 = 3$ は明らか．$n \geq 3$ のとき，最後のタイルは白と黒の 2 通りがある．

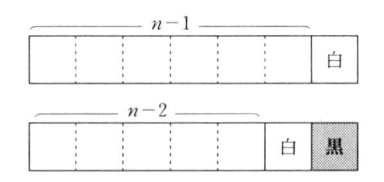

I．最後が白のとき，並べ方は a_{n-1} である．

II．最後が黒のとき，その 1 つ前は必ず白と決まるから，並べ方は a_{n-2} である．

I と II から，$a_n = a_{n-1} + a_{n-2}$ $(n \geq 3)$
となります．

具体的な問題でフィボナッチ数列をみてみよう．

問題1.

高さ h で横幅 w の長方形の壁に，2つの辺の長さが1と2である長方形のタイルをすき間なく重ならないように張る張り方について考える．例えば，図(a)の高さ2で横幅3の壁にタイルを張る張り方は，タイル群の境界を実線で書き加えた図(a1), (a2), (a3)の3通りがある．

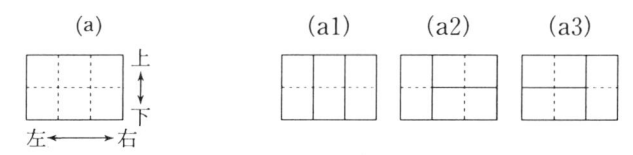

(1) n を自然数として，高さ2で横幅 n の壁にタイルを張る張り方の総数を f_n とする．f_{n+2} を f_{n+1}, f_n で表せ．

(2) 高さ4で横幅8の壁にタイルを張る張り方で，タイル群の境界の一部が図(b)の実線で示したようになる張り方の総数を求めよ．

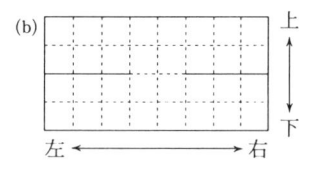

南山大．(経営)．

◀**解答**▶

(1) 例1．例2．と同じです．横 $(n+2)$ まで張る張り方は f_{n+2} 通りあります．この張り方を最後の状態で考えると，

 I．横 n まで張って，最後横に2枚張る張り方が f_n 通りあります．

 II．横 $(n+1)$ まで張って，最後縦に1枚張る張り方が f_{n+1} 通りあります．

I．II．から，

$$f_{n+2} = f_n + f_{n+1}$$ 【答】

(2) 中央の区画が図(b1)のように実線で2段に分離できるとき，(1)より上下の張り方は各 $f_8 = 34$ より，

$(f_8)^2 = 34^2 = 1156$

中央の区画で上下の2段にタイルがまたぐとき，上下の4隅のタイルを張る張り方は各 $f_3 = 3$ で，中央の張り方は1より，

$$(f_3)^4 = 3^4 = 81$$

$$\therefore \quad 1156+81=1237 \qquad 【答】$$

次に，階段の上り方を代数的な形式で表現した問題を見てみよう．

2．階段の上り方の問題の代数的表現

問題 2．

 1と2をいくつかずつ加えて和が4となるようにするには，加える順序を考慮すれば

$$1+1+1+1,\ 2+1+1,\ 1+2+1,\ 1+1+2,\ 2+2$$

の5通りの方法がある．一般に，1と2をいくつかずつ加えて和が n（1以上の自然数）になるようにする方法の数を a_n とする．ただし，加える順序を考慮する．したがって，$a_4=5$ である．このとき，

(1) a_1, a_2, a_3 はいくらか．
(2) $a_{n+2}=a_n+a_{n+1}$（$n=1, 2, 3, \cdots\cdots$）が成立することを証明せよ．
(3) $a_{n+2}-\alpha a_{n+1}=\beta(a_{n+1}-\alpha a_n)$（$n=1, 2, 3, \cdots\cdots$）となるように定数 α, β を求めよ．
(4) a_n を α, β, n を用いて表せ． 　　　　　聖マリアンナ医科大．

 階段の上り方と同じであることに直ちに気づくと思います．

 1と2はそれぞれ1歩で1段上る，2段上ると考えると，加える順序を考慮して和が n となるようにする方法が n 段の階段の上り方となるわけです．よって，和の作り方 a_n の数列はフィボナッチ数列となり，順を追ってその一般項を求めるものです．

◀解答▶

(1) 和が1となるのは1だけである．

$$\therefore \quad a_1=1 \qquad 【答】$$

 和が2となるのは，1+1，2である．

$$\therefore \quad a_2=2 \qquad 【答】$$

 和が3となるのは，1+1+1，1+2，2+1である．

$$\therefore \quad a_3=3 \qquad 【答】$$

(2) 階段のところで説明したのと同様です．

 すなわち，

左辺の a_{n+2} は和が $n+2$ となるすべての場合です．それらの数の最後の数は 2 か 1 です．

I．最後の数が 2 のとき，

その前までの数の和は n です．

よって，和が n となるすべての場合の数は a_n です．

II．最後の数が 1 のとき，

その前までの数の和は $(n+1)$ です．

よって，和が $(n+1)$ となるすべての場合の数は a_{n+1} です．

ゆえに，I と II から
$$a_{n+2} = a_n + a_{n+1} \quad (n \geqq 1)$$
ただし，$a_1 = 1$, $a_2 = 2$

（注．もちろん，最初が 1 または 2 としても同じです．）

(3) $a_{n+2} - \alpha a_{n+1} = \beta(a_{n+1} - \alpha a_n)$ ……①

①より，$a_{n+2} = -\alpha\beta a_n + (\alpha+\beta)a_{n+1}$

(2)の結果から，係数を比較して
$$\alpha + \beta = 1, \quad \alpha\beta = -1$$

α, β は方程式
$$x^2 - x - 1 = 0 \quad \cdots\cdots②$$

の解より
$$\alpha = \frac{1 \pm \sqrt{5}}{2}, \quad \beta = \frac{1 \mp \sqrt{5}}{2} \quad \text{(複号同順)} \quad \text{【答】}$$

(4) ①から，数列 $\{a_n - \alpha a_{n-1}\}$ $(n \geqq 2)$ は初項 $(a_2 - \alpha a_1)$，公比 β の等比数列より
$$a_n - \alpha a_{n-1} = \beta^{n-2}(a_2 - \alpha a_1) \quad n \geqq 2 \quad \cdots\cdots③$$

ここで，α と β は入れ換えても成り立つから
$$a_n - \beta a_{n-1} = \alpha^{n-2}(a_2 - \beta a_1) \quad \cdots\cdots④$$

よって，③×β − ④×α より

$(\beta - \alpha)a_n = (\beta^{n-1} - \alpha^{n-1})a_2 - \alpha\beta(\beta^{n-2} - \alpha^{n-2})a_1$
$ = (\beta^{n-1} - \alpha^{n-1})a_2 - (\alpha\beta^{n-1} - \alpha^{n-1}\beta)a_1$
$ = (\beta^{n-1} - \alpha^{n-1})a_2 - \{(1-\beta)\beta^{n-1} - (1-\alpha)\alpha^{n-1}\}a_1$
$ = (\beta^{n-1} - \alpha^{n-1})(a_2 - a_1) + (\beta^n - \alpha^n)a_1 = (\beta^{n-1} - \alpha^{n-1}) + (\beta^n - \alpha^n)$

$$= \beta^{n-1}(\beta+1) - \alpha^{n-1}(\alpha+1)$$
$$= \beta^{n+1} - \alpha^{n+1} \qquad (\because \text{②の解より})$$
$$a_n = \frac{1}{\beta-\alpha}(\beta^{n+1} - \alpha^{n+1}) \quad (n \geq 2) \qquad 【答】$$

この問題では，フィボナッチ数列の第2項が初項となっています．したがって，フィボナッチ数列，

$$1, 1, 2, 3, 5, \cdots\cdots$$

の一般項を p_n とすると，$p_n = a_{n-1}$ より

$$p_n = \frac{1}{\beta-\alpha}(\beta^n - \alpha^n) = \frac{1}{\sqrt{5}}\left\{\left(\frac{1+\sqrt{5}}{2}\right)^n - \left(\frac{1-\sqrt{5}}{2}\right)^n\right\}$$

となり，ビネの公式が得られます．

この公式の求め方は工夫することによって異なる方法が考えられています．それについては後述します．

さて，これまで階段や石段の上り方について述べてきましたが，その上り方は1歩に1段または2段を許すものでした．それでは1歩に1段から3段まで上ることを許すとどうなるかを次の問題で考えてみます．

問題3．

3122，13311のように各桁の数が1，2，3のどれかであるような自然数を考える．このような数で31321のように各桁の数の和が10となるものは何個あるか．　　　　　　　　　　　　　　　　　　　　　　　　　　　　東京女子大．

問題形式は前題と同様です．この問題を階段の上り方で考えると1歩で1段から3段まで上ることを許して10段の階段を上るとき，その上り方の総数を求めることと同じになります．

◀解答▶

用いる1，2，3の個数をそれぞれ x，y，z とすると，x，y，z は非負の整数で

$$x + 2y + 3z = 10$$

を満たします．よって，$x \geq 0$，$y \geq 0$ から

$$0 \leq 3z \leq 10 \qquad \therefore \quad z = 0, 1, 2, 3$$

$z = 0$ のとき，$x + 2y = 10$

$$\therefore \quad (x, y, z) = (0, 5, 0), (2, 4, 0), (4, 3, 0), (6, 2, 0), (8, 1, 0),$$
$$(10, 0, 0)$$

$z=1$ のとき，$x+2y=7$
$$\therefore \quad (x, y, z) = (1, 3, 1), (3, 2, 1), (5, 1, 1), (7, 0, 1)$$

$z=2$ のとき，$x+2y=4$
$$\therefore \quad (x, y, z) = (0, 2, 2), (2, 1, 2), (4, 0, 2)$$

$z=3$ のとき，$x+2y=1$
$$\therefore \quad (x, y, z) = (1, 0, 3)$$

よって，それぞれの解について場合の数（順列）の総和を求めると，
$$\left(\frac{5!}{5!}+\frac{6!}{2!4!}+\frac{7!}{4!3!}+\frac{8!}{6!2!}+\frac{9!}{8!}+\frac{10!}{10!}\right)+\left(\frac{5!}{3!}+\frac{6!}{3!2!}+\frac{7!}{5!}+\frac{8!}{7!}\right)$$
$$+\left(\frac{4!}{2!2!}+\frac{5!}{2!2!}+\frac{6!}{4!2!}\right)+\left(\frac{4!}{3!}\right)$$
$$=(1+15+35+28+9+1)+(20+60+42+8)+(6+30+15)+4$$
$$=274 \text{（個）} \quad \text{【答】}$$

となります。

　一般の場合について，漸化式を求めるときは，和が n となるときの個数を a_n と表します。このとき，和が $n+3$ となる場合の個数は a_{n+3} です。

　これらの数の最後の数は 1，2，3 の 3 通りがあります。

　Ⅰ．最後が 3 となるとき，その前までの数の和は n でその個数は a_n です。

　Ⅱ．最後が 2 となるとき，その前までの数の和は $(n+1)$ でその個数は a_{n+1} です。

　Ⅲ．最後が 1 となるとき，その前までの数の和は $(n+2)$ でその個数は a_{n+2} です。

　よって，Ⅰ．Ⅱ．Ⅲ．から
$$a_{n+3} = a_n + a_{n+1} + a_{n+2}$$

ただし，$a_1=1$，$a_2=2$，$a_3=4$

となり，ある項はその前の 3 つの項の和となることになります。

● 課題 ●

　n 段 $(n \geq 5)$ からなる階段がある。この階段を登るのに，1 度に 1 段，2 段，3 段を登る 3 種類の登り方が可能であるものとする。このとき，第 k 段に登

り方の総数を $A(k)$ で表す．このとき，
(1) $A(1)$, $A(2)$, $A(3)$, $A(4)$, $A(5)$ を求めよ．
(2) $A(n-3)$, $A(n-2)$, $A(n-1)$, $A(n)$ の間に成り立つ関係を求めよ．
(3) $A(10)$ を求めよ．　　　　　　　　　　　　　　　　　　東北学院大．（工）．

答：(1)　$A(1)=1$, $A(2)=2$, $A(3)=4$, $A(4)=7$, $A(5)=13$
　　(2)　$\boldsymbol{A(n)=A(n-1)+A(n-2)+A(n-3)}$
　　(3)　$A(10)=274$

3．フィボナッチ数列の生成関数と一般項

フィボナッチ数列は，
$a_1=1$, $a_2=1$, $a_3=2$, $a_4=3$, $a_5=5$, ……ですが，この各項を係数とする関数，
$$F(x)=a_1+a_2x+a_3x^2+a_4x^3+\cdots\cdots \quad ①$$
をフィボナッチ数列の生成関数といいます．そこで，この関数を求めてみよう．
①の両辺に x および x^2 をかけて
$$xF(x)=a_1x+a_2x^2+a_3x^3+a_4x^4+\cdots\cdots \quad ②$$
$$x^2F(x)=a_1x^2+a_2x^3+a_3x^4+a_4x^5+\cdots\cdots \quad ③$$
よって，①－②－③から
$$(1-x-x^2)F(x)=a_1+(a_2-a_1)x+(a_3-a_2-a_1)x^2+(a_4-a_3-a_2)x^3+\cdots\cdots$$
ここで，右辺の係数について，
$a_1=a_2=1$, $a_{n+2}=a_{n+1}+a_n$ より
　$a_1=1$, $a_2-a_1=0$ また，第3項以下について，　$a_{n+2}-a_{n+1}-a_n=0$（$n\geqq1$）
となるから，
$$\therefore \quad (1-x-x^2)F(x)=1$$
よって，生成関数 $F(x)$ は，
$$\therefore \quad F(x)=\frac{1}{1-x-x^2}$$
となります．
すなわち，右辺を展開すると
$$\frac{1}{1-\boldsymbol{x}-\boldsymbol{x}^2}=1+1\boldsymbol{x}+2\boldsymbol{x}^2+3\boldsymbol{x}^3+5\boldsymbol{x}^4+\cdots\cdots$$

となり，係数がフィボナッチ数列となります。

そこで，この生成関数を利用して一般項を求める方法を考えてみよう。少し技巧的となりますので段階に分けて示してみます。

1．生成関数の分母を因数分解する。

$$1-x-x^2 = \left(1+\frac{2}{1-\sqrt{5}}x\right)\left(1+\frac{2}{1+\sqrt{5}}x\right)$$

$$F(x) = \frac{1}{\left(1+\frac{2}{1-\sqrt{5}}x\right)\left(1+\frac{2}{1+\sqrt{5}}x\right)}$$

2．右辺を部分分数で表す。

そのためには，

$$右辺 = \frac{A}{1+\frac{2}{1-\sqrt{5}}x} + \frac{B}{1+\frac{2}{1+\sqrt{5}}x}$$

とおいて，A と B を求めると，

$A = \dfrac{5+\sqrt{5}}{10}$, $B = \dfrac{5-\sqrt{5}}{10}$ から，

$$F(x) = \frac{5+\sqrt{5}}{10}\left[\frac{1}{1+\frac{2}{1-\sqrt{5}}x}\right]^{-1} + \frac{5-\sqrt{5}}{10}\left[\frac{1}{1+\frac{2}{1+\sqrt{5}}x}\right]^{-1}$$

3．〔補助定理〕無限等比級数の和を利用．

$$|r|<1 \text{ のとき, } \sum_{n=1}^{\infty} r^{n-1} = \frac{1}{1-r}$$

ここで，これを 2．の [ ] に利用する。

$$r = -\frac{2}{1-\sqrt{5}}x, \quad -\frac{2}{1+\sqrt{5}}x$$

（x は不定元より $|r|<1$ とする）

とおくと，2つの [ ] 部分はそれぞれ

$$\sum_{n=1}^{\infty}\left(-\frac{2}{1-\sqrt{5}}x\right)^{n-1}, \quad \sum_{n=1}^{\infty}\left(-\frac{2}{1+\sqrt{5}}x\right)^{n-1}$$

となるから，

$$F(x) = \frac{5+\sqrt{5}}{10}\sum_{n=1}^{\infty}\left(-\frac{2}{1-\sqrt{5}}x\right)^{n-1} + \frac{5-\sqrt{5}}{10}\sum_{n=1}^{\infty}\left(-\frac{2}{1+\sqrt{5}}x\right)^{n-1}$$

$$= \sum_{n=1}^{\infty} \left[\frac{5+\sqrt{5}}{10} \left(-\frac{2}{1-\sqrt{5}} \right)^{n-1} + \frac{5-\sqrt{5}}{10} \left(-\frac{2}{1+\sqrt{5}} \right)^{n-1} \right] x^{n-1}$$

4．係数を整理する．

$$\frac{5\pm\sqrt{5}}{10} = \frac{1}{\sqrt{5}} \left(\frac{1\pm\sqrt{5}}{2} \right)$$

$$-\frac{2}{1-\sqrt{5}} = \frac{1+\sqrt{5}}{2}, \quad -\frac{2}{1+\sqrt{5}} = \frac{1-\sqrt{5}}{2}$$

だから，

$$F(x) = \frac{1}{\sqrt{5}} \sum_{n=1}^{\infty} \left\{ \left(\frac{1+\sqrt{5}}{2} \right)^n - \left(\frac{1-\sqrt{5}}{2} \right)^n \right\} x^{n-1}$$

5．係数を比較する．

$$F(x) = a_1 + a_2 x + a_3 x^2 + a_4 x^3 + \cdots = \sum_{n=1}^{\infty} a_n x^{n-1}$$

であるから，よって，一般項 a_n は

$$a_n = \frac{1}{\sqrt{5}} \left\{ \left(\frac{1+\sqrt{5}}{2} \right)^n - \left(\frac{1-\sqrt{5}}{2} \right)^n \right\}$$

となります．

　左辺の a_n は整数値ですが，その表現式右辺が無理数の差であり神秘的とされてきました．

　最後に，もう1つの別法を示してみましょう．これまで見てきたようにフィボナッチ数列と方程式 $x^2-x-1=0$ が深く結びついていることを見てきました．そこで，この方程式を利用して，一般項を求める方法を考えてみよう．

$$x^2-x-1=0 \text{ より } x^2=1+x \tag{1}$$

　(1)式をもとにして，次々両辺に x をかけて行き x^n ($n \geq 2$) をつくり x^n を x の1次式で表してみよう．

$$x^2 = 1x+1$$
$$x^3 = x^2+x = x+1+x = 2x+1$$
$$x^4 = 2x^2+x = 2(x+1)+x = 3x+2$$
$$x^5 = 3x^2+2x = 3(x+1)+2x = 5x+3$$
$$x^6 = 5x^2+3x = 5(x+1)+3x = 8x+5$$
$$\vdots$$

ですから，$x^2, x^3, x^4, x^5, x^6, \cdots\cdots$ を1次式で表現すると，x の係数と定数項は，

$$x \text{ の係数}：1, 2, 3, 5, 8, \cdots\cdots$$
$$\text{定 数 項}：1, 1, 2, 3, 5, \cdots\cdots$$

となり，フィボナッチ数列が現れ，x^n を x の1次式で示すと，

$$x^n = a_n x + a_{n-1} \quad (n \geq 2) \tag{2}$$

の成立が予測されます。（次の問題4．参照）

そこで，数学的帰納法で成立を確かめると

I．$n=2$ のとき，
$$x^2 = a_2 x + a_1 = x + 1$$

よって，$n=2$ のとき成り立つ。

II．$n=k$ のとき成り立つと仮定すると
$$x^k = a_k x + a_{k-1}$$

両辺に x をかけると，
$$x^{k+1} = a_k x^2 + a_{k-1} x = a_k(x+1) + a_{k-1} x = (a_k + a_{k-1})x + a_k = a_{k+1} x + a_k$$

よって，$n=k+1$ のとき成り立つ。

I．とII．より(2)式は $n \geq 2$ のすべての自然数 n について成り立つことがわかります。

ここで，(1)式の解を α, β ($\alpha > \beta$) とすると α, β は(2)の解ともなるから，よって，

$$\alpha^n = a_n \alpha + a_{n-1} \tag{3}$$
$$\beta^n = a_n \beta + a_{n-1} \tag{4}$$

(3)$-$(4)から，
$$(\alpha - \beta) a_n = \alpha^n - \beta^n$$

$\alpha - \beta = \sqrt{5}$ より，（∵ α, β は(1)の解）
$$a_n = \frac{1}{\sqrt{5}}(\alpha^n - \beta^n) = \frac{1}{\sqrt{5}}\left\{\left(\frac{1+\sqrt{5}}{2}\right)^n - \left(\frac{1-\sqrt{5}}{2}\right)^n\right\}$$

となります。

問題4．

n は正の整数とする。x^{n+1} を $x^2 - x - 1$ で割った余りを $a_n x + b_n$ とおくと，

(1) 数列 a_n, b_n, $n=1, 2, 3, \cdots$ は
$$a_{n+1} = a_n + b_n$$
$$b_{n+1} = a_n$$
を満たすことを示せ．

(2) $n=1, 2, 3, \cdots$ に対して，a_n, b_n は共に正の整数で，互いに素であることを証明せよ． 　　　　　　　　　　　　　　　東京大．(理科)．

◀解答▶

(1) x^{n+1} を x^2-x-1 で割った商を $Q(x)$ とおくと
$$x^{n+1} = (x^2-x-1) \cdot Q(x) + a_n x + b_n \qquad \cdots\cdots ①$$
$$\therefore \quad x^{n+2} = (x^2-x-1) \cdot Q(x) + a_{n+1} x + b_{n+1} \qquad \cdots\cdots ②$$
次に①の両辺に x をかけると
$$x^{n+2} = x(x^2-x-1) \cdot Q(x) + a_n x^2 + b_n x$$
$$= (x^2-x-1) \cdot \{xQ(x) + a_n\} + (a_n + b_n)x + a_n \qquad \cdots\cdots ③$$
②と③の余りの係数を比較して
$$\boldsymbol{a_{n+1} = a_n + b_n, \quad b_{n+1} = a_n} \qquad 【答】$$

(2) **降下法**と呼ばれる証明法を用います．

証明：$n=1$ のとき
$$x^2 = (x^2-x-1) + x + 1$$
$$\therefore \quad a_1=1, \quad b_1=1$$

a_n, b_n が正の整数のとき，(1)の結果より，a_{n+1}, b_{n+1} は正の整数である．
いま，a_{n+1}, b_{n+1} がともに素数 p の倍数であるとすると
$$a_n = b_{n+1}, \quad b_n = a_{n+1} - b_{n+1}$$
となるから，a_n, b_n はともに素数 p の倍数となる．以下同様にして
$$a_{n-1} \text{と} b_{n-1}, \ a_{n-2} \text{と} b_{n-2}, \cdots\cdots, a_1 \text{と} b_1$$
はすべて素数 p の倍数となる．

ところが，$a_1=1$, $b_1=1$ は素数 p の倍数ではない．よって矛盾する．

ゆえに，a_{n+1}, b_{n+1} の最大公約数は1となり互いに素となる．a_n, b_n も同様である．

試問43. の解答

(1) n 段の上り方の a_n 通りは，最後の上り方が2段のとき，それまでの $(n-2)$ 段の上り方は a_{n-2} 通り，最後の上り方が1段のとき，それまでの $(n-1)$ 段の上り方は a_{n-1} 通りである．上り方はこのいずれかであるから，

$$\therefore \quad a_n = a_{n-2} + a_{n-1} \qquad \textbf{(Q. E. D)}$$

(2) 明らかに，$a_1 = 1$，$a_2 = 2$ だから，数列 $\{a_n\}$：$a_n = a_{n-2} + a_{n-1}$ $(n \geq 3)$ より

$$1, \ 2, \ 3, \ 5, \ 8, \ 13, \ 21, \ 34, \ 55, \ 89, \cdots \cdots \qquad \therefore \ a_{10} = 89 \textbf{【答】}$$

ビネの公式によると，a_{11} を求めることになり

$$a_{11} = \frac{1}{\sqrt{5}} \left\{ \left(\frac{1+\sqrt{5}}{2}\right)^{11} - \left(\frac{1-\sqrt{5}}{2}\right)^{11} \right\}$$

$$= \frac{1}{\sqrt{5}} \left(\frac{199 + 89\sqrt{5}}{2} - \frac{199 - 89\sqrt{5}}{2} \right) = 89$$

となります．

(参考文献)

1．『問題解決への数学』S. G. クランツ著．関沢正躬訳．丸善．2001．
2．『数学史』(改訂版．モノグラフ) 矢野健太郎著．茂木勇増補．科学新興社．1989．

(iii) フィボナッチ数列と幾何学

【試問44】

数列 $\{a_k\}$ は，$a_1=1$，$a_2=1$，$a_k=a_{k-2}+a_{k-1}$ $(k\geqq 3)$ を満たすものとする．また，図形 ABCD は $a_1^2+a_2^2+a_3^2$ の面積をもつ長方形である．

(1) この長方形に順次正方形を加えていくことにより，$\sum_{k=1}^{6} a_k^2$ の面積をもつ長方形を作図せよ．

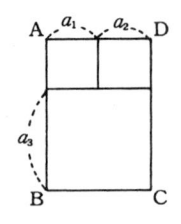

(2) $\sum_{k=1}^{6} a_k^2 = a_\alpha a_\beta$ となるような α，β は何か．また，$\sum_{k=1}^{n} a_k^2 = a_\alpha a_\beta$ となるような α，β を与え，この等式が成立することを数学的帰納法により証明せよ．

三重大．(工)．

ヒント

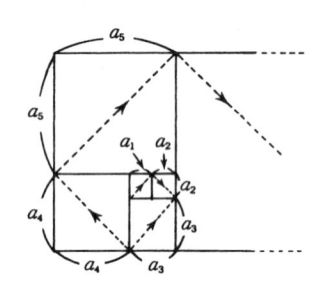

右図のように，1辺の長さ1 ($a_1=a_2$) の正方形を2個並べると2辺が1 (a_2) と2 (a_1+a_2) の長方形ができ，それに，1辺の長さに2 (a_3) の正方形を並べると2辺が2 (a_3) と3 (a_2+a_3) の長方形ができる．さらに，それに1辺の長さ3 (a_4) の正方形を並べると2辺が3 (a_4) と5 (a_3+a_4) の長方形ができる．以下同様にして順次正方形を並べていくとき長方形の形はどのようになっていくのか？ を考えてみる．（ただし，正方形の並べ方は右回りと左回りの2通りがあり，図は右回りとなっています．）

長方形の形状はその2辺（縦と横）の長さによって決まります．並べる正方形は**隙間**や**重なり**がないことから用いた正方形の面積の和はできた長方形の面積に等しくなり，これが問題のポイントです．

(1)は，上の手順で正方形を6回並べてできる長方形を作図するものです．
(2)は，(1)で作図した長方形の2辺を求め，この手順の過程を参考にして正方形

を n 回並べて生ずる長方形の2辺を**推測**し，この結果を数学的帰納法で証明せよというものです．

結局，フィボナッチ数の平方和を幾何学的に求める形式となっています．この証明は代数的にも次のように容易に示すことができます．

$k≧2$ のとき，
$$a_k = a_{k+1} - a_{k-1}$$
$$\therefore \quad a_k{}^2 = a_k(a_{k+1} - a_{k-1}) = a_k a_{k+1} - a_k a_{k-1}$$

$k=2, 3, 4, \cdots\cdots$ を代入して辺々加えると，
$$\therefore \quad \sum_{k=2}^{n} a_k{}^2 = a_n a_{n+1} - a_2 a_1$$

よって，両辺に $a_1{}^2 = a_1 a_2$ を加えると
$$\sum_{k=1}^{n} a_k{}^2 = a_n a_{n+1} \quad (\because \quad a_1 = a_2 = 1)$$

となり，この過程で α, β は求められる．

余談

1．長方形の形状はどうなるか？

問題の結果に注目すると，この操作（手順）を n 回繰り返すときできる長方形の2辺は a_α と a_β ですから n が大きくなると長方形は限りなく大きくなります．それではその**形状**はどうなっていくでしょうか？．そこで，長方形の形状をその2辺の比から調べてみましょう．

辺の比=（長辺）/（短辺）を考えて，この数列を $\{W_n\}$ とすれば，
$$\{W_n\} : \frac{1}{1}, \frac{2}{1}, \frac{3}{2}, \frac{5}{3}, \cdots\cdots$$

となります．これから，
$$W_1 = 1 = \frac{1}{1}$$
$$W_2 = \frac{2}{1} = 1 + \frac{1}{W_1}$$
$$W_3 = \frac{3}{2} = 1 + \frac{1}{2} = 1 + \frac{1}{W_2}$$
$$W_4 = \frac{5}{3} = 1 + \frac{2}{3} = 1 + \frac{1}{W_3}$$

$$W_n = 1 + \frac{1}{W_{n-1}}$$

ここで，数列 $\{W_n\}$ が極限値 r をもつならば，$n \to \infty$ のとき，$W_n \to r$，$W_{n-1} \to r$ から

$$r = 1 + \frac{1}{r} \quad \therefore \quad r^2 - r - 1 = 0$$

$r > 0$ より $r = \dfrac{1+\sqrt{5}}{2}$ （≒1.618……）

よって，長方形の形状は次第に，

$$長辺：短辺 = \frac{1+\sqrt{5}}{2} : 1$$

に近づきます．同様に，比＝(短辺/長辺) を考えて，数列を $\{W'_n\}$ とすれば，

$$\{W'_n\} : \frac{1}{1}, \frac{1}{2}, \frac{2}{3}, \frac{3}{5}, \cdots\cdots$$

だから，

$$W'_1 = 1$$

$$W'_2 = \frac{1}{2} = \frac{1}{1+1} = \frac{1}{1+W'_1}$$

$$W'_3 = \frac{2}{3} = \frac{1}{\frac{3}{2}} = \frac{1}{1+\frac{1}{2}} = \frac{1}{1+W'_2}$$

$$W'_4 = \frac{3}{5} = \frac{1}{\frac{5}{3}} = \frac{1}{1+\frac{2}{3}} = \frac{1}{1+W'_3}$$

$$\vdots$$

$$W'_n = \frac{1}{1+W'_{n-1}}$$

から，数列 $\{W'_n\}$ の極限値を r' とすれば，

$$r' = \frac{1}{1+r'} \quad \text{から} \quad r'^2 + r' - 1 = 0$$

よって，

$$r' > 0 \text{ より } r' = \frac{\sqrt{5}-1}{2} \ (\fallingdotseq 0.618\cdots\cdots)$$

となります．もちろん，どちらで求めても

$$\text{長辺}:\text{短辺} = \frac{\sqrt{5}+1}{2} : 1 = 1 : \frac{\sqrt{5}-1}{2}$$

$$\therefore \ r:1 = 1:r'$$

となり，その長方形の形状は右図（上）のようになります．

すなわち，2辺の縦と横を区別すれば，図で1とrの長方形PQRS（横長），r'と1の長方形TRSU（縦長）となりますが，この2つの長方形の形状は同じ形（相似）になっています．

この比を線分化したのが下に示した図です．
すなわち，

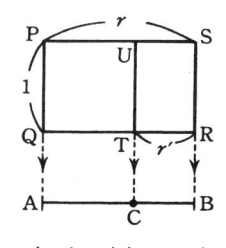

$$AB = r, \ AC = 1, \ CB = r - 1 = r'$$

と考えると，$1:r = r':1$ より

$$AB : AC = r : 1 = 1 : r' = AC : CB$$

$$\therefore \ AB : AC = AC : CB$$

この式から，一つの線分ABをこの比に点Cで分割するには，ABを全体として

$$(\text{全体}):(\text{大部分}) = (\text{大部分}):(\text{小部分})$$

となるように点Cを取ればよいことが分かります．

この比は，古代ギリシャでは**外中比**，または**外中比分割**と呼ばれ，美しい建物や彫刻などの構成に線分の分割や長方形の2辺の比の中に見られ，また，ルネッサンス期には最もバランス（均衡）のよい美の要素として研究され**神聖比**と呼ばれて建築物をはじめ造形芸術に応用され，19世紀になって**黄金比**または**黄金分割**と呼ばれるようになりました．（p.159．2．参照）

ところで，黄金比はフィボナッチ数列の隣り合う2項の比として得られる数列 $\{W_n\}$ または $\{W_n'\}$ の極限値であることが分かりましたが，数列の各項は次のように連分数に展開が可能であることから，極限の**黄金比は無限連分数で表現される**ことになります．たとえば，$\{W_n\}$ は

$$W_1 = 1$$

$$W_2 = \frac{2}{1} = 1 + \frac{1}{W_1} = 1 + \frac{1}{1}$$

$$W_3 = \frac{3}{2} = 1 + \frac{1}{W_2} = 1 + \cfrac{1}{1 + \cfrac{1}{1}}$$

$$W_4 = \frac{5}{3} = 1 + \frac{1}{W_3} = 1 + \cfrac{1}{1 + \cfrac{1}{1 + \cfrac{1}{1}}}$$

$$\vdots$$

$$W_n = 1 + \frac{1}{W_{n-1}}$$

$$= 1 + \cfrac{1}{1 + \cfrac{1}{\raisebox{-0.5ex}{$\vdots$} \atop 1 + \cfrac{1}{1}}}$$

$$\vdots$$

と無限に続き,結局,r は無限連分数に展開されることになります.

それでは,数列 $\{W_n\}$ はどのような過程を得て極限 r に近づくかを隣り合う2項の関係から調べてみよう.

$$W_{n+1} - W_n = \frac{a_{n+2}}{a_{n+1}} - \frac{a_{n+1}}{a_n} = \frac{a_{n+2}a_n - a^2_{n+1}}{a_n a_{n+1}}$$

分母は,$a_n a_{n+1} > 0$ ですが,分子の符号はどうなるでしょう.それを調べるためには,フィボナッチ数列の性質Ⅴ(p.130.参照)で証明した次の定理を利用します.

【定理】 数列 $\{a_n\}$ がフィボナッチ数列のとき

$$a^2_{n+1} = a_n a_{n+2} + (-1)^n$$

が成立する.(シムソンの等式)

この定理から,上の式は,

$$\frac{a_{n+2}}{a_{n+1}} - \frac{a_{n+1}}{a_n} = \frac{a_{n+2}a_n - a^2_{n+1}}{a_n a_{n+1}} = \frac{(-1)^{n+1}}{a_n a_{n+1}}$$

となるから,

n が奇数のとき, $W_{n+1} > W_n$
n が偶数のとき, $W_{n+1} < W_n$

したがって,
$$W_1 < W_2 > W_3 < W_4 > W_5 < \cdots\cdots$$

そこで, n を奇数と偶数に分離すると n が奇数のときは単調増加, n が偶数のときは単調減少となり, $W_1 = 1$, $W_2 = 2$ から
$$1 = W_1 < W_3 < W_5 < \cdots\cdots < r < \cdots\cdots < W_6 < W_4 < W_2 = 2$$

つまり, 数列は 1 と 2 の間を左右に振れながら限りなく $r = \dfrac{\sqrt{5}+1}{2}$ に近づくことになります. ここで, これらに関連した応用問題を見てみよう.

問題 1.

階段を 1 足に 1 段または 2 段のぼるとき, n 段の階段をのぼる仕方の個数を a_n とすれば, 次の関係がある.
$$a_{n+2} = a_n + a_{n+1} \quad (n=1, 2, 3, \cdots\cdots)$$

(1) 上の等式を証明せよ.

(2) $r_n = \dfrac{a_{n+1}}{a_n}$ $(n=1, 2, 3, \cdots\cdots)$ とおけば, $1 < r_n < 2$ である. これを証明せよ.

(3) $\lim\limits_{n\to\infty} r^n = L$ の存在はわかっているとして, L を求めよ. 　　　　自治医大.

解答

(1)は, 試問 43.(1) と同じで省略.

(2)は, 上の説明で数列 $\{W_n\}$ の値の範囲を(1)から直接導くものです.

$a_n > 0$ より, $a_{n+2} = a_n + a_{n+1}$ から
$$a_{n+2} > a_{n+1} \quad (n=1, 2, 3, \cdots\cdots)$$
$$\therefore \quad a_{n+2} > a_{n+1} > a_n$$
$$\therefore \quad r_n = \frac{a_{n+1}}{a_n} > 1 \qquad\qquad \cdots\cdots ①$$

また, $n \geqq 2$ のとき,
$$a_{n+1} = a_{n-1} + a_n, \quad a_{n-1} < a_n$$
$$\therefore \quad a_{n+1} < a_n + a_n = 2a_n$$

$$\therefore \quad r_n = \frac{a_{n+1}}{a_n} < 2 \qquad \cdots\cdots ②$$

よって，①と②から

$$1 < r_n < 2 \qquad \text{(Q. E. D)}$$

(3) $a_{n+2} = a_n + a_{n+1}$ から

$$\frac{a_{n+2}}{a_{n+1}} = \frac{a_n}{a_{n+1}} + 1$$

$$\therefore \quad \frac{a_{n+2}}{a_{n+1}} = \frac{1}{\frac{a_{n+1}}{a_n}} + 1$$

$$\therefore \quad r_{n+1} = \frac{1}{r_n} + 1$$

仮定から，$\lim_{n\to\infty} r_{n+1} = \lim_{n\to\infty} r_n = L$ より

$$L = \frac{1}{L} + 1 \quad \therefore \quad L^2 - L - 1 = 0$$

(2)から，

$$L = \frac{1+\sqrt{5}}{2} \qquad \text{【答】}$$

問題2.

O を原点とする座標平面上に点 A $(\alpha, 0)$，B(α, β)，C$(0, \beta)$ をとり長方形 OABC を考える．
ただし，$\beta > \alpha > 0$ とする．

(1) 点 P_1，Q_1 をそれぞれ線分 AB，OC 上に OAP_1Q_1 が正方形になるように定める．2 つの長方形 OABC と P_1BCQ_1 が相似である（すなわち，対応する辺の比が等しい）とき，$\dfrac{\beta - \alpha}{\alpha}$ の値を求めよ．

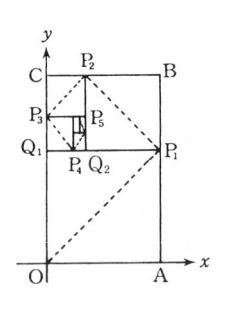

(2) α を固定し，β は(1)で求めた関係を満たすものとする．このとき長方形 P_1BCQ_1 内に(1)と同様にして長方形 $P_2CQ_1Q_2$ をつくる．以下同様に長方形をつくり，点 P_1, P_2, P_3, …… を定める．（上図を参照せよ）．
線分 P_nP_{n+1} の長さ ℓ_n $(n=0, 1, 2, \cdots\cdots)$ を求めよ．ただし，原点 O を P_0 とおく．

(3) (2)で定まる点 P_{4n} の座標 (a_{4n}, b_{4n}) を求めよ．また，自然数 n を限りな

く大きくするとき，点 P_{4n} はいかなる点へ近づくか．　　　　秋田大．(鉱山)．

黄金比を持つ長方形の問題です．少し横道にそれますが(1)を**ユークリッドの互除法**によって連分数に展開して説明してみると，

いま，順次作っていく正方形の1辺を，

$$\alpha, \ q_1, \ q_2, \ q_3, \cdots\cdots$$

とすれば，ユークリッドの互除法から

$\beta = 1\cdot\alpha + q_1$ より

$$\therefore \quad \frac{\beta}{\alpha} = 1 + \frac{q_1}{\alpha} = 1 + \frac{1}{\dfrac{\alpha}{q_1}}$$

$\alpha = 1\cdot q_1 + q_2$ より

$$\therefore \quad \frac{\alpha}{q_1} = 1 + \frac{q_2}{q_1} = 1 + \frac{1}{\dfrac{q_1}{q_2}}$$

$q_1 = 1\cdot q_2 + q_3$ より

$$\therefore \quad \frac{q_1}{q_2} = 1 + \frac{q_3}{q_2} = 1 + \frac{1}{\dfrac{q_2}{q_3}}$$

$$\vdots$$

$q_{n-2} = 1\cdot q_{n-1} + q_n$ より

$$\therefore \quad \frac{q_{n-2}}{q_{n-1}} = 1 + \frac{q_n}{q_{n-1}} = 1 + \frac{1}{\dfrac{q_{n-1}}{q_n}}$$

したがって，下から上に向かって次々に代入していくと，

$$\frac{\beta}{\alpha} = 1 + \cfrac{1}{1 + \cfrac{1}{\ddots \; 1 + \cfrac{1}{1 + \cfrac{q_{n-1}}{q_n}}}}$$

となり，これを続けて無限連分数展開すればこの値は p.155 で述べたように

$$\lim_{n\to\infty} \frac{\beta}{\alpha} = \frac{\sqrt{5}+1}{2} \quad となり，$$

$$\lim_{n\to\infty}\left(\frac{\beta-\alpha}{\alpha}\right)=\frac{\sqrt{5}+1}{2}-1=\frac{\sqrt{5}-1}{2}$$

となります．解答には簡単に次のように長方形 OABC と P_1BCQ_1 が相似であることを用います．

◀解答▶

(1) OA：AB＝P_1B：BC から

$$\alpha : \beta = (\beta-\alpha) : \alpha$$
$$\therefore \beta^2 - \alpha\beta - \alpha^2 = 0 \quad (\alpha \neq 0)$$
$$\left(\frac{\beta}{\alpha}\right)^2 - \left(\frac{\beta}{\alpha}\right) - 1 = 0$$
$$\therefore \frac{\beta}{\alpha} = \frac{\sqrt{5}+1}{2} \quad \therefore \frac{\beta-\alpha}{\alpha} = \frac{\sqrt{5}-1}{2} \quad 【答】$$

(2) $\frac{\sqrt{5}-1}{2} = r$ とおくと，$\frac{P_n P_{n+1}}{P_{n-1} P_n} = r$

$$\therefore \ell_n = r\ell_{n-1} \text{ また，} \ell_0 = OP_1 = \sqrt{2}\,\alpha$$
$$\therefore \ell_n = r\ell_{n-1}$$
$$= r^2 \ell_{n-2}$$
$$\vdots$$
$$= r^n \ell_0 = \left(\frac{\sqrt{5}-1}{2}\right)^n \sqrt{2}\,\alpha \quad 【答】$$

(3) $\overrightarrow{OP_4} = \overrightarrow{OP_1} + \overrightarrow{P_1P_2} + \overrightarrow{P_2P_3} + \overrightarrow{P_3P_4}$

$$= \ell_0 \begin{pmatrix} 1/\sqrt{2} \\ 1/\sqrt{2} \end{pmatrix} + \ell_1 \begin{pmatrix} -1/\sqrt{2} \\ 1/\sqrt{2} \end{pmatrix} + \ell_2 \begin{pmatrix} -1/\sqrt{2} \\ -1/\sqrt{2} \end{pmatrix} + \ell_3 \begin{pmatrix} 1/\sqrt{2} \\ -1/\sqrt{2} \end{pmatrix}$$

$$= \ell_0/\sqrt{2} \begin{pmatrix} 1-r-r^2+r^3 \\ 1+r-r^2-r^3 \end{pmatrix}$$

$$= \alpha \begin{pmatrix} (1-r-r^2)+r^3 \\ 1+r(1-r-r^2) \end{pmatrix}$$

$$= \alpha \begin{pmatrix} r^3 \\ 1 \end{pmatrix} = \begin{pmatrix} \alpha r^3 \\ \alpha \end{pmatrix} \quad (\because \text{ (2)より } r^2+r-1=0)$$

同様に，

$$\overrightarrow{P_4P_8} = r^4\overrightarrow{OP_4} = r^4\begin{pmatrix}\alpha r^3 \\ \alpha\end{pmatrix}, \cdots\cdots,$$

$$\overrightarrow{P_{4k}P_{4(k+1)}} = r^4\overrightarrow{P_{4(k-1)}P_{4k}} \qquad (k=1, 2, \cdots\cdots, n)$$

$$\therefore \overrightarrow{OP_{4n}} = \overrightarrow{OP_4} + \overrightarrow{P_4P_8} + \cdots\cdots + \overrightarrow{P_{4(n-1)}P_{4n}}$$

$$= (1 + r^4 + \cdots\cdots + r^{4(n-1)})\begin{pmatrix}\alpha r^3 \\ \alpha\end{pmatrix} = \frac{1-r^{4n}}{1-r^4}\begin{pmatrix}\alpha r^3 \\ \alpha\end{pmatrix}$$

ここで,

$$\frac{r^3}{1-r^4} = \frac{5-\sqrt{5}}{10}, \quad \frac{1}{1-r^4} = \frac{3\sqrt{5}+5}{10}$$

だから,

$$a_{4n} = \frac{5-\sqrt{5}}{10}\left\{1-\left(\frac{\sqrt{5}-1}{2}\right)^{4n}\right\}\alpha$$

$$b_{4n} = \frac{3\sqrt{5}+5}{10}\left\{1-\left(\frac{\sqrt{5}-1}{2}\right)^{4n}\right\}\alpha \quad n \geq 1 \qquad 【答】$$

次に, $0 < \frac{\sqrt{5}-1}{2} < 1$ から

$$\lim_{n\to\infty}\left(\frac{\sqrt{5}-1}{2}\right)^n = 0$$

$$\therefore \lim_{n\to\infty}P_{4n} = \left(\frac{5-\sqrt{5}}{10}\alpha, \frac{3\sqrt{5}+5}{10}\alpha\right) \qquad 【答】$$

　以上，フィボナッチ数列の幾何学的な問題を見てきましたが，この数列の2項の比が黄金比と結びつくことが分かりました．この比は人間の美観や自然（宇宙）の調和に関する神秘な数として数学者や芸術家等の強い関心を引いてきました．黄金比を応用したよく知られた典型的な事例を述べてみましょう．

2．美観にひそむ黄金比

(1) アテナの神殿パルテノン

　ギリシャ史で黄金時代を築いたペリクレス（B. C. 495頃-429）はペルシャ戦争で破壊されたアクロポリスの丘のアテナ・パルテノス（乙女のアテナ）の神殿を再建するため，B. C. 477年，親友で第一級の彫刻家フィディアスを総監督に任じ，イクティノスとカリクラテスの二大建築家をはじめ優れた建築家・彫刻家が国内から集められ，約10年を費やして B. C. 438年に美的に完全といわ

れた最高傑作の神殿を造営しました．細部に種々と工夫したドーリア式円柱が長方形状に配置され，全体の視覚的な調和が重視されました．完成後，凡そ900年間はアテナ神の神殿でしたが，その後は度々の戦火を受け，100年近くはキリスト教会，続く200年間は回教のモスクとなり，1687年に占拠していたトルコとヴェニスの戦いでトルコ軍が火薬庫に使用していた神殿はヴェニス軍の砲弾を浴び無惨に破壊されて建物は外郭だけが残りました．

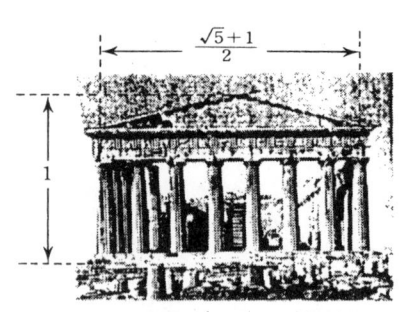

アテナの神殿パルテノン（幅．約30.9m）

　上の図は，現在の神殿の姿を東正面から見たもので，建物全体を囲む長方形が黄金比になっています．

(2) ミロのヴィーナス

　ミロのヴィーナスと呼ばれるアフロディテの女神は作者や作られた年代が不明ですが，ヘレニズム時代の貴重な傑作として人々の注目を浴びました．アフロディテ（ヴィーナス）とはギリシャ神話の海の泡から生まれた美と愛の女神を表し，神話の神々は人間と同じ容姿で崇高さや肉体美を含む像として刻まれました．

　この像は1820年4月エーゲ海ミロ（メロス）島の農夫イオルゴスが耕地から偶然発見しました．アルメニアの僧オイコノモスとメロス島に立ち寄っていたフランス海軍練習船の士官ヴェーティエがそれを知り，ヴェーティエが領事に報告したためオイコノモスやフランス領事等で買収競争が起きました．結局，フランスが買収し軍艦エスタフェート号でパリに運ばれルイ18世に献上され，現在はルーブル美術館蔵となっています．この美しい像は身長が臍（へそ）で黄金分割されています．

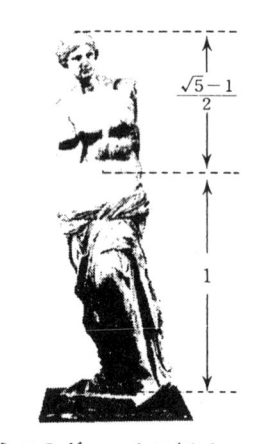

ミロのヴィーナス（像高204cm）

(3) ピタゴラス学派の紋章（ペンタグラム）

ピタゴラス学派は正多面体が5種に限ることを発見し，証明したと云われています．これらの正多面体のうち，正四，正六，正八，正二十面体の側面は正三角形または正方形ですが，正十二面体の側面だけは正五角形となっています．これから，ピタゴラス学派は正五角形の作図法を知っていたことが推測されます．正五角形には次のように黄金分割が含まれています．

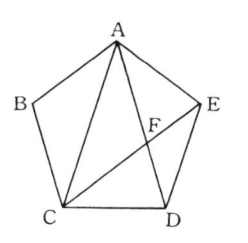

点Fが線分ADを黄金分割

　いま，正五角形をABCDEとし，対角線ADとCEの交点をFとすると，△ACDと△CDFにおいて，

$$\angle CAD = \angle DCF$$
$$\angle ADC = 共通$$
$$\therefore \triangle ACD \sim \triangle CDF$$

よって，AC：CD＝CD：DF
　　　ここで，AC＝AD，CD＝CF＝AF
　　　$\therefore$　AD：AF＝AF：DF

となり，点Fは線分ADを外中比（黄金）分割しています．この正五角形に対角線を引くと内部に星形五角形（ペンタグラム）ができその内部に，また正五角形 A′B′C′D′E′ が生じます．次々に対

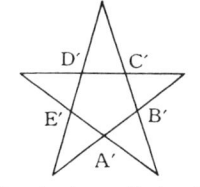

ピタゴラス学派の紋章
（ペンタグラム）

角線を引いていくと内部に無限の星形五角形と正五角形が含まれることになります．しかも対角線は互いに他を黄金分割をしています．この神秘な星形五角形をこの学派は紋章に採用して強く団結していました．

　歴史家のイアンブリコスはピタゴラス学派と星形五角形に関して，彼の著『ピタゴラス伝』に"この学派は秘密主義の集団で内部のことを口外することは厳禁であったにも拘わらず，門下のヒッパソスは衆人の前で正十二面体の球体（球に内接する正十二面体）を描くという不敬を働いたため海で溺死した."また，"学派のある人が長旅の途中に宿泊先で病に倒れ長期の治療を要し，文無しとなった．宿の主人はそんな彼を親切に介護したが，その甲斐もなく亡くなった．死の前，彼は書示板に紋章を描き万一のときはこれを通りに掲げて置くように言ったので，主人は言われたように書示板を通りに掲げておいた．か

なり月日を経たのちピタゴラス学派の1人が通りかかり，その紋章を見て立ちよった．主人から事の経緯を聞いた後，お礼を述べて要した費用以上の金を払って立ち去った．"という挿話を伝えています．この伝説はピタゴラス学派の厳しい掟と団結の強さを表すものとされています．

(4) レオナルド・ダ・ヴィンチの「人体図」

レオナルド・ダ・ヴィンチ（Leonardo da Vinci. 1452-1519）は1482年にミラノに赴きミラノ公ルドヴィコ・イル・モーロに自薦状を提出し仕えました．当時，宮殿には優秀な美術家，音楽家，医者，科学者などが雇われ居が与えられていました．この間レオナルドはローマの建築家ポッリオ・ヴィトルヴィウス（B. C. 1世紀頃）の『建築論』に魅せられ，1492年に有名な「ヴィトルヴィウス的人間」のデッサンをメモを付けて描きました．メモはデッサンの上下にあり，"建築家ヴィトルヴィウスは彼の建築の著作で，人体の寸法は自然から導かれるとして，次のように記している……"と各部の寸法を示し，"人体の中心は臍である．なぜなら，もし人が手と足を広げて仰向けに寝かされ，コンパスの先端が臍に置かれるならば，円を描くことで両方の手と足の指が円に接する．さらに，人体に円の図形が作られるのと同様に，正方形も人体に見いだされるだろう．……"とヴィトルヴィウスの記述内容を記しています．レオナルドはこの理論を試すため，自分の裸体を鏡に映してデッサンしたと言われています．

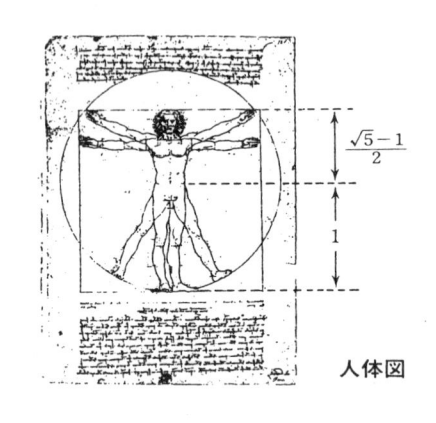

人体図

デッサンは，メモに基づき2つのポーズを重ねて描いたもので，1つは両手を頭の位置に指先がくるように広げ，足は大の字状に広げた体が臍を中心とする円に接し，もう一つは両手を水平に広げて直立したもので，男性のシンボルを中心とする正方形に接したものです．この「ヴィトルヴィウス的人間」に描かれた図で，正方形の1辺と円の半径の比が黄金比となっています．すなわち，臍が身長を黄金分割するミロのヴィーナスと同じ構成になっています．

レオナルドが名画「最後の晩餐」を完成した1496年にルドヴィコ公に招かれた数学者**ルカ・パチオリ**（Luca Pachioli. 1445？-1517？）がミラノへ来まし

た．パチオリはフランシスコ修道会修道士でそれまでイタリアの諸都市を転々として数学の研究や講義をしながら過ごしていましたが，1494年にはフィボナッチ以来の本格的な算術書『算術大全』を著しました．ミラノに来てパチオリは比例論を研究していましたが，この理論に関心を持っていたレオナルドはすぐ友人となりました．そして，1498年パチオリが『神聖比例論』（出版は1509年）を著したとき，挿図のア

『算術大全』の最初のページに描かれたパチオリの像．

ルファベットの頭文字や立体幾何学図形（正多面体）などすべてレオナルドが比例法則に基づき精巧に描いて協力しました．パチオリはこの書のルドヴィコ公への献辞の中で「最後の晩餐」を賞賛し協力への丁寧な謝意を述べています．神聖比例とは黄金分割のことであることはすでに述べた通りです．この書の完成の2年後，フランス軍の進入で2人はミラノを去り別れました．

3．フィボナッチ数と葉序の神秘

　フィボナッチ数列の源は「兎の繁殖問題」で，我が国の塵劫記にある「ねずみ算」と同様に動物の繁殖力を扱った問題です．兎もねずみと同じく繁殖力は強いのですが，しかし実際の繁殖状態とは異なり問題のためモデル化したものであることは塵劫記のねずみの場合と同じです．

　一般に，兎というときは野兎（hare）と飼い兎（rabbit）に別れ，飼い兎はヨーロッパ中南部，アフリカ北部に生息していた穴兎（rabbit）が順化したものです．ヨーロッパでは15～16世紀になってから広く飼われ，ローマ人達は増やして食用としました．また，中世以降，航海中の食用や航路の島々での飼兎として連れ出されて各地に広がりました．19世紀にオーストラリア大陸では大繁殖して草や若木の樹皮や畑の農作物を餌として大被害が出たため駆除に苦慮しました．（我が国に初めて渡来した年代ははっきりしませんが，室町時代の天文年間にオランダ人が飼育を勧めています．徳川時代には食用として兎肉市も開かれています．仏教での肉食への負い目から鳥に似せて1羽，2羽と数えました．）さて，兎の繁殖は生後6ヶ月くらいから繁殖力が付き，妊娠期間は約1月で1回に4～6匹の子を産むのが普通です．

このように「兎の繁殖問題」の繁殖パターンは仮想のモデルで，実際の個体数はフィボナッチ数列に従わないが，不思議なことに自然界で植物の花びらの数や花頭にできる種子の配列による螺旋模様などにフィボナッチ数が多く見られることが分かり，18世紀の中頃から**葉序研究**で注目されるようになりました．

ヒマワリの花頭
（螺旋数：時計回り34，反時計回り55）

カラマツの松笠
（螺旋数：時計回り8，反時計回り5）

たとえば，ヒマワリの花頭は時計回りと反時計回りの2種の螺旋が互いに調和する形で分布し，種類によって34と55，55と89，89と144などがあり，松かさ（松ぼっくり）は普通，カラマツは8と5，アメリカカラマツなどは5と3の鱗片となってフィボナッチ数となっています．

また，パイナップルの花鱗は左傾斜が8列，右傾斜が13列でこれらもフィボナッチ数となっています．読者も庭先や公園また野山を散策するとき草花や樹木を注意してみると必ずフィボナッチ数に出会うに違いありません．

エジンバラの生物学者ダージー・ヴェントワース・トンプソン（D'Arcy Wentworth Thompson. 1860-1948）は，植物の世界では特定の数と，それに関連した螺旋幾何学が密接な関連性をもつことを，

「植物において花びら，がくやすべての特徴は普通，フィボナッチ数列，

$$1, 2, 3, 5, 8, 13, \cdots\cdots$$

となっており，その例外は
(a) これらの数の2倍になってはいるが依然としてフィボナッチ数列となる．
(b) 最初は異なる数ではじまるがフィボナッチ数列とおなじ**加法的なパターン**の「異常数列」の

$$1, 3, 4, 7, 11, 18, \cdots\cdots$$

に基づいている．」と説明しています．

そして，兎の繁殖の系統図で，子と親に2個の細胞を対応付けて，（p.119.

試問42.参照)
　子には1シーズン中に成熟し分岐する未成熟の細胞,親には未成熟な細胞を産み,それ自身が成長を続ける間に分岐する細胞で樹木の**成長モデル**を考えました.(成長には**フラクタル**(＝自己相似)が含まれています.)

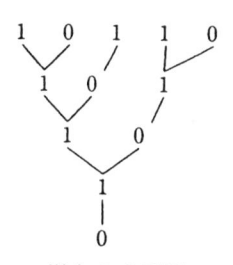

樹木の成長図
(1は成熟細胞,0は未成熟細胞)

4．パスカルの三角形

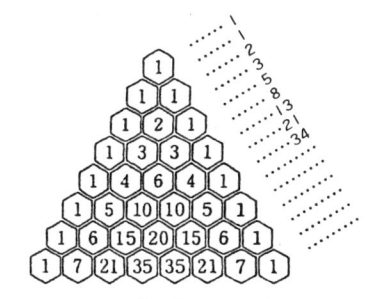

パスカルの三角形

　二項係数から作られるパスカルの三角形の中には上図のようにフィボナッチ数列が含まれています．点線の方向にそって並ぶ数の和がフィボナッチ数となる．

5．裁ち合わせパズル

　最後に,西欧に古くからある次のパズルを上げておきますので,楽しんでください.
　いま,1辺が8の正方形を図の如く4つの部分に裁断(左図)して,これらの部分を繋ぎ合わせて2辺が13と5の長方形(右図)を作った.
　ところが,正方形の面積は64,長方形の面積は13×5＝65である.差の1は

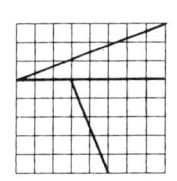

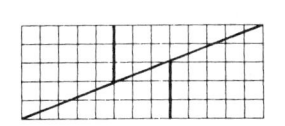

どうして生じたか．

(ヒント) 推測は直ぐつくでしょうが，証明をして欲しいものです．

ここに与えられている数値が $a_1=5$, $a_2=8$, $a_3=13$ となっています．つまり，フィボナッチ数列です．シムソンの等式 (p.130) を思い出したら解決です．同じことは a_1, a_2, a_3 が連続したフィボナッチ数のとき常にいえます．

ここで，$a_1=\dfrac{8}{r^2}$, $a_2=\dfrac{8}{r}$, $a_3=8$

(r は黄金比) を満たすように裁断すると理論的には正方形を長方形に変えることが可能です．

試問44. の解答

(1) 下図のように，長方形 ABCD に時計回りに正方形，ABEF, FGHD, HIJC を順々に作図すると**長方形 EJIG** が求める長方形である．

(**理由**) 正方形 ABEF において，

$$EF = a_2 + a_3 = a_4$$

正方形 FGHD において，

$$GH = a_3 + a_4 = a_5$$

正方形 HIJC において，

$$IJ = a_4 + a_5 = a_6$$

∴ 長方形 EJIG の面積 $= \sum_{k=1}^{6} a_k^2$

(2) (1)において，

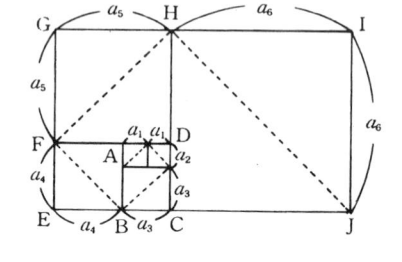

$$\text{長方形 EJIG の面積} = EG \cdot EJ = IJ \cdot EJ = a_6 a_7$$

$$\therefore \alpha = 6, \ \beta = 7 \quad 【答】$$

これから，

$\sum_{k=1}^{n} a_k^2 = a_\alpha a_\beta$ のとき，

$$\alpha = n, \ \beta = n+1 \text{ と推測できる．} 【答】$$

証明：(数学的帰納法)

I．$n=1$ のとき

左辺 $=1$, 右辺 $=a_1 a_2 = 1$

よって，$n=1$ のとき成り立つ．

II. $n=m$ のとき成り立つと仮定すると

$$\sum_{k=1}^{m} a_k{}^2 = a_m a_{m+1}$$

ここで，両辺に a_{m+1}^2 を加えると

$$\sum_{k=1}^{m+1} a_k{}^2 = a_m a_{m+1} + a_{m+1}^2 = a_{m+1}(a_m + a_{m+1}) = a_{m+1} a_{m+2}$$

よって，$n=m+1$ のとき成り立つ．

ゆえに，I．とII．からすべての自然数 n について成り立つ． **(Q. E. D)**

(参考文献)

1. 『フィボナッチ数・再帰数列』ヴォロビエフ・マルクシェヴィテ著．筒井孝胤訳．東京図書．1966．
2. 『生命に隠された秘密』イアン・スチュアート著．林昌樹．勝浦一雄訳．愛智出版．2000．

11. 人口の問題

(i) 人口は等比数列的に増加する

【試問45】

ある都市の人口統計表によれば，1か月間の出生数および転入数は，それぞれの月初めにおける人口の $\frac{1}{250}$ および $\frac{1}{125}$ であり，1か月間の死亡数および転出数は，同じく，それぞれ $\frac{1}{500}$ である．

次の(1)〜(2)の問いに答えよ．

(1) 今月の月初めの人口を a とし，n か月後の月初めの人口を x_n として，x_n を a と n で表せ．

(2) 月初めの人口が今月の月初めの人口の2倍以上になるのは，何年何か月後か．

ただし，$\log_{10}3 = 0.4771$，$\log_{10}5 = 0.6990$，$\log_{10}7 = 0.8451$ として計算せよ．

立教大．(社会)．

人口の増減（変動）の要因は次の自然的変動と社会的変動によります．それは

自然的変動＝(出生数)－(死亡数)
社会的変動＝(転入数)－(転出数)

したがって，人口の増減はこの2つの変動数の和となり，これを元の人口で割るとその増加率(＝変動率)が得られます．

ある月初めの人口を A，各月の増加率が一定 R のとき，n か月後の人口 x_n は，

$$x_1 = A(1+R)$$
$$x_2 = A(1+R)^2$$
$$\vdots$$
$$x_n = A(1+R)^n \qquad \cdots\cdots ①$$

となり複利計算と同じであることが分かります．また，①式で，$1+R=r$ と置くと

$$x_n = Ar^n \quad \cdots\cdots ②$$

となり，x_n は n の指数関数となります．さらに，②式で，$Ar=a$ と置くと

$$x_n = (Ar)r^{n-1} = ar^{n-1} \quad \cdots\cdots ③$$

より，数列 $\{x_n\}$ は初項が a，公比 r の等比数列となり，以上から，**人口は等比数列的に増加する．**といえることになります．

　人口は何等の障害もなく（自然的）増加を続けるとき，その増加は等比数列的となるだろうという考えは古くからありました．しかし，もしそうであるなら，地上はすでに人で埋め尽くされているはずだという反論もありました．実際，ある都市では人口が停滞ないし減少した例もあることから無限に増加はしないと主張され，これらの両論は論争へと発展しました．**人口動態の研究**は16世紀頃から始まり初期においては実証できる資料もなく前述のような根拠のない推理による議論が殆んどでした．17世紀には生死統計も作られ，それによって増加速度を求めようとしていろいろな**倍加年数**（2倍となる年数）の計算が試みられ，人類の始まりとして，

　　　1．アダムとイヴの1組の夫婦から．
　　　2．洪水後のノアの1族の8人から．

などが採用され，どれだけの人間が生まれてきたのかと総人口の計算もなされ，次第に実証的な方向に発展しました．しかし，資料による倍加年数を計算する方法も値も種々と異なり人口の等比数列的増加の式的な説明はないままでした．18世紀に入って論争はますます激しさを増し，例えば，モンテスキューは「現在の地上の人口はシーザーの時代に比べて1/50に過ぎず，人口は減少してきている．」と減少論を唱えたのに対し，ヒュームは「もし，すべての条件が同一ならば人口は増加すると考えるのが自然である．」と反論しました．特に，**ジュースミルヒ**は人口は神の命令"産めよ，増えよ，地に満ちよ．"に従って増加すると考え，それを証明しようとして減少論に強く反論しました．友人の数学者**オイラー**に統計表から増加率の求め方や等比数列を作る方法を学び，また増加率のいろいろな値に対するする倍加年数を計算してもらって初めて人口増加を等比数列で計算した著書を書きました．等比数列の倍加計算は対数計算を伴い大変難しかったようです．また，オイラーはジュースミルヒの頼みによって人口増加のモデル表を作成しました．後述するこの表は人口増加が等比数列的増加することが説明可能な貴重な表で，後世オイラーは**解析的人口論**を築い

たとされています．（余談2．(3)参照）

ヒント
(1) 問題では，出生率，死亡率，転入率，転出率が与えられています．すなわち，

$$自然的増加率 = \frac{出生数 - 死亡数}{初めの人口}$$

$$社会的増加率 = \frac{転入数 - 転出数}{初めの人口}$$

$$増加率 = 自然的増加率 + 社会的増加率$$

が得られます．
　　よって，これから x_n, x_{n-1} の漸化式を作り x_n を求めることになります．
(2) 倍加年数を求めるもので(1)を利用して不等式を解くだけです．

余談
1．指数的増殖の問題

　人口の増加は複利計算と同じ形の指数関数となることは前に述べた通りですが，一般に生物群（または，集団）は餌や適切な繁殖場所が充分あり何等の障害もないとき，個体の増殖は指数関数と考えられ，このような繁殖の仕方を**指数的増殖**（または，マルサス的増殖）(注1) と言います．『塵劫記』のネズミ算も指数的増殖の計算であったことになります．現在では，生物の個体数の動態変化は**数理生物学**の分野でいろいろな条件を考慮し増殖過程のモデル化により差分方程式や微分方程式を用いて研究されています．

　入試で指数的増殖に関する例としてよく用いられるものに複利計算の他に細胞や単細胞のバクテリアの分裂があります．バクテリアは核とこれを囲む細胞質からなり，分裂は1つの細胞（母細胞）の核が2分してそれを囲む細胞質に新しい境界が生じ2個の細胞（娘細胞）となる過程を次々に繰り返すことで増殖していきます．この増殖の仕方を**細胞分裂**と言います．

　いま，最初に a 個のバクテリアが単位時間にそれぞれ1回分裂を繰り返すとき t 時間後の個体数 x は，

$$x = a2^t \qquad \cdots\cdots ①$$

となります．よって，t 時間後の変化率，すなわち増加率は

$$\frac{dx}{dt} = a(\log 2) \cdot 2^t = (\log 2) \cdot x$$

ここで，$\log 2$ は定数より k とおくと，

$$\frac{dx}{dt} = kx \qquad \cdots\cdots ②$$

となり，**指数的増加では増加率は個体数に比例している**ことになります．逆に②の微分方程式を初期条件，$t=0$ のとき，$x=a$ で解くと①が導かれます．（ただし，$k=\log 2$）

そこで，実際に問題を解いてみよう．

問題 1．

あるバクテリアの増殖率 $\frac{dx}{dt}$ は，そのときの量 x に比例し，その比例定数が k であるという．

(1) x を時間 t の関数で表せ．
(2) このバクテリアが m 倍になるまでの時間は一定であることを示せ．

東海大．（エ）．

この増殖が指数的増殖となることは述べたとおりですが，ここでは，微分方程式を解いてそれを確かめ，その性質を調べるものです．

◀解答▶

(1) 題意から，

$$\frac{dx}{dt} = kx \text{ より } \frac{1}{x}dx = k\,dt$$

両辺を積分して，

$$\log|x| = kt + C' \quad (C' \text{ は積分定数})$$
$$= \log e^{kt+C'}$$
$$\therefore \ |x| = e^{kt+C'} = e^{C'}e^{kt}$$
$$\therefore \ \boldsymbol{x = Ce^{kt}} \ (\boldsymbol{C = \pm e^{C'}} : \text{定数}) \qquad \text{【答】}$$

ここで，最初 1 個のバクテリアであったとすれば，$t=0$ のとき，$x=1$ より，$C=1$ から $x=e^{kt}$ となり，さらに比例定数が

$k=\log 2$ のとき $e^{\log 2}=2$ から

$$x = 2^t \text{ となります．}$$

(2) $t=t_1$ から $t=t_2$ までに m 倍になるとすれば,
$$x = Ce^{kt_1}, \quad mx = Ce^{kt_2}$$
だから,それぞれ対数をとると,
$$\log x = \log C + kt_1 \tag{i}$$
$$\log m + \log x = \log C + kt_2 \tag{ii}$$
(ii)−(i)から
$$\log m = k(t_2 - t_1)$$
$$\therefore \quad t_2 - t_1 = \frac{1}{k}\log m = \log \sqrt[k]{m}$$

よって,この値は一定である.　　　　　　　　　　　　　(Q. E. D)

ここで,$k=\log 2$,$m=2$ とおくと,

$t_2-t_1=1$ となり単位時間に2倍となることになります.

次の問題も同じ内容から課題としておきます.ただし,上の解答では自然対数を用いましたが,この問題は常用対数を使用することになっています.

● **課題** ●

最初 N_0 個あったバクテリアが t 時間たつと N 個に増殖する場合,微分方程式 $\dfrac{dN}{dt}=kN$ が成り立つものとする.ただし,k は正の定数である.

(1) N を k の関数で表せ.

(2) 3時間後に N が3倍になったとすると,最初の8倍になるのは何時間後か.$\log_{10}2=0.3010$,$\log_{10}3=0.4771$,を用いて小数第1位で求めよ.

島根医大.

(1)は,微分方程式を解く問題です.(2)は,(1)から3時間後に3倍になることから e^k の値を求めて,これを利用します.

答;(1)　$N=N_0 e^{kt}$,(2)　5.7時間後

以上は,微分方程式を解き何倍かに増加する時間を求めるものですが,バクテリアの個体数を求めるのが次の問題です.

問題 2.

バクテリアの個数は,時間がたつにつれて増加していく.いま,時刻 t におけるバクテリアの個数を y とすれば,y の変化率は y に比例するという,こ

の比例定数を $k(>0)$ とすれば，微分方程式 ① が成り立つ．この一般解は C を任意定数として，$y=$ ② と表される．これより，バクテリアが毎時10%の割合で増加するとし，現在100個のバクテリアの10時間後の個数を $y(10)$ とすれば，$C=$ ③ となるから，$y(10)=$ ④ ，よって，$y(10)$ は小数点以下第1位を4捨5入すると ⑤ 個となる．　　　　　東北工大．

◀解答▶　①，②はこれまで述べた通りです．

① $\dfrac{dy}{dt}=ky$，② $y=Ce^{kt}$ となり，毎時10%の割合で増加するから $k=\dfrac{1}{10}$，また $t=0$ のとき ③ $C=100$ となるから，$t=10$ のとき，④ $y(10)=100(e^{1/10})^{10}=100e$，ここで，$e \fallingdotseq 2.718$ より ⑤ 272個となります．

2．倍加計算から解析的人口論への過程

　人口増加論では増加速度の必要から倍加年数が推測や計算でいろいろな値が求められました．ここでは，初めて等比数列を導いて倍加計算を行ったジュースミルヒやそれを援助して解析的人口論を築いたオイラーの人口増加のモデル表の作成に至るまでの大筋を述べてみよう．

　(1)　ジョバンニ・ボテロの推理（16世紀）

　16世紀末にイタリアの修道僧**ジョバンニ・ボテロ**（Giovanni Bottero. 1544-1617）は，当時イタリアの諸都市ローマ，ミラノ，ヴェニチアの人口が往時に比して衰退し，一向に増加しないのは何故かを考え，"もし，他の妨げがなければ人口の増加は無限で都市の膨張は際限がないだろう．増加しないのは食料の欠乏により生じている．"（1588年）と述べて以来，自然的増殖力がどれ位の大きさになるかに関心がもたれるようになりました．

　(2)　グラントとペテイの計算（17世紀）

　ジョン・グラント（John Graunt. 1620-74）はジョバンニ・ボテロとは逆に，ロンドンを度々襲った黒死病（ペスト）により大量死があったにもかかわらずロンドンの人口が次第に回復するのは何故だろうかと疑問をもち，教会の記録によりロンドンの埋葬数（死亡）と洗礼数（出生）を調べて『死亡表に関する自然的および政治的**諸観察**』（1662年）を出版しました．

　この疑問についてロンドンと地方の埋葬数と洗礼数の比を調べ

(ロンドン) 洗礼：死亡＝11：12
(地　方) 洗礼：死亡＝63：52

を知り，ロンドンでは人口は次第に減少し，地方では逆に増加することになるが，地方の人口は280年で倍加するのに対しロンドンの人口は約70年で倍加すると考えました．ロンドンの倍加年数が地方の1/4と早いと考える理由は子を産む者の多数が地方からロンドンへ流入して，地方の者は殆ど地方で子を産むがロンドンでは多くの地方生まれの者が子を産み，しかも1年に6,000人の人々が地方からロンドンへ流入しているからだと考えました．グラントは倍加の計算法は示しておらず，根拠の不十分さは否めないものの人口増加を生死統計に基づいて実証しようとしたことが注目されました．

グラントの実証的な方法を継承したのは友人の**ウィリアム・ペテイ**（Willam Petty. 1623-87）でした．ペテイは『ロンドン市の発達に関する政治算術の一論考』(1683) でグラントのデータを参考に人口の倍加計算をしました．

人口が倍加する時間の計算は大変困難であるため，600人の人口が倍加する例を次の3通りの場合で考えました．

1つ目は，死亡：出生＝23：24のとき，毎年の死亡が12人とすれば，出生12.52…となる．従って，毎年0.52…人の増加であるから600人の増加には1126年（実際は1154）経なければならないが，これを概数で考えると1200年となる．

2つ目は，出生可能な15歳から44歳までの女子は600人中180人で，これらの女子は2年に1回子供を産むとすれば出生90人になるが，疾病，流産，不妊等により15人を除くと75人の出生が残る．それに埋葬が毎年15人に過ぎないとすれば，増加は60人であるから600人の増加には10年を経る．

以上の結果の人口倍加が1200年と10年では余りに差が大きいから調和させると，

3つ目は，毎年の死亡数を50と30の中間の40人に1人とし，出生と埋葬の比は24：23と5：4の中間の10：9とすれば，600人については死亡15人，出生16人と2/3となる．従って，増加は1人と2/3＝5/3人だから600人の増加には360年となる．

ペテイは教養もあり数学的知識をもちながら**単利計算**をしています．ペテイ

の関心はグラントのように出生や死亡の実態に注目するより，その結果を利用して，例えばロンドンの人口の推計をするなど**政治算術**に関心がありました．

(3) **ジュースミルヒとオイラー**（18世紀）

ドイツの**ジュースミルヒ**（Johann Peter Süssmilch. 1707-67）は人口現象は神の意志に基づくと考えその証明をしようと『出生，死亡及び繁殖より証明された人類の諸変動に存する**神の秩序**』(1741) を出版しました．丁度その年ダランベールの推薦によりフリードリッヒ大王の招請を受けた**オイラー**がサンクト・ペテルスブルク学士院からベルリン学士院に移ってきました．この学士院で2人は友人となり，ジュースミルヒはオイラーに人口の指数的増加の計算法や倍加年数のモデル表の作成などの援助を得てそれらを含めて初版を大増補の上，20年後の1761-2年に第2版を出版しました．

その倍加計算法を現代風に要約してみると，

いま，人口36000人があって，増加率が年1/72とすると，

$$第1年目は \quad 36000 (人)$$

$$第2年目は \quad \frac{73}{72} \cdot 36000 (人)$$

$$第3年目は \quad \frac{73}{72}\left(\frac{73}{72} \cdot 36000\right)(人)$$

$$\cdots\cdots\cdots\cdots$$

等となる．このようにして，**一つの数列が成立し，この数列から倍加期間が決定できる**．と言っています．そして，オイラーの倍加年数のモデル表は，人口10万人とし，36人につき1人が死亡する場合，死亡：出生＝10：a と置くとき，a の値が11から22までと，25，30に関するものです．この表を利用して，当時の平均的な場合は，$a=13$ であるとして計算を行っています．その証明を加えれば，

死亡者数を求めると

$$100000 \div 36 = 2777 (人)$$

出生者数を b とすれば，

$$10 : 13 = 2777 : b$$

$$\therefore \quad b = \frac{13}{10} \times 2777 = 3610 (人)$$

よって，増加数は
$$3610 - 2777 = 833 (人)$$
これから，増加率は
$$\frac{833}{100000} = \frac{1}{120}$$
そこで，倍加年数を n 年とすれば，
$$\left(\frac{121}{120}\right)^{n-1} \times 10^5 = 2 \times 10^5$$
より，両辺対数をとり n を求めると，
$$n = 85 (年)$$
となります．(しかし，オイラーの表では増加数を722とし，倍加年数が96年となっています．) これから，100年以内でも倍加は可能となると言っています．さらに，オイラーの助力について，

"……，私は今一つ，オイラー教授が数年前私の懇請により（倍加計算）によって作成してくれた他の表を示そう．この表は極めて見事な出来栄えであり省略するに忍びない．……しかもここに示された増加速度は後で私が導く結論より控えめな仮定に基づいた表であるが，それによっても300年後には1組の夫婦から400万人の子孫が生じ得る．"とし，そのオイラーのモデル表は次の5つの仮定に基づくものでした．

1．最初20歳の2人の夫婦がある．
2．その子孫は常に20歳で結婚する．
3．各婚姻から6人の子供が生まれる．
　　ただし，同じ年齢の者同士が適時に結婚するものとする．
4．常に双生児で生まれるとし，各婚姻から最初の1組は22才，次の組は24才，第3の組は26才の時に生まれる．
5．すべての子供は存命し，結婚し，かつ40才まで死亡しない．

この表は2年間隔で300年後まで示してあります．最初の50年までの抜粋したものが次の表です．

オイラー：等比数列的人口増加のモデル表

年次	出生者数	総　数	死亡者数	生存者数
0	0	2	0	2
2	2	4	0	4
4	2	6	0	6
6	2	8	0	8
8	0	8	0	8
10	0	8	0	8
12	0	8	0	8
14	0	8	0	8
16	0	8	0	8
18	0	8	0	8
20	0	8	2	6
22	0	8	2	6
24	2	10	2	8
26	4	14	2	12
28	6	20	2	13
30	4	24	2	22
32	2	26	2	24
34	0	26	2	24
36	0	26	2	24
38	0	26	2	24
40	0	26	2	24
42	0	26	4	22
44	0	26	6	20
46	2	28	8	20
48	6	34	8	26
50	12	46	8	38

このモデル表から，人口が等比数列となることを導いています．

まず，表の出生者欄に注目しよう．いま，t 年次の出生数を $N(t)$ とすると，$t \geqq 26$ のとき

$$N(26) = N(0) + N(2) + N(4) = 0 + 2 + 2 = 4$$
$$N(28) = N(2) + N(4) + N(6) = 2 + 2 + 2 = 6$$
$$N(30) = N(4) + N(6) + N(8) = 2 + 2 + 0 = 4$$
$$\vdots$$

が成立しています．そこで，年次の間隔が2か年単位になっているから，出生数列

$$N(2),\ N(4),\ N(6),\ \cdots\cdots$$

を簡単な数列，

$$N_1,\ N_2,\ N_3,\ \cdots\cdots$$

に置き換えると，前式は一般化して

$$N_t = N_{t-13} + N_{t-12} + N_{t-11} \quad (t \geq 13) \tag{①}$$

と漸化式で表されます．

そこで，この漸化式から数列 $\{N_t\}$ が t が大きくなるにつれて等比数列に近づくことの骨子を示します．そのため，次のような有理関数の展開式を利用します．

$$\frac{1}{1-x^{11}-x^{12}-x^{13}} = p_0 + p_1 x + p_2 x^2 + p_3 x^3 + \cdots\cdots \tag{I}$$

この左辺の分母を払って係数を比較すると，

$$p_0 = 1$$
$$p_1 = p_2 = p_3 = \cdots\cdots = p_{10} = 0$$
$$-p_0 + p_{11} = 0$$
$$-p_0 - p_1 + p_{12} = 0$$
$$-p_0 - p_1 - p_2 + p_{13} = 0$$
$$-p_1 - p_2 - p_3 + p_{14} = 0$$
$$-p_2 - p_3 - p_4 + p_{15} = 0$$
$$\vdots$$

となります．すなわち，$\nu \geq 13$ のとき

$$-p_{\nu-13} - p_{\nu-12} - p_{\nu-11} + p_\nu = 0$$
$$\therefore\quad p_\nu = p_{\nu-13} + p_{\nu-12} + p_{\nu-11} \tag{II}$$

となり①式と同じ(II)式が得られます．

ここで，「Capelli（カペーリ）の定理」を(I)に適用します．その定理は，(I)式の分母について

$$1 - x^{11} - x^{12} - x^{13} = 0$$
$$\therefore\quad x^{13} + x^{12} + x^{11} - 1 = 0 \tag{III}$$

が少なくとも1つ実根を有するとき，その絶対値の最大のものを k とすれば，

$$\lim_{\nu \to \infty} \frac{p_{\nu+1}}{p_\nu} = k$$

である．（証明略）というものです．

そこで，(Ⅲ)式の実根の有無を調べるため
$$f(x) = x^{13} + x^{12} + x^{11} - 1$$
置くと，$f(x)$ は奇関数より $f(x)=0$ は少なくとも1つ0でない実根をもつから，$p_{\nu+1}/p_\nu$ は定理より極限値 k をもちます．

よって，①式から，
$$\lim_{t\to\infty}\frac{N_{t+1}}{N_t} = k$$

したがって，t が大きくなるにしたがって，数列 $\{N_t\}$ は等比数列に近づきます．

また，オイラーのモデル表では生存者の総数は過去40年間の出生総数，すなわち，出生数20項の和に等しいことから，

いま，t 時の人口を P_t とすれば，
$$P_t = N_t + N_{t-1} + \cdots\cdots + N_{t-19}$$
$$\therefore \lim_{t\to\infty}\frac{P_{t+1}}{P_t} = 1 + \lim_{t\to\infty}\frac{N_{t+1} - N_{t-19}}{N_t + N_{t-1} + \cdots\cdots + N_{t-19}}$$
$$= 1 + \frac{k - (1/k)^{19}}{1 + (1/k) + \cdots\cdots + (1/k)^{19}} = k$$

以上から，人口（生存者）総数も極限において幾何級数的に増加することになります．(注2)

オイラー自身はジュースミルヒの『神の秩序』の初版の出版から7年後の1748年に**『無限解析入門』**(注3)を出版していますが，この書には"第6章　指数量と対数"で人口増加の問題について，次のような例題を4題だけ取り上げています．

（第107節〜第110節）

例2．ある地域の人口は毎年 1/30 ずつ増加するとき，はじめの人口が10万人ならば100年後の人口はいくらか．

例3．洪水の後，6人の人間から始まって人類が繁殖したとするとき，200年後には既に100万人に達したとする．この場合，人口はどの程度の割合で増加したか．（註．ノア夫婦は高令のため，3人の息子夫婦の6人か？）

例4．1世紀ごとに人口が2倍になるとき，年間の人口増加率を求めよ．

(第111節)

例1．人口が毎年 1/100 ずつ増加するとき，人口が10倍になるのは何年後か．オイラーの解答は指数表示と対数計算を用い現代式に扱われています．

3．マルサスの人口論

人口論と云えば**マルサス**（Thomas Robert Malthus. 1766-1834）の『**人口原理に関する一論**』(1798年)(註.4)がすぐ浮かびますが，前述したようにマルサスに至るまで様々な多くの論争を通じて人口秩序の発見に努力が払われてきました．この流れに対しマルサスは**人口増加**と**食料増加**の比較や人口を生活資料の水準に抑制する方法については見逃したり，軽く扱われていると考えました．そして，ゴドウインの"人間社会においては，1つの原則があり，この原則によって，人口は永久に生活資料レベルに引き下げられる．"などの論に反対して，次の2つの公準から**人口原理**を演繹しょうとしました．
1．食料は人間の生存に必要である．
2．男女の性欲は必要であり，今後も現状のまま変わらない．

この公準から，次の命題を取り上げています．

命題：人口は，妨げなければ，等比数列で増大し，人間のための生活資料は等差数列で増大する．

また，人口は抑制されない場合には25年ごとに倍加を続ける．

この，25年ごとに倍加の引用はアメリカ合衆国の統計で，アメリカはヨーロッパの諸国に比べ生活資料も豊富で，人々の風俗はより純潔であり，早婚に対する制限が少なかったからとしています．この命題から人口の増加力は生活資料を生産する土地の力より遙かに大きくなるから，これら不等な2つの力が保たれるよう抑制の必要性を述べたものです．しかし，当然ながらこの原理にも賛否両論ありました．

試問45．の解答

(1) 1か月の増加率を P とすると，
$$P = \left(\frac{1}{250} - \frac{1}{500}\right) + \left(\frac{1}{125} - \frac{1}{500}\right) = \frac{1}{125}$$

したがって，

$$x_1 = a(1+P), \quad x_2 = a(1+P)^2, \cdots\cdots$$
$$\therefore \quad x_n = a(1+P)^n = a\left(\frac{126}{125}\right)^n \quad \text{【答】}$$

別解：漸化式 $x_1 = a(1+P)$, $n \geq 2$ のとき, $x_n = x_1 \cdot x_{n-1}$ を解いてもよい

(2) n か月後に2倍以上になるとすると，(1)から，
$$a\left(\frac{126}{125}\right)^n \geq 2a$$

$a \neq 0$ で割って，両辺対数をとると，
$$n(\log_{10}126 - \log_{10}125) \geq \log_{10}2$$

ここで，
$\log_{10}126 = \log_{10}(2 \cdot 3^2 \cdot 7) = \log_{10}2 + 2\log_{10}3 + \log_{10}7 = 1 - \log_{10}5 + 2\log_{10}3 +$
$\qquad\qquad \log_{10}7 = 1 - 0.6990 + 0.9542 + 0.8451 = 2.1003$
$\log_{10}125 = 3\log_{10}5 = 2.0970$

$$\therefore \quad n(2.1003 - 2.0970) \geq 0.3010$$
$$\therefore \quad n \geq \frac{0.3010}{0.0033} = 91.21\cdots\cdots$$

したがって，初めて2倍以上になるのは92か月後となるから**7年8ケ月後**である． 【答】

(参考文献)
注1．指数的増殖は，マルサスの『人口論』の"幾何級数的増加"と同意．
注2．『人口増加の分析』森田優三著．日本評論社．1944．pp. 30-61．
注3．『オイラー無限解析』レオンハルト・オイラー著．高瀬正仁訳．海鳴社．2001．pp. 91-94．
注4．『人口の原理に関する一論』マルサス著．高野岩三郎・大内兵衛共訳．同人社 (1921)．岩波書店 (1935)．
　　『人口論』(世界の名著)．マルサス著．永井義雄訳．中央公論社．1969．中公文庫．1973．

(ii) 人口増加は停止する

【試問46】

あるとき，ある土地に10万人の人口があったが，それから t 年後の人口を P 人とすると1人あたりの人口増加率は $1-\dfrac{P}{10^6}$ に比例するという．（1人あたりの人口増加率とは，増加率をその時点の人口で割ったものである．）

(1) 比例係数を k $(k>0)$ として，P を t の式で表せ．
(2) 10年後の人口が20万人であったとすれば15年後の人口は大略何万人か．
(3) (1)で求めた式によれば，この土地には大略何万人まで人口が増えるか．

東京理科大．

マルサスは『人口論』で，何等の障害も存しないとき，人口は等比数列的に増加し，人間のための生活資料は等差数列的にしか増加しない．その結果，将来人間は生活資料の不足の危機に陥るから，そのため人口増加に強い抑制が必要である．と警鐘を鳴らし，この抑制をめぐって大論争を生じました．出生率の抑制を主張しながら3人の子の父となったマルサスは反対論者から自分で抑制を無視していると皮肉られたとも言われています．

人口が増加すると共にその倍加年数が鈍ることはペティやジュースミルヒ等も考えており，例えば，ペティは洪水後の8人から，倍加年数を10年，20年，……，1200年と変えてキリスト誕生から1300年（14世紀）後の人口を32億と試算しています．

19世紀になると，ベルギーのケトレーは人口の問題に物理法則を応用して考察し，数理科学的に法則を確立しようとしました．そして，物体が媒質中を通るとき物体に対して働く抵抗と同様に人口増加の速度にも障害が生じ作用するだろうと考えましたが定式化はしませんでした．彼の考えを理論化したのは彼から教えを受けたフェルホェルストでした．フェルホェルストは人口は，等比数列的に増加する傾向をもつが，増加速度が減少するためS字型にカーブ（**ロジスティック曲線**）を描いて一定値に収束することを示しました．この値はその環境（社会）での収容限界の人口と呼ばれています．

現在では，数理生物学でバクテリアをはじめ**生物集団は限りなく指数的増殖を続けることは不可能で，個体数がある程度増殖すると増殖率は低下してやがて高密度のため増殖は停止する．**ものとしてモデル化されています．
　この問題は，このロジスティック曲線の式を求めその土地の人口収容力を求めるものです．

ヒント

(1) 人口増加率は1年あたりの人口増加の割合から $\dfrac{dP}{dt}$ で，題意から，微分方程式

$$\frac{dP}{dt} = k\left(1 - \frac{P}{10^6}\right)P$$

が得られます．変数分離をして，この微分方程式を解くとロジスティック曲線の式が求められます．（余談1．参照）

(2) 条件 $t=10$ のとき $P=20$ より，e^{-5k} の値を求めて，これを利用します．

(3) (1)の結果より，$t \to \infty$ としたときの P の値が求めるものです．

余談

1．人口増加は停止する（均衡状態）

(1) ケトレーの人口理論の2つの原理

　ケトレー（L. A. J. Quetelet. 1796-1874）は『人間及び諸能力の発達（一名社会物理学）』(1835年)[注1] で，マルサスは人口の理論について，"それが特に属すべきものと思われる数学の領域へ移す手段を人々に与えなかった．そのために，この微妙な点に関する議論は今日までのところ完成されていないし，且つ等比数列的な恐るべき速度をもって進む悪に対する障害の中に十分な保証を見いださぬことによって社会に冒す危険を多分誇張したという結果になっている．"と欠陥を指摘し，人口理論に次の2つの傾向を提示し，**基本的原理**として役立つと考えました．

1．人口は等比数列的に増加する傾向がある．
2．人口の発達に対する抵抗もしくは障害の総和は，全て他の事情に於いて同一ならば人口の増加しようとする速度の二乗に比例する傾向がある．

　すなわち，ケトレーは人口増加の速度に対する障害を物理学の物体の運動に

作用する抵抗の考えを適用しようとしました．そして，社会状態が同じならば，"**人口は無限に増加せず，漸次停滞的となる傾向にある．**"さらに，"**一度均衡状態に到達すれば，人口は停滞的になるか，もしくは気候や食料の量などに対応的にもたらされた変動の結果とした少なくとも1つの固定状態を周って動揺する．**"と述べマルサスの人口増加論の修正を考えましたが，数式による表現は記しませんでした．

(2) **フェルホエルストのロジスティック曲線**

ケトレーから直接指導を受けたベルギーの数学者**フェルホエルスト**（Pierre Francois Verhulst. 1804-49）は師のケトレーの考えに興味をもち，初めてケトレーの原理の定式化をしました．現代風に説明をしてみると，

時点 t における人口を x とすると，人口増加率はマルサス的に増加するから，

$$\frac{dx}{dt} = mx \quad (m \text{ は比例定数}) \qquad \cdots\cdots ①$$

この増加に対して抵抗もしくは障害を人口 x の関数を $f(x)$ とし，人口 x の二乗（最も簡単）に比例するとして，

$$f(x) = nx^2 \quad (n \text{ は定数}) \qquad \cdots\cdots ②$$

①，②から，実際の人口増加率は，

$$\frac{dx}{dt} = mx - nx^2$$

よって，変数分離をすると，

$$\frac{dx}{x(m-nx)} = dt$$

左辺を部分分数分解して積分すると，

$$\int \frac{1}{m}\left(\frac{1}{x} + \frac{n}{m-nx}\right)dx = \int dt$$

$$\therefore \quad \frac{1}{m}\{\log x - \log(m-nx) + C\} = t$$

ただし，C は積分定数

$$\therefore \quad t = \frac{1}{m}\log\frac{x}{m-nx}\cdot e^C$$

ここで，$t=0$ のとき，$x=N$ とすると，

$$e^C = \frac{m-nN}{N}$$

$$\therefore \quad t = \frac{1}{m}\log\frac{x(m-nN)}{N(m-nx)}$$

$$\therefore \quad e^{mt} = \frac{x(m-nN)}{N(m-nx)}$$

x について整理すると,

$$x = \frac{e^{mt}Nm}{e^{mt}Nn + m - nN} = \frac{m}{n} \cdot \frac{1}{1 + \frac{(m-nN)e^{-mt}}{nN}}$$

ここで, m, n, N は定数より,

$\frac{m}{n} = a$, $\frac{m-nN}{nN} = A$ とおくと,

$$x = \frac{a}{1 + Ae^{-mt}} \quad \cdots\cdots ③$$

となります. そこで,

$$t \to \infty \quad \text{とすると} \quad x \to a$$

となり, 人口は一定値 a に収束します(注2). この a はその環境の中で維持できる人口（固体数）を表す値として**環境収容力**と呼ばれます.

ケトレーの考えと違うのは, ケトレーは②式を増加速度 (dx/dt) の二乗とすると云っている点です. フェルホエルストはこの結果が現実の人口の問題に適用できるか, 統計資料の不足から迷いましたが, ケトレーの勧めで十分な統計資料があればこの法則に従うだろうと予想し, ブリュッセルの『アカデミー紀要』に3回論文を発表しました. 第1の論文は1838年ですが, この年にはケトレーも『数学及び物理学書簡集』(第10巻) で彼の説明を取り上げました. そして, 第2の論文 (1845) で, ③式のグラフを**ロジスティック曲線**と名付けました. ロジスティックとはギリシャ語の"計算する"の意味ですが生物学では**S字型成長曲線**と呼ばれています.

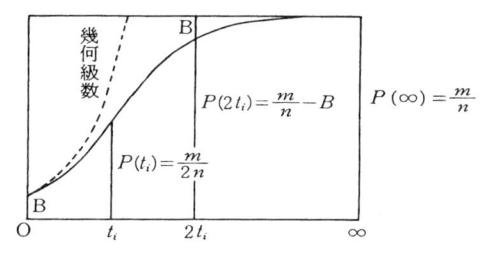

フェルホエルストのロジスティック曲線
③式で $x = P(t)$ とおいたもの

(3) パールとリードの再発見

フェルホエルストは第3の論文（1847）を発表してから2年後の1849年に結核で亡くなりました．ロジスティック方程式も"人口が動くことと物体が動くことを混同している．"などの批判もあり，ケトレーもこれに関して論ずることなく注目されませんでした．約75年後の1920年アメリカのジョンズ・ポプキンス大のパール（Raymond Pearl. 1879-1940）とリード（Lowell Reed）の2人の教授がアメリカ合衆国の人口増加の法則に関する最初の論文の準備中にその法則の第1次近似として，x を時間，y を人口とするとき，

$$y = \frac{be^{ax}}{1+Ce^{ax}} \quad (a, b, C \text{ は定数})$$

を選べばよいことを導きました．そして，研究の途中でこの式がフェルホエルストの論文にあることを発見しました．すなわち，上式を変形すれば③式と同じになります．

2．ロジスティック方程式の問題

生物学で生態の研究では，ある環境での個体群（同種の生物）の成長がどのような法則に従っているかの実験や調査が行われています．そのとき成長曲線として用いられるのが，これまで述べた人口増加と同じモデルです．高校の生物教科書では大体次のようにまとめられています．

生物の繁殖能力は指数関数的（**等比数列的**）であるが，個体数が増加すると，個体群の相互干渉の増大や食物の量による制限のため，出生率の低下や死亡率の増大が起こり，**増殖率が低下してやがて平衡**する．そのとき個体数の限界値を**環境収容力または飽和密度**と言い，このグラフは**S字型曲線**（ロジスティック曲線）になる．

数学で考えると，繁殖速度を表す微分方程式から個体数が従う法則（方程式）を求めることになります．すなわち，個体数 x の時間 t に対する繁殖率 $\frac{dx}{dt}$ が個体数 x に比例するとき指数方程式となり，個体数 $x(a-x)$ に比例するときロジスティック方程式となります．

問題1．

人口 x の時間に対する増加率 $\frac{dx}{dt}$ は，現在人口 x と，その社会が養い得る

人口の最大限 a に対する余裕 $a-x$ の積に比例することを微分方程式で表せ．比例定数は k とする．

また，$x=\dfrac{a}{1+Ae^{-kt}}$（A は定数）

がこの微分方程式を満足することを示せ．　　　　　　　　　　芝浦工大．

内容は，微分方程式を作りその方程式が与式を微分した結果と一致することを示すものとなっています．

◀解答▶ 題意から，求める微分方程式は，

$$\frac{dx}{dt}=kx(a-x) \qquad\cdots\cdots(1)$$

次に与式から

$$x=\frac{a}{1+Ae^{-kat}} \qquad\cdots\cdots(2)$$

両辺を t で微分すると，

$$\frac{dx}{dt}=-\frac{a(-kaAe^{-kat})}{(1+Ae^{-kat})^2}=k\cdot\frac{a}{1+Ae^{-kat}}\cdot\frac{aAe^{-kat}}{1+Ae^{-kat}}$$

$$=kx\cdot\frac{a(1+Ae^{-kat})-a}{1+A^{-kat}}=kx\left(a-\frac{a}{1+Ae^{-kat}}\right)$$

$$=kx(a-x) \qquad\cdots\cdots(3)$$

よって，(3)は(1)に一致するから(2)は微分方程式(1)を満足する．　**(Q. E. D)**

次の問題は，ロジスティック方程式を求めて，環境収容力が1となる k の値を求める計算問題となっています．

問題2．

(1) k は定数で $k>1$ とするとき，微分方程式 $\dfrac{dy}{dt}=ky-y^2$ の解のうち次の2条件を同時に満たすものを求めよ．

　(ア) $t=0$ のとき $y=1$

　(イ) 常に $0<y<k$

(2) (1)で求めた特殊解を $f(t)$ とするとき，

　$\displaystyle\lim_{x\to-\infty}\int_x^0 f(t)dt$ を求めよ．

(3) (2)で求めた極限の値が1に等しくなるとき，k の値を求めよ．

神戸大．(理系)．

◀解答▶ (1)はすでに説明してきたので，略解を示そう．

(1) $\dfrac{dy}{dt} = y(k-y)$

(イ)から，$\dfrac{1}{y(k-y)} dy = 1 \cdot dt$

左辺を部分分数に分解して，両辺積分すると

$$\dfrac{1}{k}\int \left(\dfrac{1}{y} + \dfrac{1}{k-y}\right) dy = \int dt$$

$$\therefore \quad \dfrac{1}{k}\log \dfrac{y}{k-y} = t + C \quad (C \text{ は任意定数})$$

(ア)から，$C = \dfrac{1}{k}\log \dfrac{1}{k-1}$

これを上式に代入して整理すると，
$k>1$, $0<y<k$ より

$$\dfrac{(k-1)y}{k-y} = e^{kt}$$

$$\therefore \quad y = \dfrac{ke^{kt}}{e^{kt}+k-1} = \dfrac{k}{1+(k-1)e^{-kt}} \quad 【答】$$

(2) $\displaystyle\int_x^0 f(t)\,dt = \int_x^0 \dfrac{ke^{kt}}{e^{kt}+k-1} dt = \left[\log(e^{kt}+k-1)\right]_x^0$

$= \log k - \log(e^{kx}+k-1) = \log \dfrac{k}{e^{kx}+k-1}$

ここで，$\displaystyle\lim_{x \to -\infty} e^{kx} = 0$ から，

$$\lim_{x \to -\infty}\int_x^0 f(t)\,dt = \boldsymbol{\log \dfrac{k}{k-1}} \quad 【答】$$

(3) 題意から，

$\log \dfrac{k}{k-1} = 1 \quad \therefore \quad \boldsymbol{k = \dfrac{e}{e-1}} \quad 【答】$

3．ロトカの安定人口論

人口が幾何級数的に増加する人口のモデル表をオイラーが作成したことについては以前に述べましたが，1907年にアメリカの数理生物学者**ロトカ**（Alfred. J. Lotoka. 1880-1949）は1871年から1880年までのイギリス，オランダおよびロシアの人口増加を研究し，次のような人口についての命題を導きました．

"閉鎖（流入と流出がない）人口に於いては，或る時点以後で年齢別に死亡率と出産力が一定ならば十分の期間が経過した後にはこの人口増加率は一定となる．"

すなわち，閉鎖人口を考えると一定の出産力と死亡率がいつまでも続くと現在の人口の全部が死亡した後は人口構成が一定になり人口の増加率が一定だから人口は幾何級数的に増加するということになります．

現在，生物の教科書では幾何級数的曲線を**理論成長曲線**，また，**S字型（ロジスティック）曲線**を実際の成長曲線として説明されています．

試問46.の解答

(1) 題意から，
$$\frac{dP}{dt} = k\left(1 - \frac{P}{10^6}\right)P = \frac{k}{10^6}(10^6 - P)P$$

変数分離をして，
$$\frac{10^6}{P(10^6 - P)}dP = kdt$$

両辺を積分すると，$P > 0$, $10^6 - P > 0$

$$\therefore \quad \log\frac{P}{10^6 - P} = kt + C' \quad (C' は定数)$$

$$\therefore \quad \frac{P}{10^6 - P} = e^{C'} \cdot e^{kt} = Ce^{kt}$$

ただし，$C = e^{C'}$（定数）

ここで，初期条件 $t = 0$ のとき $P = 10^5$ より

$$C = \frac{10^5}{10^6 - 10^5} = \frac{1}{9}$$

$$\therefore \quad \frac{P}{10^6 - P} = \frac{1}{9}e^{kt}$$

分母を払って，式を整理すると，

$$P = \frac{10^6 \cdot e^{kt}}{e^{kt} + 9} = \frac{10^6}{1 + 9e^{-kt}} \quad \text{【答】}$$

(2) 条件より，$t = 10$ のとき $P = 20 \cdot 10^4$

$$\therefore\ 20\cdot 10^4 = \frac{10^6}{1+9e^{-10k}}$$

$$1+9e^{-10k}=5$$

$$\therefore\ e^{-10k}=\frac{4}{9},\ e^{-5k}=\frac{2}{3}$$

よって，$t=15$ のとき，

$$P=\frac{10^6}{1+9e^{-15k}}=\frac{10^6}{1+9(e^{-5k})^3}=\frac{3\times 10^6}{11}=272727.\ \cdots\cdots 大略27万人\quad 【答】$$

(3) (1)で決めた式で，

$$n\to\infty\ のとき，\ e^{-kt}\to 0$$

よって，$P\to 10^6$ 　　　　　　　　　　　　　　　　大略100万人【答】

(参考文献)

注1．『人間に就いて 上巻』ケトレー著．平山貞蔵・山村喬訳．岩波文庫．1939．
注2．『人口増加の分析』森田優三著．日本評論社．1944．pp.76-92．
　　　『カオスとフラクタル』山口昌哉著．ブルーバックス．講談社．1986．

12. 食うものと食われるもの

自然界での餌と補食者の関係は？

【試問47】

下の□をうめよ．

2種類の細胞A，Bがある．Aは自立的に1時間毎に2倍に分裂増殖し，Bの各細胞は2個のAを捕食することにより30分毎に2倍に分裂増殖する．ただし，Bは分裂途中のAも補食することができ，また，Bに捕獲されたAは増殖することなく食べられてしまう．

いま，分裂を終えたばかりのN個のAに1個のBを加え，n時間後のA，Bの細胞数をそれぞれa_n，b_nとする．Aが死滅するまでは，$b_n=$ ① となり，a_nは ② の理由により漸化式$a_n=$ ③ を満たす．この漸化式からa_nを求めると，$a_n=$ ④ となる，これより，1000個以上のBを得るには，Nを ⑤ より大きくしなければならない．なお，空欄③はa_{n-1}とnで答えなさい．

大阪薬科大．

2種類の生物A，Bが同じ地域内に共存する場合にはそれぞれの個体や個体群の間にいろいろな関係が生じます．次の問題はそのような場合の2種類の相互関係を問う生物の入試問題です．少し横道にそれますが最初に基礎知識を得るために考えてみよう．

■問題．

下のa～eまでの文章は，2つの種類の異なる生物（A，B）の相互関係について述べたものである．この文章を読んで，1～3の問に答えよ．

a．生物AとBは，場所を分けあって生活する．
b．生物Bは生物Aの餌となる．
c．生物Aと生物Bとは互いに餌を取り合う．
d．生物Aと生物Bとは互いに利益を与え合う．

e．生物Aは生物Bの体内で生活し，生物Bに害を与える．
1．問題文a〜eに示された2種類の生物の相互関係を表す最も適切な述語を下の中からそれぞれ1つ選べ．
　　(イ) 中立．(ロ) 競争．(ハ) 寄生．(ニ) すみわけ．(ホ) 捕食．(ヘ) 共生．
2．問題文a〜eに示された相互関係が自然界で見られる例を下の2種類の生物の共存からそれぞれ1つ選べ．
　　(イ) イワナとヤマメ．　　　(ロ) シマウマとダチョウ．
　　(ハ) ヤドカリとイソギンチャク．(ニ) カツオとイワシ．
　　(ホ) フジツボとカキ．　　　(ヘ) カイチュウとヒト．
3．同一の容器内で2種類の生物AとBを一緒に飼育したときの両者の模式的な増殖曲線を①〜③に示してある．それぞれのグラフは2種類の生物間のどのような相互関係を示しているかを考え，a〜eに示された相互関係の中からそれぞれ1つ選べ．

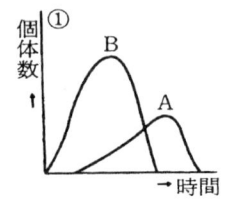

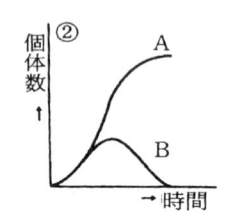

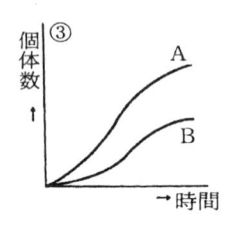

杏林大．(医)．

◀解答▶は次の通りです．
1．a (すみわけ)．b (捕食)．c (競争)．d (共生)．e (寄生)．
2．a (イワナとヤマメ)．b (カツオとイワシ)．c (フジツボとカキ)．
　　d (ヤドカリとイソギンチャク)．e (カイチュウとヒト)．
3．① (b)．② (c)．③ (a)．
となります．今回は上記の相互間関係の中のbの捕食，すなわち，カツオとイワシのように食うものと食われるものの関係の問題を中心に考えてみよう．
ヒント
　この問題は同一の容器内での実験と考えられることから，食われる細胞AがN個ある中にそれを食う細胞Bを1個加えると，BはAが存在する限りAを

捕食し，増殖率がBはAの2倍よりどんどん増えてやがてAを食い尽くしてしまいます．

①は，Bの増殖方程式を求めるもの．

②は，漸化式を作る過程の説明を記述するもので，細胞A，Bの個体数の推移は$n \geq 2$のとき，

時間	細胞A	細胞B
$n-1$	a_{n-1}	b_{n-1}
30分後	$a_{n-1} - 2b_{n-1}$	$2b_{n-1}$
n	$2\{(a_{n-1} - 2b_{n-1}) - 2^2 b_{n-1}\}$	$2^2 b_{n-1}$

となります．これから，③は，

$$a_n = 2\{(a_{n-1} - 2b_{n-1}) - 2^2 b_{n-1}\}$$

④は，①と②よりb_{n-1}を消去します．

⑤は，$a_n \geq 10^3$からNの最小値を求めます．

読者は細胞Aが死滅するのに何時間かかるかも求めてみてください．

余談

1．食うものと食われるものの関係

生態学では，2種の生物A，Bが食うものと食われるものの関係にあるとき食う方を**捕食者**，食われる方を**被食者**（または**餌**）といいます．

今回の問題のように，容器など限られた環境の中に捕食者と被食者が入れられた場合，被食者の増加率より捕食者の増加率が大きい場合は被食者は食われて絶滅に至り，やがて捕食者も餌の不足から絶滅に向かいます．それでは自然界ではどうなるでしょうか？．自然界では餌が十分あるとき捕食者は増加します．そのため餌は減少して，やがて餌の不足のため捕食者が減少しはじめます．そこで餌は次第に増加に転じ，餌が増加すれば再び捕食者が増加（フィードバック）して餌と捕食者の間に**周期変動**が生じて**サイクル化**することになります．図式化すれば，右のようです．この過程を数学的に解析して説明したのはイタリアの数学者ビトー・

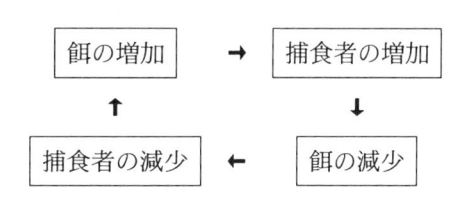

ヴォルテラ（Vito Volterra. 1860-1940）でした．

ヴォルテラは1926年（発表1928年）にアドリア海沿岸の漁港（ヴェニス，フィウム，トリエステ）で水揚げ（捕獲）されたサメとサメの餌となる魚の量の資料からサメ（捕食者）と餌の魚の間に前述のサイクルを仮定し，両者の増加率の関係を次の微分方程式で示しました．

いま，扱う量は個体数または固体の総重量とします．餌となる魚の量をx，サメの量をyとすると，それぞれ増加率は餌の魚の自然増加率をr_1，餌のない場合のサメの減少率$-r_2$とすると

$$\frac{dx}{dt} = (r_1 - c_1 y) x$$

$$\frac{dy}{dt} = (-r_2 + c_2 x) y$$

ヴォルテラ
アドリア海沿岸の漁業の統計調査をしていた動物学者ダンコナからサメの増加について質問を受け，サメとサメの餌となる他の魚の関係を研究しました．

というものです．ただし，c_1，c_2 比例定数．

ヴォルテラとは独立に1925年にアメリカの数理生物学者**ロトカ**（p.188参照）は動物の寄主と寄生者の数量的関係に同じ式を提案していたことから，この式は**ロトカ・ヴォルテラの式**と名付けられました．

この食うものと食われるものの個体数と時間の関係をグラフに示すと概形は次のように周期変動となります．

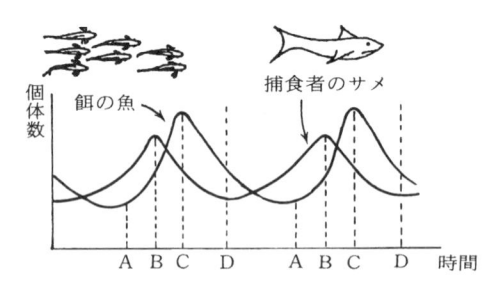

餌と捕食者の固体数の周期変動
この餌と捕食者の個体数の増減のサイクルは次のようになります．

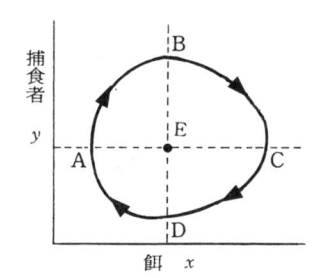

点 E($r_2/c_2, r_1/c_1$) は 2 種とも共存する共存平衡点と云われこの点のまわりをサイクルは大きくなったり小さくなったりする．

餌と捕食者の固体数の増減のサイクル

ここで，ロトカ・ヴォルテラの微分方程式を解いてみよう．

問題1．

平面上の動点 P の座標 (x, y) は時刻 t の関数であって，

$$\frac{dx}{dt} = x - xy \quad \cdots\cdots ①$$

$$\frac{dy}{dt} = -y + xy \quad \cdots\cdots ②$$

を満たすものとする．このとき，下の □ に当てはまる式または数を求めよ．

(1) $xy \neq 0$, $y \neq 1$ である動点 P(x, y) について，$\dfrac{dy}{dx} = \dfrac{\boxed{\text{ア}} + 1}{\boxed{\text{イ}} - 1}$ ……③

が成り立つ．

(2) 方程式③の解は $\boxed{\text{ウ}} = Ce^{\boxed{\text{エ}}}$（ただし，$C$ は積分定数，e は自然対数の底とする．）で表される．

(3) 条件①，②を満たす点 P(x, y) について，とくにあらゆる時刻 t に対して $y = k$（ただし，$k \neq 0$, k は定数）であれば

　(i) $\dfrac{dy}{dt} = \boxed{\text{オ}}$ であるから，t の関数は，$x = \boxed{\text{カ}}$ となる．

　(ii) (i)より $\dfrac{dx}{dt} = \boxed{\text{キ}}$ であるから，t の関数 y は $y = \boxed{\text{ク}}$ と表される．

山形大．（理科系）．

ロトカ・ヴォルテラの式で，$r_1 = r_2 = c_1 = c_2 = 1$ であり，極めて特殊な平衡点を求めるものです．

◀解答▶

(1) $\dfrac{dy}{dx} = \dfrac{dy}{dt} \Big/ \dfrac{dx}{dt} = \dfrac{-y+xy}{x-xy} = \left(-\dfrac{1}{x}+1\right) \Big/ \left(\dfrac{1}{y}-1\right)$

(2) (1)を変数分離して，積分すると

$$\int \left(\dfrac{1}{y}-1\right) dy = \int \left(-\dfrac{1}{x}+1\right) dx$$

$$\log|y| - y = -\log|x| + x + C_1$$

$$\log|xy| = x + y + C_1 \quad (C_1 \text{ は積分定数})$$

$$\therefore \quad \boldsymbol{xy = e^{x+y+C_1} = Ce^{x+y}} \quad (\text{ただし，} C = \pm e^{C_1})$$

(3) (i) $y = k$ より $\dfrac{dy}{dt} = 0$

②から $\dfrac{dy}{dt} = -k + kx = 0$

ここで，$k \neq 0$ より $x = 1$

(ii) (i)結果より，$\dfrac{dx}{dt} = 0$

①から，$\dfrac{dx}{dt} = 1 - y = 0$ $\therefore$ $y = 1$

ロトカ・ヴォルテラの式は 2 種間で食うものと食われるものの関係のモデルですが，自然界の場合では食うものは餌がなくなると別のものを餌として代食するなどして単に 2 種間だけでは考えられず複雑です．しかし，捕食者にとって他の餌となる生物が少ない特殊な地域ではこのモデルが適用されます．**代表的な例**として，カナダのハドソン湾周辺の針葉樹林に生息するカワリウサギとオオヤマネコがあります．

ある毛皮会社の1845年から1935年までのオオヤマネコの毛皮取引の記録によると約10年周期で豊猟が見られ，最初はほぼ同じ周期をもつ太陽の黒点の活動現象と関係があるのではないかと推測されましたが，餌となるカワリウサギの豊猟周期の変動が調べられ両者の個体数の変動が 9～10 年周期で豊猟年であり，オオヤマネコの豊猟年はカワリウサギより数年遅れ次の図のようなサイクルがあることが分かりました．

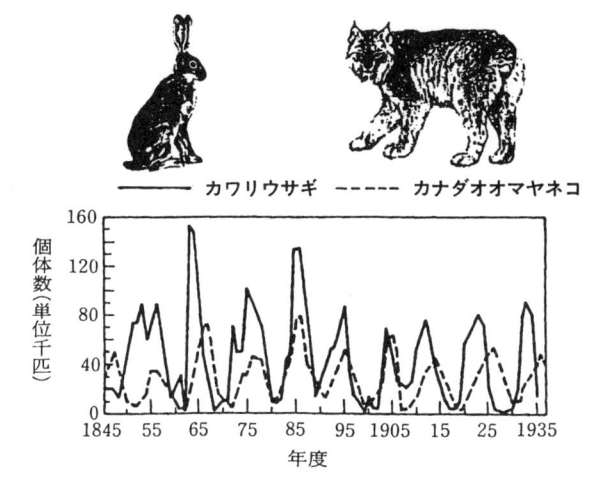

食うものと食われるもの —— *197*

―――― カワリウサギ　----- カナダオオヤマネコ

次に，別の2種間関係で互いに餌を取り合う競争問題を見てみよう．

2．競争の問題

問題2．

2種の生物X，Yが同一の食物を競って共存している．n 年度のXの個体数を x_n，Yの個体数を y_n とする．X，Yの各個体数は前年度の同種個体数に比例して増加し，前年度のライバルの個体数に比例して減少するという．それが

$$x_{n+1} = 3x_n - 2y_n$$
$$y_{n+1} = -\frac{1}{2}x_n + 3y_n$$

で表されているとき以下の問に答えよ．

(1) $V_{n-1} = \begin{pmatrix} x_{n-1} \\ y_{n-1} \end{pmatrix}$, $V_n = \begin{pmatrix} x_n \\ y_n \end{pmatrix}$ とおく，行列 $A = \begin{pmatrix} a & b \\ c & d \end{pmatrix}$ に対して $V_n = AV_{n-1}$ とおくとき a, b, c, d の値を決定せよ．

さらに，最初の年を0年度とし，

$V_0 = \begin{pmatrix} x_0 \\ y_0 \end{pmatrix}$ とおく，V_n を A と V_0 で表せ．

(2) $P = \begin{pmatrix} 2 & -2 \\ 1 & 1 \end{pmatrix}$ とおくとき，$P^{-1}AP$ を計算せよ．

(3) A^n を求めよ.

(4) $x_0=3$, $y_0=1$ のとき V_n の成分 x_n, y_n の値を求めよ. 　広島大.（総合科学）.

問題で注目される点は生物X，Yの生存競争はどうなって行くかです．すなわち，いつまでも共存可能でしょうか．

◀解答▶

(1) 与えられた関係式から，

$$\begin{pmatrix} x_{n+1} \\ y_{n+1} \end{pmatrix} = \begin{pmatrix} 3 & -2 \\ -\frac{1}{2} & 3 \end{pmatrix} \begin{pmatrix} x_n \\ y_n \end{pmatrix}$$

$$\therefore A = \begin{pmatrix} 3 & -2 \\ -\frac{1}{2} & 3 \end{pmatrix}$$

$$\therefore a=3,\ b=-2,\ c=-\frac{1}{2},\ d=3 \qquad 【答】$$

また, $V_n = AV_{n-1}$ より

$$V_n = AV_{n-1} = A^2 V_{n-2} = \cdots\cdots = A^n V_0$$

$$\therefore \boldsymbol{V_n = A^n V_0} \qquad 【答】$$

(2) $P = \begin{pmatrix} 2 & -2 \\ 1 & 1 \end{pmatrix}$ より $P^{-1} = \frac{1}{4}\begin{pmatrix} 1 & 2 \\ -1 & 2 \end{pmatrix}$

$P^{-1}AP$

$$= \frac{1}{4}\begin{pmatrix} 1 & 2 \\ -1 & 2 \end{pmatrix}\begin{pmatrix} 3 & -2 \\ -\frac{1}{2} & 3 \end{pmatrix}\begin{pmatrix} 2 & -2 \\ 1 & 1 \end{pmatrix} = \frac{1}{4}\begin{pmatrix} 2 & 4 \\ -4 & 8 \end{pmatrix}\begin{pmatrix} 2 & -2 \\ 1 & 1 \end{pmatrix}$$

$$= \frac{1}{4}\begin{pmatrix} 8 & 0 \\ 0 & 16 \end{pmatrix} = \begin{pmatrix} 2 & 0 \\ 0 & 4 \end{pmatrix} \qquad 【答】$$

(3) $(P^{-1}AP)^n = \overbrace{(P^{-1}AP)(P^{-1}AP)\cdots\cdots(P^{-1}AP)}^{n \text{個}} = P^{-1}A^n P$

(2)から，左辺を計算して，

$$(P^{-1}AP)^n = \begin{pmatrix} 2 & 0 \\ 0 & 4 \end{pmatrix}^n = \begin{pmatrix} 2^n & 0 \\ 0 & 4^n \end{pmatrix}$$

（証明は数学帰納法による.）

$$\therefore \quad A^n = P(P^{-1}A^nP)P^{-1}$$
$$= \frac{1}{4}\begin{pmatrix} 2 & -2 \\ 1 & 1 \end{pmatrix}\begin{pmatrix} 2^n & 0 \\ 0 & 4^n \end{pmatrix}\begin{pmatrix} 1 & 2 \\ -1 & 2 \end{pmatrix} = \frac{2^n}{4}\begin{pmatrix} 2 & -2^{n+1} \\ 1 & 2^n \end{pmatrix}\begin{pmatrix} 1 & 2 \\ -1 & 2 \end{pmatrix}$$
$$= \frac{2^n}{4}\begin{pmatrix} 2(1+2^n) & 4(1-2^n) \\ 1-2^n & 2(1+2^n) \end{pmatrix} \quad \text{【答】}$$

(4) $V_n = A^n V_0$ から,
$$\begin{pmatrix} x_n \\ y_n \end{pmatrix} = \frac{2^n}{4}\begin{pmatrix} 2(1+2^n) & 4(1-2^n) \\ 1-2^n & 2(1+2^n) \end{pmatrix}\begin{pmatrix} 3 \\ 1 \end{pmatrix} = \frac{2^n}{4}\begin{pmatrix} 10+2\cdot 2^n \\ 5-2^n \end{pmatrix}$$
$$\therefore \quad x_n = \frac{2^n}{2}(5+2^n)$$
$$y_n = \frac{2^n}{4}(5-2^n) \quad \text{【答】}$$

さて，2つの生物X，Yの生存競争の結果はどうなるでしょう．

上式で，$2^n = N$ とおくと，それぞれの個体数は，
$$x_n = \frac{1}{2}\left(N+\frac{5}{2}\right)^2 - \frac{25}{8}$$
$$y_n = -\frac{1}{4}\left(N-\frac{5}{2}\right)^2 + \frac{25}{16}$$

したがって，グラフは右図のようです．

よって，Xは増殖し，Yは $N=2^n=5$ で絶滅してしまいます．すなわち，

$y_n=0$ となるのは $0<N<5$ だから3年後には絶滅となっています．

最後に，課題として2種バクテリアの増殖比較の問題を上げておきます．

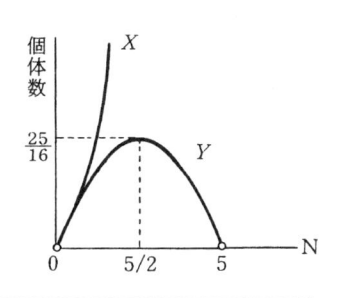

● 課題 ●

細胞分裂を繰り返して増加するバクテリアの個体数Nは値が十分大きくなるとき，微分可能な時間の関数と見なすことができ，適当な定数 c をとれば微分方程式 $dN/dt = cN$ を満たしているとする．この定数 c を増加率という．バクテリアAは個体数が2倍になるのに4時間，バクテリアBは同じく3時間かかるとする．

(1) バクテリアA，Bのそれぞれの増殖率を求めよ．

(2) N_0 個のバクテリアAの分裂増加を観察し始めてから24時間後に，N_0 個のバクテリアBの分裂増加を観察し始めたとする．Bの個体数がAの個体数に等しくなるのは，Bの観察を始めてから何時間後か． 　　　東海大．(医)．

答：(1) 1/4log2, 1/3log2. (2) 72時間後．

試問47.の解答

最初1個の細胞Bは1時間に2回分裂するから，食物の細胞Aが死滅するまでは初項1，公比 2^2 の等比数列的に増殖する．

$$\therefore \quad b_0=1, \ b_n=2^2 b_{n-1} \ (n\geq 1)$$

この漸化式を解くと，

$$b_n = 4b_{n-1} = 4^2 b_{n-2} = \cdots = 4^n b_0$$

よって，① $b_n = 4^n$ となる．そして，② 細胞Aの $(n-1)$ 時間後には a_{n-1} 個であり，その30分後に細胞Bに $4b_{n-1}$ 個捕食される．という理由から，$(n-1)$ から n 時間後の細胞A，Bの個数は次のようである．$(n\geq 2)$

時間	細胞A	細胞B
$n-1$	a_{n-1}	b_{n-1}
30分後	$a_{n-1} - 2b_{n-1}$	$2b_{n-1}$
n	$2\{(a_{n-1} - 2b_{n-1}) - 2^2 b_{n-1}\}$	$2^2 b_{n-1}$

したがって，漸化式は，

$$a_n = 2\{(a_{n-1} - 2b_{n-1}) - 2^2 b_{n-1}\}$$

$$\therefore \quad ③ \ a_n = 2a_{n-1} - 3\cdot 4^n \ (\because \ b_{n-1} = 4^{n-1})$$

を満たす．この式を変形すると，

$$\frac{a_n}{4^n} = \frac{1}{2}\cdot\frac{a_{n-1}}{4^{n-1}} - 3$$

ここで，$\dfrac{a_n}{4^n} = c_n$ とおくと，

$$c_n = \frac{1}{2}c_{n-1} - 3$$

$$\therefore \quad c_n + 6 = \frac{1}{2}(c_{n-1} + 6)$$

数列 $\{c_n+6\}$ は初項 (c_1+6), 公比 $\frac{1}{2}$ の等比数列で $c_1=\frac{1}{4}a_1=\frac{2(N-6)}{4}$ より,

$$c_n+6=\left(\frac{1}{2}\right)^{n-1}(c_1+6)=\left(\frac{1}{2}\right)^{n-1}\left(\frac{N-6}{2}+6\right)=\left(\frac{1}{2}\right)^n(N+6)$$

$$\therefore\quad c_n=\left(\frac{1}{2}\right)^n(N+6)-6$$

ゆえに,

$$a_n=4^n c_n=4^n\left\{\left(\frac{1}{2}\right)^n(N+6)-6\right\}$$

④ $=2^n(N+6)-6\cdot 4^n$

これから, 1000 個以上の B を得るには

$$b_n\geqq 1000$$

$$\therefore\quad 4^n\geqq 1000$$

$$4^5=1024\quad\therefore\quad n\geqq 5$$

よって, 5 時間後に細胞 A が残っていなければならないから,

$$a_5=2^5(N+6)-6\cdot 4^5>0$$

$$\therefore\quad N+6>6\cdot 2^5,\quad ⑤\ N>186$$

(参考文献)
1. 『食うものと食われるものの数学』山口昌哉著. 筑摩書房. 1985.
2. 『カオスとフラクタル』山口昌哉著. ブルーバックス. 講談社. 1986.
3. 『数理生物学入門』巌佐庸著. 共立出版. 1998.

13. ネズミの繁殖防止に猫は何匹必要か？

繁殖防止と駆除の問題

【試問48】

ねずみは毎月1匹あたり新たに2匹ずつの割合でふえ，ねこ1匹は1日につきねずみを7匹ずつ殺すものとする．月のはじめに48匹いたねずみの繁殖を防ぐため，毎月同数のねこを月末に1日だけはなつ，月末にはなつねこは少なくとも何匹必要か．そのとき何か月目の終わりにねずみはいなくなるか．

同志社大．（工）．

ねずみの繁殖力が強いことはすでに《ねずみ算》等で述べましたが，ねずみのように人間に被害を与える生物は駆除を行う必要があります．駆除には器具や薬品の使用など様々な方法がとられますがその1つに，その害となる生物を捕食する天敵を利用する方法があり，ねずみの駆除に猫が利用されます．（日本語の猫の語源は"ねずみをこのむ"にあるという説もあります．）半野生の猫はねずみのほか小鳥，バッタなどの昆虫，カニ，トカゲ，モグラなども捕食し，小型のハツカネズミであれば1日20匹も食べるといわれています．ねずみの狩りは昼間でも行いますが，どちらかといえば昼はのんびりしていて夜に行います．

(ヒント)

毎月末にはなつねこの数を x 匹，n か月目の終わりのねずみの数を a_n とします．

すると，漸化式

$$a_1 = 48 + 48 \times 2 - 7x = 144 - 7x$$

$n \geq 2$ のとき，

$$a_n = a_{n-1} + a_{n-1} \times 2 - 7x = 3a_{n-1} - 7x$$

が成立します．

さて，ねずみを駆除するための条件は，数列 $\{a_n\}$ が単調減少数列になるこ

とです.

$$\therefore \quad 48 > a_1 > a_2 > \cdots\cdots > a_n > \cdots\cdots$$

また，n か月目の終わりにねずみがいなくなるとすれば，$a_n \leq 0$ となる自然数 n の最小値を求めることになります．

余談

1. スマリヤンの猫のねずみ捕食問題

論理パズルの問題を興味深く解説したアメリカのレイモンド・スマリヤン（Raymond Smullyan）の著に，アラブ文学の代表『千一夜物語』（＝『アラビアン＝ナイト』）の主人公のシェラザードの奇知をパズルの話題に適用した『シェラザードの謎と古今の超驚のパズル』[注1]があります．奇怪な生涯で知られる文学者エドガー・アラン・ポーは，伝わる『千一夜物語』の結末はある書によると間違っていると言い，その結末を『シェラザードの千二夜目の物語』で，千二夜目の話が王に不快感を与え，彼女は翌朝予定通り処刑された，と述べていることに対して，スマリヤンはこのポーの彼女の悲惨な結末の危機も彼女の奇知による論理パズルで王を楽しませることで避けられたとし，パズル話が千十三夜目まで続くとしました．しかし，その夜のパズル話に王は音を上げて不眠となり，再び不快感をもった王は遂に彼女を処刑することにします．そこで，彼女は王に最後の願いとして1つのパズルに正直にイエスかノーかで答えて欲しいと願い王も承知しました．そのパズルはイエスと答えてもノーと答えても彼女の命が助かる内容で，これによって彼女は結局処刑を免れ幸せな生涯を送った，としてポーの結末を再びくつがえすものです．構成も大変面白く，楽しく読める内容となっています．シェラザードはどんな論理問題を提出したのか読者も作問を試みられたら面白いと思います．

さて，この千四夜目のパズルの話題の1つに次の猫がねずみを捕獲する算術問題があります．

ねずみは何匹？

ねずみを捕まえるのが大変得意な猫が，1日目は，ねずみの1/3を捕らえました．翌日，残っていたねずみの1/3捕らえました．3日目も，残っていたねずみの1/3を捕らえました．4日目は，残っていた8匹のねずみを捕らえまし

た．ねずみは最初に何匹いたのでしょうか？"

そこで，実際に解いてみよう．この種の問題の解法のコツは残りの量に注目することです．すなわち，ねずみが x 匹いたとすると，1日目から3日目までの残りのねずみは，順々に

$(2/3)x$, $(2/3)^2 x$, $(2/3)^3 x$

となり3日目の残りは8匹であることから，

∴ $(2/3)^3 x = 8$ ∴ $x = 27$ 匹   【答】

算術によると，右の図のように，その日，残っているねずみの半分を捕らえたことになり，3日目は8匹の半分の4匹，2日目は12匹の半分の6匹，1日目は18匹の半分の9匹を捕えたことになります．

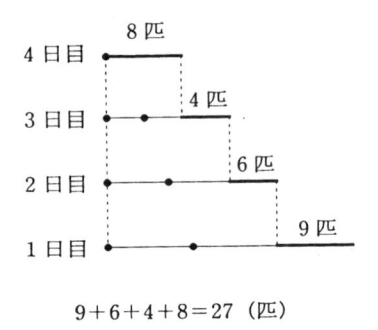

$9+6+4+8=27$（匹）

2．昆虫の駆除の問題

農園では雑草の除草や害虫の駆除は大変な作業となります．作物の豊かな収穫を得るためには害虫の駆除は欠かせませんが，どんどん繁殖する害虫を駆除する耕作者には繁殖量と駆除量の関係は大きな問題です．判断を誤れば捕っても捕っても一向に減少しないことになるからです．次の問題は昆虫の駆除に関するものです．

問題1．

次の ☐ を適当にうめよ．

S農園では，昆虫Aが夜間に増殖し，翌日朝には総数が5％増加するという．7月1日朝に昆虫Aが10000匹いるとき，7月 n 日朝の昆虫Aの総数を a_n 匹とすると，

$a_1 = 10000$, $a_n = a_1 R^{n-1}$ ($n=1, 2, 3, \cdots$)

ここで，$R = \dfrac{①}{20}$ と表すことができる．

S農園では，この昆虫Aの駆除を計画しており，昼間の駆除作業で1日に k 匹駆除できるという．7月 n 日の駆除作業後の昆虫Aの総数を b_n 匹とすると，

$b_1 = $ ② , $b_2 = $ ③ , ……, $b_n = $ ④

この漸化式から，b_n の一般項は，
$$b_n = (a_1 - \boxed{⑤} k) R^{n - \boxed{⑥}} + \boxed{⑦} k$$
$(n=1, 2, 3, \cdots$ ただし $b_n \geqq 0)$

S農園が7月1日に作業を開始し7月15日に終了するためには，10匹単位で考えると，毎日，最低 $\boxed{⑧}$ 0匹の昆虫Aを駆除する必要がある．ただし，$R^{13} = 1.89$，$R^{14} = 1.98$，$R^{15} = 2.08$ とする．　　　　　成蹊大．(経)．

題意から，
$a_1 = 10^4 = A$，$5/100 = r$ とおくと，
$$a_n = A(1+r)^{n-1}$$
となり，a_n は複利計算と同じで，等比数列の一般項となります．

◀解答▶ (答えは太字)
$a_1 = 10000$
$\quad a_2 = a_1(1+5/100)$，$a_2 = a_1(1+5/100)^2$，$\cdots$，$a_n = a_1(1+5/100)^{n-1}$
よって，
$$R = 1 + \frac{5}{100} = \frac{21}{20} \text{ とすると，}$$
$$a_n = a_1 R^{n-1} \quad (n = 1, 2, 3, \cdots)$$
すなわち，昆虫Aの日々の朝の個体数は初項 a_1，公比 R の等比数列となります．

次に，7月1日からの朝と昼の昆虫Aの個体数 a_n と b_n は，

	朝	昼
7月1日	a_1	$b_1 = a_1 - k$
2日	$a_2 = b_1 R$	$b_2 = a_2 - k$
⋮	⋮	⋮
n 日	$a_n = b_{n-1} R$	$b_n = a_n - k$

したがって，
$$b_1 = \boldsymbol{a_1 - k}$$
$$b_2 = a_2 - k = \boldsymbol{b_1 R - k}$$
$$\vdots$$
$$b_n = a_n - k = \boldsymbol{b_{n-1} R - k}$$

よって，上の漸化式を変形すると，

$$b_n - \frac{k}{R-1} = R\left(b_{n-1} - \frac{k}{R-1}\right)$$
$$= R^2\left(b_{n-2} - \frac{k}{R-1}\right)$$
$$\vdots$$
$$= R^{n-1}\left(b_1 - \frac{k}{R-1}\right)$$

$$\therefore\ b_n = R^{n-1}\left(b_1 - \frac{k}{R-1}\right) + \frac{k}{R-1} = R^{n-1}\left(a_1 - k - \frac{k}{R-1}\right) + \frac{k}{R-1}$$
$$= R^{n-1}\left(a_1 - \frac{Rk}{R-1}\right) + \frac{k}{R-1} = (a_1 - 21k)R^{n-1} + 20k$$

$$(k=1,\ 2,\ 3,\cdots ただし\ b_n \geq 0)$$

そこで，15日で駆除を終了するには，

$n=15$ のとき，$b_{15} \leq 0$ より，

$$(10^4 - 21k)R^{14} + 20k \leq 0$$

ここで，$R^{14} = 1.98$ だから，

$$\frac{1.98 \times 10^4}{21 \times 1.98 - 20} \leq k$$

$$\therefore\ 917.\cdots \leq k$$

ゆえに，k の最小値は918匹だから10匹単位で考えると毎日最低920匹の駆除が必要である．

3．増殖する細菌の殺菌問題

瓶や罐など容器の中で増殖する細菌を駆除（殺菌）する方法には細菌が適応できないよう高温や低温とするものがあります．次の問題は加熱による方法のとき必要な熱量を考えるものです．

問題2．

容器内で増殖しているある種の細菌を加熱減菌するとき，次の微分方程式が成立する．

$$\frac{dx}{dt} = ax - u\quad (a>0\ は定数)$$

ここで x と u とはそれぞれ時刻 t での殺菌の個数，熱流量（単位時間に加

えられる熱量) を表す．

(1) $u=f(t)$ を連続関数とする．$y=xe^{-at}$ とおくとき，y の満たす微分方程式を求めよ．

(2) 時刻 $t=0$ での細菌の個数 $N>0$ と時間 $T>0$ が与えられたとき，$t=T$ で減菌完了 ($x=0$) となる条件は

$$\int_0^T f(t)e^{-at}dt = N$$ であることを示せ．

(3) 次の各場合に(2)の条件を満たすように定数 C_1，C_2 を求めよ．
 (i) $f(t)=C_1 e^{-at}$
 (ii) $f(t)=C_2 e^{at}$

(4) (3)の加熱の仕方に対して，殺菌完了までに必要な熱量をそれぞれ Q_1，Q_2 とする．$\dfrac{Q_2}{Q_1}$ を求め，Q_1 と Q_2 の大小を述べよ．　　　名古屋市大．(医・薬)．

---

(1)は熱流量が時刻 t の関数であるとし，時刻 t における減菌の個数を y としたとき減菌速度を求めるものです．(2)は時刻 0 のとき細菌の個数 N で時刻 T に細菌の個数が 0 となったとき，(1)の減菌速度によるとこの間に殺菌した個数が N に等しくなることの証明です．(3)と(4)は 2 つの減菌方法を行った場合の必要な熱量の比較となっています．ここで，

$$Q_i = \int_0^T f(t)\,dt \quad (i=1,\ 2)$$

となります．

◀解答▶

(1) 与式から，
$$\frac{dx}{dt} = ax - u \quad (a>0 \text{ は定数}) \qquad \cdots\cdots ①$$

また，$u=f(t)$，$y=xe^{-at}$ から，
$$\frac{dy}{dt} = \frac{dx}{dt}e^{-at} - axe^{-at} \qquad \cdots\cdots ②$$

①を②に代入して，
$$\frac{dy}{dt} = (ax-u)e^{-at} - axe^{-at} = -ue^{-at} = -\boldsymbol{f(t)e^{-at}} \qquad 【答】$$

(2) (1)から，

$$f(t)e^{-at} = -\frac{dy}{dt}$$

$$\therefore \int_0^T f(t)e^{-at}dt = \int_0^T \left(-\frac{dy}{dt}\right)dt = \Big[-y\Big]_0^T \quad \cdots\cdots ③$$

ここで，$y = xe^{-at}$ であって，

$$t = T \text{ のとき } x = 0 \text{ より } y = 0$$
$$t = 0 \text{ のとき } x = N \text{ より } y = N$$

よって，③式の値は，

$$\int_0^T f(t)e^{-at}dt = -0 + N = \boldsymbol{N} \quad \text{【答】}$$

(3) (2)の結果より，

(i) $\int_0^T (C_1 e^{-at})e^{-at}dt = N$ から，

$$\int_0^T C_1 e^{-2at}dt = \Big[-\frac{C_1}{2a}e^{-2at}\Big]_0^T = -\frac{C_1}{2a}(e^{-2aT}-1) = N$$

$$\therefore \quad C_1 = \frac{2aN}{1-e^{-2aT}} \quad \text{【答】}$$

(ii) $\int_0^T (C_2 e^{at})e^{-at}dt = N$ から，

$$\int_0^T C_2 dt = \Big[C_2 t\Big]_0^T = C_2 T = N$$

$$\therefore \quad C_2 = \frac{\boldsymbol{N}}{\boldsymbol{T}} \quad \text{【答】}$$

(4) (3)から，

$$Q_1 = \int_0^T C_1 e^{-at}dt = \frac{C_1(1-e^{-aT})}{a}$$

$$Q_2 = \int_0^T C_2 e^{at}dt = \frac{C_2(e^{aT}-1)}{a}$$

$$\therefore \quad \frac{Q_2}{Q_1} = \frac{C_2(e^{aT}-1)}{C_1(1-e^{-aT})} = \frac{1}{2aN} \cdot \frac{N}{T} \cdot \frac{(1-e^{-2aT})(e^{aT}-1)}{(1-e^{-aT})}$$

$$= \frac{1}{2aT} \cdot (e^{aT} - e^{-aT}) \quad \text{【答】}$$

次に，$aT = X$ とおくと，$X > 0$

$$g(X) = \frac{Q_2}{Q_1} = \frac{e^X - e^{-X}}{2X}$$

$$g'(X) = \frac{(e^X + e^{-X})X - (e^X - e^{-X})}{2X^2}$$

ここで，分子を $h(X)$ とおくと，
$$h(X) = (e^X + e^{-X})X - (e^X - e^{-X})$$

よって，
$$h'(X) = (e^X - e^{-X})X + (e^X + e^{-X}) - (e^X + e^X) = (e^X - e^{-X})X > 0$$
$$(\because \ X > 0)$$

また，$h(0) = 0$ だから，
$$\therefore \ X > 0 \ \text{のとき} \ h(X) > 0$$

したがって，$g'(X) > 0$
$$\therefore \ g(X) \ \text{は単調に増加する．} \quad \cdots\cdots\text{(I)}$$

さらに，平均値の定理より，
$$\frac{e^X - e^{-X}}{2X} = e^{X_1} \quad (-X \leq X_1 \leq X)$$

を満たす X_1 が存在する．

$$\therefore \ \lim_{X \to 0} \frac{e^X - e^{-X}}{2X} = \lim_{X_1 \to 0} e^{X_1} = 1$$

$$\therefore \ \lim_{X \to 0} g(X) = 1 \quad \cdots\cdots\text{(II)}$$

(I)と(II)から，
$$g(X) = \frac{Q_2}{Q_1} > 1 \quad \therefore \quad \boldsymbol{Q_1 < Q_2} \qquad \text{【答】}$$

4．猫の日本渡来とその理由は？

　人が猫を飼い始めた時期はもちろん不明ですが，古代エジプトの B. C. 2000 年以前の壁画に首輪をつけた猫が描かれたり，神聖視された猫のミイラが残っています．飼いならされている猫はアフリカからインドにかけて分布していたリビア猫だと云われています．

　日本へ渡来したのは仏教伝来の頃に仏典をネズミの被害から守るために中国から連れてこられたと云う説と外国船員が船上生活でのペットとして連れて来たのが始まりとする説があります．記録の上では884年に中国から連れて来られたとするものが最古のようですが，実際にはそれ以前ではないかと考えられ

ています(注2)。

　渡来した猫はネズミ退治用やペットとして広く飼われるようになり，また，皮は三味線の胴張りに用いられました。船員には三毛（白，黒，茶）の雄は大変少なく縁起がよいとペットとして珍重されたといいます。

　猫は身近に飼われて表情豊かなためいろいろな表現に用いられていることは周知のとおりです。たとえば，猫に鰹節，猫に小判，猫なで声，猫をかぶる，猫ばば，猫の額，猫舌，猫足，猫背，猫可愛がり，招き猫……。

　また，猫の話と云えば夏目漱石の『吾輩は猫である』が思い浮かびます。猫の目から見た人間の表現は痛快で，鋭い風刺も心憎いほどみごとです。

ニホン猫

　その中で，吾輩と車屋の黒（猫）とのネズミに関する対話の一節は明治の疫病の発生に関係しているものです。「考えると詰らねえ。いくら稼いで鼠をとったって――ーてえ人間ほどふてえ奴は世の中にいねえぜ。人（吾輩のこと）のとった鼠を皆んな取り上げやがって交番へもって行きゃあがる。交番じゃ誰が捕ったか分からねえからそのたんびに五銭ずつくれるじゃねえか。うちの亭主なんか己の御蔭でもう壱円五十銭位儲けていやがるくせに，碌なものを食わせた事もありゃしねえ。おい人間てものあ体の善い泥棒だぜ(注3)」

　この猫の対話は，明治32年全国各地に我が国で初めてペストが流行しはじめたため，翌年に東京市はその予防のためネズミの買上げを実施し1匹5銭でした。その為，明治38年には1年間に買い上げたネズミは約122万6900匹近くに達し，市が支払った金額は4万1109円という膨大な金額であった事実によるものです。然し，明治40年には再び各地にペストが流行しこの年は最多死亡者数320人になりました(注4)。

　このようにネズミは田畑や家屋に被害を与えるだけでなく悪病の媒介もすることが分かり猫は人間に多くの面で貢献をしています。

試問48. の解答

　毎月末にはなつねこの数を x 匹，n か月目の終わりのねずみの数を a_n とする。

$$a_1 = 48 + 48 \times 2 - 7x = 144 - 7x$$

$n \geqq 2$ のとき,
$$a_n = a_{n-1} + a_{n-1} \times 2 - 7x = 3a_{n-1} - 7x$$

よって,
$$a_n - \frac{7}{2}x = 3\left(a_{n-1} - \frac{7}{2}x\right)$$
$$= 3^2\left(a_{n-2} - \frac{7}{2}x\right)$$
$$\vdots$$
$$= 3^{n-1}\left(a_1 - \frac{7}{2}x\right)$$
$$= 3^{n-1}\left(144 - 7x - \frac{7}{2}x\right)$$
$$= 3^{n-1}\left(144 - \frac{21}{2}x\right)$$
$$= 3^n\left(48 - \frac{7}{2}x\right)$$
$$\therefore \quad a_n = 3^n\left(48 - \frac{7}{2}x\right) + \frac{7}{2}x$$

$3^n > 0$, $\frac{7}{2}x > 0$ より, 数列 $\{a_n\}$ が減少数列であるから, $48 - \frac{7}{2}x < 0$ より,

$13.7\cdots < x$　　$\therefore$　**14匹**　　　　　　　　　　【答】

$x = 14$ のとき
$$a_1 = 46, \quad a_n = 49 - 3^n \quad (n \geqq 2)$$

$a_n \leqq 0$ より $48 \leqq 3^n$

　　n の最小整数は $n = 4$　　$\therefore$　**4か月目の終わり**

(参考文献)

注1.『スマリヤンの究極の論理パズル』レイモンド・スマリヤン著. 長尾確. 長尾加寿恵訳. 白揚社. 2001.
注2.『大百科事典』平凡社. 1985.
注3.『吾輩は猫である』夏目漱石著. 岩波文庫. 1938.
注4.『近代日本総合年表』岩波書店. 1968.

14. 天秤によるにせがねの鑑定

その方法と最小測定回数は…？

【試問49】

みたところ区別のつかない7個の硬貨がある．そのうち6個はほんものの硬貨で重さが等しいが，残りの1個はにせがねでほんものの硬貨より軽い．いま天秤を用いてにせがねをみつけることにする．（ただし分銅は使わない．）

(1) 7個の硬貨のうちから任意に2個を選び，両方の皿に1個ずつのせる．このとき天秤がつりあわなければ，上がった方の皿にのっているのがにせがねである．このようにして，1回のテストでにせがねがみつかる確率を求めよ．

(2) 1回のテストで天秤がつりあったときには，その2個の硬貨はにせがねではない．この場合には，さらに2回目のテストとして残りの5個のうちから任意に2個を選び，1個ずつ両方の皿にのせる．このようにしていくと，多くとも3回のテストでにせがねをみつけることができる．何回のテストでにせがねがみつかると期待されるか．そのテスト回数の期待値を求めよ．

鹿児島大．(理科系)．

真贋の鑑定については，シラクサ王のヒェロンⅡ世から王冠が純金か合金かの鑑定を命じられたアルキメデスがその難題解決法を入浴中に発見して興奮の余り「ヘレウカ！ ヘレウカ！」（わかった！ わかった！）と叫びながら裸のままで家に走ったという話は大変有名です．

この問題では天秤を用いて重さの違いからにせ金を判定するものですが，天秤を利用して物の重さを測る方法は紀元前1550年頃には古代エジプトでも普及しており，その様子が王の墳墓に描かれていたり，また，実際に天秤や分銅が多く出土していることから分っています．

物々交換の基準として貨幣（分銅）を用いた．古代エジプトの墳墓の壁画．(注1)

天秤はてこの原理を応用した器具ですが，この原

理を命題として記述し，積極的に実用化を考えたのは**アルキメデス**でした．後のパップスは，彼が「私の立つべき足場を与えてくれたら，私は地球を動かして見せる」と言ったと伝えています．その命題の１つに"不等な重量はその距離に反比例する．"と述べています．16世紀の**ガリレオ**（Galileo Galilei．1564-1642）は仮想速度の考えから，下図のように支点Cからの距離がa，bの位置に重さP，Qの物体をそれぞれ吊した天秤がつり合いの状態にあるとき，P：Q＝b：aとしています．アルキメデスがP：Q＝$1/a$：$1/b$と述べたのに対してガリレオは証明のため上記の式表現としました．

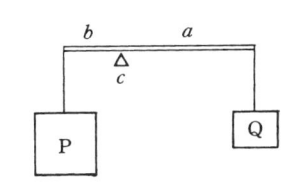

ガリレオてこの原理

つまり，力の上で利得した分だけ距離で損失を伴うとする考えに基づくものです．

実用の天秤では$a=b$であるものが多く〈等ひじ天秤〉と呼ばれています．また，時代と共にいろいろ改良され物や分銅をのせる皿も吊す原始的な竿天秤から竿の端上に皿をのせる「上皿天秤」も作られました．

竿型天秤　　　　　上皿天秤

(ヒント)

条件から，任意の２個を取り出して天秤の左右の皿にそれぞれ１個ずつのせると，
 (I) つりあうとき，２個とも本物だからこれらを除いてテストを続行する．
 (II) つりあわないとき，上がった皿の方がにせがねとなりテスト終了．

3回テストを繰り返し，すべて(I)であれば6個の本物が除かれて，残る1個がにせがねとなり，テストは終了します．

そこで，テスト回数は1，2，3のいずれかですから，それぞれの確率 p_1, p_2, p_3 を求めれば，テスト回数の期待値 E は，

$$E = 1 \cdot p_1 + 2 \cdot p_2 + 3 \cdot p_3$$

から得られます．ここで，$p_1 + p_2 + p_3 = 1$ であることは，3回でテストは完了することから明らかです．（∴ $p_3 = 1 - p_1 - p_2$）

余談

1．天秤利用に関する問題

見たところ区別のつかない何個かの硬貨の中に1個のにせがねが混じっているとし，天秤を利用してにせがねを見付けだすのに**最小何回の測定が必要か**という測定回数の最小値を求める問題は"**にせがねの鑑定問題**"としてパズルによく登場します．この問題の広がりの発端は1945年アメリカの**シェル**（E. D. Schell）が，見分けのつかない8個のコインの中に他より軽い1個のにせがねが含まれているとき，天秤を2回だけ使用して見付けだすことができるか？という問題を数学雑誌に発表したことに始まるとされています．多くの人の興味を引き，**グロスマン**（H. Grossman）は8個のコインを12個のコインとし，次のように問題を変形しました．

"同じ大きさのコインが12個ある．見たところ区別がつかない．その中に1個だけ他の11個と重さが異なるコインの混入が予想された．天秤を3回使用してその1個が混入しているかどうか，また，混入していればその1個は他のコインより重いか，軽いかの鑑定はどうすればよいか？"

シェルの問題よりコインの数が多いのと，にせがねが他より重いか軽いかが不明となっており難化してあります．

日本へは1947年にシェルの問題が雑誌『リーダース・ダイジェスト』により，コインをボール（球），にせがねを不良ボールとして，紹介されたといわれています[注2]．

この解法は情報理論の応用を初めとして多くの解き方がありますが，ここでは，符号の組み合わせを用いる方法で説明してみます．

まず，12個のコインに1から12までの番号を付けます．そして，次の規則に

従って調べて行きます．
- (I) コインは天秤の左右の皿に 4 個ずつのせる．
- (II) 左の皿にのせる 4 個のコインを＋
  右の皿にのせる 4 個のコインを－
  残った 4 個のコインは 0 とする
- (III) 1 回目から 3 回目までの測定を次のように行う．

コインの番号	1	2	3	4	5	6	7	8	9	10	11	12
1 回目	＋	＋	＋	＋	－	－	－	－	0	0	0	0
2 回目	＋	＋	＋	－	＋	0	0	0	－	－	－	0
3 回目	＋	－	0	＋	0	＋	－	0	＋	－	0	－

図示すると次のようです．

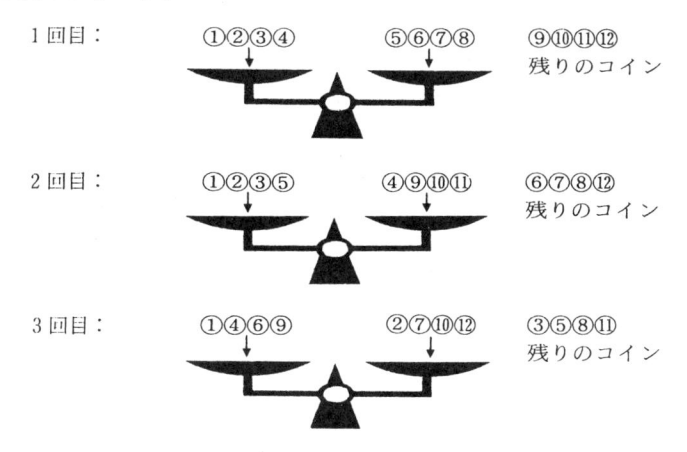

1 回目： ①②③④ ⑤⑥⑦⑧　⑨⑩⑪⑫ 残りのコイン

2 回目： ①②③⑤ ④⑨⑩⑪　⑥⑦⑧⑫ 残りのコイン

3 回目： ①④⑥⑨ ②⑦⑩⑫　③⑤⑧⑪ 残りのコイン

- (IV) 測定結果で天秤の傾きを符号化する．
  天秤が左に傾くを＋
  天秤が右に傾くを－
  天秤がつりあうを 0
- (V) 3 回の測定結果を(IV)により符号順列を作り，(III)の表でコインの 3 回の符号順列と比較し一致のものがあれば，そのコインが**にせがねで重い**ものである．

　　　(例)　1 回目：天秤が左に傾く　＋
　　　　　　2 回目：天秤が右に傾く　－

3回目：天秤が左に傾く　＋

ならば，にせがねは4で他より重い．理由はコイン4がのっている皿が必ず下がる．

(VI) (V)で一致するものがないとき，(III)の表の符号＋を－，－を＋に置き換えたものと一致するものがあれば，そのコインが**にせがねで軽い**ものである．

(例)　1回目：天秤が右に傾く　－

　　　2回目：天秤が左に傾く　＋

　　　3回目：天秤が右に傾く　－

ならば，にせがねは4で他より軽い．理由はコイン4がのっている皿が必ず上がる．

となり検出できます．なぜなら，天秤の状態は $3^3=27$ 通り考えられますが，にせコインが含まれるとき，$(0, 0, 0)$，$(+, -, -)$，$(-, +, +)$ の3通りは起こり得ず，にせがねが含まれないときは $(0, 0, 0)$ となります．

以上から，**3回の測定でにせがねの検出とその重軽の判定が可能**になります．

次の問題は，全て重さの異なる玉を天秤を利用してその順位を決めるときの最小回数を決定するものです．少々長文ですが，決定の過程が記述されているから丁寧に読めば完成できます．

問題1．

次の □ を適当な数や記号で満たせ．

重さの異なった4個の玉を天秤にかけて2個ずつ比較し，重さの順位を決めたい．最低何回天秤にかけたらよいか．

4個の玉をA，B，C，Dとし，まずAとB，CとDを比べる．対称性からA＞B，C＞Dと仮定してよい．3回目はAとCを比べるが，これも対称性からA＞Cとしてよい．これで ｜(1)｜ ＞ ｜(2)｜ ＞ ｜(3)｜ と3個が系列化できた．問題はBがどこに挟まるかだが，まずCと比べ，｜(4)｜ ＞ ｜(5)｜ ならば系列化は完了する．逆に ｜(6)｜ ＞ ｜(7)｜ ならばBをさらに ｜(8)｜ と比較する．｜(9)｜ ＞ ｜(10)｜ なら系列は ｜(11)｜ ＞ ｜(12)｜ ＞ ｜(13)｜ ＞D と完了し，逆に ｜(14)｜ ＞ ｜(15)｜ であっても系列化は完了する．

こうして，4個の玉は ｜(16)｜ 回天秤にかければ，重さの順位が決められる．

では，5個の玉A，B，C，D，Eについてはどうだろうか．4個の場合と同じく，AとB，CとDを比較し，AとCを比べて，同じ順位で ｜(17)｜ ＞

⑱ > ⑲ ，⑳ > ㉑ になったとする．第5の玉Eを第3の系列の真中 ㉒ と比較して，もし ㉓ > ㉔ ならさらに ㉕ と比べて E > ㉖ > ㉗ > ㉘ ，あるいは ㉙ > ㉚ > ㉛ > ㉜ と系列化できる．また逆に ㉝ > ㉞ ならさらに ㉟ と比較して，㊱ > ㊲ > ㊳ > D あるいは ㊴ > ㊵ > ㊶ > ㊷ と系列化できる．そこで問題は，Bをこの4個の玉の系列のどこに挿入するかだが，以上それぞれの場合に応じて，㊸ ，㊹ ，㊺ ，㊻ などとの比較から始めれば同じくたかだか ㊼ 回比較でその位置を確定できるので，合計 ㊽ 回の比較で系列化は完了する． 明治大．(経営)．

◀解答▶ (太字の部分)

4個の場合：
　　　　　2個の玉を取りA>Bとする　　　　……1回目
　　　　　残り2個からC>Dとする　　　　　……2回目
　　　　　AとCを比較してA>Cとする　　　……3回目
以上から，**A>C>D**と系列化できる．
　　　　　次に，BとCを比較する　　　　　　……4回目
(1)　**B>CならばA>B>C>Dで完了**
(2)　**B<CならばBとDを比較**　　　　　　　……5回目
　　　　　B>DならばA>C>B>D
　　　　　逆に，D>BでもA>C>D>B
よって，5回天秤にかければ順位が決まる．

5個の場合：
　4個を取り4個の場合と同様に3回目で，
　　　　　A>C>D，A>Bを決める．
　　　　　第5の玉EとCを比較する　　　　　　……4回目
(1)　**E>CならばAと比較する E>A>C>D あるいは A>E>C>D となる．**
(2)　**逆に，C>EならばDと比較する A>C>E>D あるいは A>C>D>E となる．**
　　　　　(1)と(2)のどちらかより　　　　　　……5回目
(1)のとき，BとC，Dの比較で2回，また(2)のとき，BとC，D，Eの比較で

3回だから，場合に応じ，BとA，C，D，Eなどと比較してたかだか3回で位置を決定できるから合計8回で系列化は完了する．

次の問題は何個かの玉から無作為に取り出して天秤にのせるときつりあう確率の問題です．

問題2.

ag の玉8個と bg の玉2個があって，$a \neq b$ とする．この10個の玉の中からでたらめに3個とって天秤の一方の皿にのせ，残りの7個の中からでたらめに3個とって他方の皿にのせるとき，この天秤がつりあう確率を求めよ．ただし，でたらめにとるとはどの玉をとる確率も等しいようにとることをいう．

新潟大．(理科系).

確率の加法定理を用いる基本的な問題です．2つの事象A，Bについて和事象 $A \cup B$ の生起する確率は，
$$P(A \cup B) = P(A) + P(B) - P(A \cap B)$$
であり，とくに，AとBが排反事象のときは，$P(A \cap B) = 0$ だから
$P(A \cup B) = P(A) + P(B)$ となります．

◀解答▶

天秤がつりあう場合は，
 A：両方の皿に ag の玉が3個ずつのる
 B：両方の皿に bg の玉が1個ずつ含まれる
ときです．それぞれの事象の確率は
$$P(A) = \frac{{}_8C_3 \cdot {}_5C_3}{{}_{10}C_3 \cdot {}_7C_3} = \frac{2}{15}$$
$$P(B) = \frac{{}_8C_2 \cdot {}_6C_2 \times 2}{{}_{10}C_3 \cdot {}_7C_3} = \frac{3}{15}$$

A，Bは排反事象だから
$$\therefore \quad P(A \cup B) = P(A) + P(B) = \frac{2}{15} + \frac{3}{15} = \frac{1}{3} \qquad \text{【答】}$$

2．分銅に関する問題

天秤で物の重さを測るとき，重さの基準となるものがあれば測りたい物と基

準となる物との比較で物の重さの測定ができることは明らかです．この重さの基準となるものが**分銅**です．

分銅問題として，フランスの数学者で，古い問題から面白くて興味深い問題を集めたバシェ・ド・メジリアク（Gaspar Claude Bachet de Meziriac. 1581-1638）著の『愉快で興味深い問題』（1612年）にある有名な問題を取り上げてみよう．

"ある商人が重さ40ポンドの宝石を所持していたがあるとき落としたので4片に割れた．その各片を測ったら何れもポンドの整数倍でその4片によって1ポンドから40ポンドまでの重さを測ることが出来たという．宝石はどのように割れたか"[注2]．

問題は割れた宝石の4片が1ポンドから40ポンドを測る分銅に利用できるとき各片の重さは何ポンドかを問うものです．

ところで，天秤の使い方には2通りの方法があります．

(1) 測る物と分銅をのせる皿を別々にする．
(2) 分銅は両方の皿に適当にのせる．

例えば，1ポンドと3ポンドの2個の分銅があるとき，(1)の場合は2ポンドの物は測れませんが(2)の場合だと測れます．したがって，少ない分銅で多くの物を測るときは(2)の方法を取ります．次に，(2)の方法によってこの問題を解くための重要な定理を述べておきます．

定理：1ポンドからnポンドまでのすべて異なるn個の整数値の分銅があるとき，これらの分銅に整数$2n+1$ポンドの分銅1個を追加すると，これらの分銅を用いて1ポンドから$3n+1$ポンドまでの整数値の重さはすべて測ることができる．

証明：仮定から1ポンドからnポンドまでは測ることができます．

いま，kは整数とし，$0 \leq k \leq n$のとき
$$n+1 \leq 2n+1-k \leq 2n+1$$

よって，$n+1$ポンドから$2n+1$ポンドまでの整数値ポンドは測ることができる．また，
$$2n+1 \leq 2n+1+k \leq 3n+1$$

よって，$2n+1$ポンドから$3n+1$ポンドまでの整数値ポンドは測ることができる．

以上から，1ポンドから $3n+1$ ポンドまでのすべての整数値ポンドはすべて測ることがでます．そこで，この定理を用いてバシェの問題の解答をしてみよう．

1ポンドを測るためには1ポンドの分銅Aが必要です．以後上の定理を適用します．

これに，$2\times 1+1=3$ ポンドの分銅Bを追加すると $3\times 1+1=4$ ポンドまで測れます．

これに，$2\times 4+1=9$ ポンドの分銅Cを追加すると $3\times 4+1=13$ ポンドまで測れます．さらに，$2\times 13+1=27$ ポンドの分銅Dを追加すると $3\times 13+1=40$ ポンドまで測れます．

よって，**割れた宝石片4個の重さは** 1，3，3^2，3^3 **の各ポンド**であることが分かります．

この結果を見て鋭い諸君は用いる分銅が3進法の各位（くらい）の数を示す分銅であることに気付いたでしょう．

3進法では用いる数字は0，1，2の3個であり，天秤にのせる分銅の扱いは左の皿にのせる，右の皿にのせる，どちらの皿にものせないの3通りがあり，これがヒントになります．そこで，バシェの問題で重さが1ポンドから13ポンドまでの物Sの測り方を調べると，次の表の左3列のようになります．
（ただし，測る物Sは右の皿にのせる．）

左の皿	右の皿	Sの重さ	3進表示
1	S	1	$\underline{1}$
3	1+S	2	1$\underline{1}$
3	S	3	1 0
1+3	S	4	1 $\underline{1}$
3^2	1+3+S	5	1$\underline{1}\underline{1}$
3^2	3+S	6	1$\underline{1}$ 0
1+3^2	3+S	7	1 1 $\underline{1}$
3^2	1+S	8	1 0 $\underline{1}$
3^2	S	9	1 0 0
1+3^2	S	10	1 0 $\underline{1}$
3+3^2	1+S	11	1 1 $\underline{1}$
3+3^2	S	12	1 1 0
1+3+3^2	S	13	1 1 1

この表で，左右の皿の状態をそれぞれ
$$a_0 3^2 + a_1 3 + a_2$$
で表し，それぞれの係数 a_k ($k=0, 1, 2$) は分銅 3^{2-k} について，

皿に分銅がのっているとき，$a_k = 1$

皿に分銅がのっていないとき，$a_k = 0$

とすると，左右の天秤がつりあう状態は，
$$a_0 3^2 + a_1 3 + a_2 = a_0' 3^2 + a_1' 3 + a_2' + S$$
となります。

例えば，S の重さが 7 ポンドのとき，
$$1 \cdot 3^2 + 0 \cdot 3 + 1 = 0 \cdot 3^2 + 1 \cdot 3 + 0 + S$$
$$\therefore \quad S = 1 \cdot 3^2 + (-1) \cdot 3 + 1$$

となります。ここで，$-1 = \bar{1}$ と表すと
$$(7)_{10} = (1 \cdot 3^2 + \bar{1} \cdot 3 + 1)_{10} = (1\,\bar{1}\,1)_3$$
となり，**特殊な 3 進法表現**が可能なことが分かります（ケプラーの 3 進法）。この特殊な 3 進法で，1 から 13 まで示したのが前ページの表で右端の欄です。

以上から，バシェのこの問題は 3 進法による数の表示問題であることが分かります。

この 3 進法を入試問題で考えてみよう。

問題 3.

(1) 任意の正の整数 n は
$$n = r_0 + 3 r_1 + 3^2 r_2 + \cdots\cdots + 3^p r_p$$

（p は n によって定まる負でない整数で，$r_0, r_1, r_2, \cdots\cdots, r_p$ は 0, 1, 2 のうちのどれかである．）

のように表わすことができる．このような表わし方を n の 3 進展開という．97 の 3 進展開をせよ。

(2) $97 = s_0 + 3 s_1 + 3^2 s_2 + \cdots\cdots + 3^q s_q$

（q は正の整数で，$s_0, s_1, s_2, \cdots\cdots, s_q$ は 1, 0, -1 のうちどれかである）

となるような $s_0, s_1, s_2, \cdots\cdots, s_q$ を求めよ．

(3) 1g，3g，9g，27g，81g の 5 個の分銅と 2 枚皿の天秤を使って，いくとおりの目方を測ることができるかを調べよ．ただし，分銅は天秤のどちらの皿

に載せてもよいものとする. 東京女大.（文理）.

◀解答▶

(1) $97 = 1 + 3 \cdot 2 + 3^2 \cdot 1 + 3^3 \cdot 0 + 3^4 \cdot 1$ 【答】

(2) (1)で, $2 = 3 - 1$ と置くと,
$97 = 1 + 3(3-1) + 3^2 \cdot 1 + 3^3 \cdot 0 + 3^4 \cdot 1 = 1 + 3 \cdot (-1) + 3^2 \cdot 2 + 3^3 \cdot 0 + 3^4 \cdot 1$
$= 1 + 3 \cdot (-1) + 3^2 \cdot (3-1) + 3^3 \cdot 0 + 3^4 \cdot 1$
$= 1 + 3 \cdot (-1) + 3^2 \cdot (-1) + 3^3 \cdot 1 + 3^4 \cdot 1$
∴ $s_0 = 1$, $s_1 = -1$, $s_2 = -1$, $s_3 = 1$, $s_4 = 1$, $q \geqq 5$ のとき, $s_q = 0$

【答】

(3) 目方を測る物 S を右側の皿に載せる.

3^k の分銅を右側の皿に載せるを $s_k = +1$
3^k の分銅を左側の皿に載せるを $s_k = -1$
3^k の分銅を使用しないを $s_k = 0$

とし, 測る物 S の目方を xg とすると,
$$x = s_0 + 3 \cdot s_1 + 3^2 \cdot s_2 + \cdots\cdots + 3^4 \cdot s_4$$
で表されるから,

最小値は, $s_0 = 1$, $s_2 = s_3 = \cdots\cdots = s_4 = 0$ のとき,
$$x = 1$$
最大値は, $s_0 = s_1 = \cdots\cdots = s_4 = 1$ から
$$x = 1 + 3 + 3^2 + \cdots\cdots + 3^4 = 121$$
よって, $1 \leqq x \leqq 121$ 121通り【答】

問題 4.

重さが 1 グラム, 2 グラム, …, n グラムの分銅がおのおの 1 個ずつある. これらの分銅を用いて, 1 グラムから $\dfrac{n(n+1)}{2}$ グラムまでのグラム単位の端数のない重さは測られることを示せ. 大阪教育大.（数）.

n 個の分銅はそれぞれ用いるか, 用いないかのいずれかであるからその組合せの数はすべて用いない場合を除いて $2^n - 1$ 通りです. これは用いる分銅の組合せの個数に注目して, 二項定理を利用しても求められます.
$$(1+x)^n = {}_nC_0 + {}_nC_1 x + \cdots\cdots + {}_nC_n x^n$$

$x=1$ とおいて,
$$2^n = {}_nC_0 + {}_nC_1 + \cdots\cdots + {}_nC_n$$
$$\therefore \quad 2^n - 1 = {}_nC_1 + {}_nC_2 + \cdots\cdots + {}_nC_n$$

この中には，例えば 4 グラムであれば，1 グラムと 3 グラムの 2 個の分銅を用いるものや 4 グラムの分銅のみ用いるものは別の測り方として考えることになります．

さて，問題では 1 個ずつ用いると 1 グラムから n グラムまで測ることができます．n 個すべてを用いると，最大で
$$1 + 2 + \cdots\cdots + n = \frac{n(n+1)}{2} (グラム)$$
まで測ることができます．そこで，この問題は $n+1$ グラムから $n(n+1)/2$ グラムまで端数のない（整数値）任意の重さが測れることを示すことになります．

証明：
　1 グラムから n グラムまでは分銅 1 個ずつで測ることができる．
　x, k は整数値として，
$$n < x \leqq n(n+1)/2, \quad 1 \leqq k \leqq n$$
を満たすとする．
$$x \leqq n + (n-1) + \cdots\cdots + k$$
を満たす k が存在する．このとき，
$$x = n + (n-1) + \cdots\cdots + k$$
ならば，x は測定できる．
　また，不等号のときは，
$$x < n + (n-1) + \cdots\cdots + k + (k-1)$$
が成り立つから，したがって，
$$x - \{n + (n-1) + \cdots\cdots + k\} < (k-1)$$
ここで，残っている分銅は，
　1 グラム，2 グラム，……，$k-1$ グラムであり，これらの中から適当に p グラムを選ぶと
$$x = n + (n-1) + \cdots\cdots + k + p$$
とでき測定できる．

よって，$n<x≦n(n+1)/2$ の任意の x グラムは測定できる． [Q. E. D]
等ひじ天秤でなく左右の腕の長さの異なる天秤問題を課題としておきます．

● 課題 ●

左右の腕の長さの異なる天秤で，ある物体の重さを測ったところ，右の皿へ載せたとき10g，左の皿へ載せたとき12.1g であった．正しい重さは □ g である．
立命館大．

左右の腕の長さをそれぞれ a，b と置いて，てこの原理を利用する．

答 11g

3．ガリレオとグラシェ神父の論争[注4]

天秤は物の相等や軽重を調べる器具ですが，転じて人や物の力量や重要性を比較するときにも"天秤にかける"という言葉が使用されるこがあります．

1618年にフィレンツェ上空に8月と11月に2回の計3回も彗星が現れました．当時，彗星は不吉なことが起こる前兆と考えられていたこともあって天文学者だけでなく一般人の間でも大ニュースとなりました．（実際，この彗星の出現はこの年オーストリアの属領ベーメン（ボヘミア）で勃発した30年戦争の前兆であったと見られた．）また，アリストテレス主義の哲学者は，彗星は虹や暈（月の傘のような光彩）のようなものと考え，大気の乱れで生じ**地球と月の間の天球層**にあると考えました．ガリレオもそれを確信しておりました．ところが，イエズス会の天文学者であったオラツィオ・グラシェ神父は11月の最後の彗星の軌道を研究し，彗星が**天球層の月と太陽の中間にある**という結果を得，これをコレージョ・ロマーノで発表し，内容が小冊子にされフィレンツェのガリレオにも送付されて来ました．このアリストテレス主義に反する発表は教会としては例外的なものでしたが，それ以前に，デンマークのティコ・ブラーエが1577年と1582年の彗星の観察をもとに彗星の位置を検討した結果，ティコは金星と同程度の距離にあるとしていました．（アリストテレスの宇宙体系は宇宙の中心に地球が位置して，その外側に順々に月，太陽，金星，水星，火星，木星，土星の天球層があると考えられていました．）ガリレオは病気のため1618年の彗星は1回も観測していませんが，彗星についてはアリストテレス主義と同じ考えであったのでティコやグラシェ神父の結果を受け入れず強い疑問

をもちました．ところが，同年ガリレオの門人マリオ・グイドウッチがアカデミア・フィオレティーナの顧問に選出され講演することになり，"彗星について"を演題に選びました．その内容は，ティコやグラシェの結果を否定したもので原稿はガリレオが書き，『彗星についての講話』と題して公表されました．これを知ったグラシェ神父はガリレオのイエズス会士への攻撃と受け止めて，同年直ちに『天文学的・哲学的天秤』を著し反撃を開始しました．それは，彗星に関するガリレオの考えは天秤にかければ，軽く価値のないものという内容です．これに対して，ガリレオは1623年に枢密卿マッフェオ・バルベリーニが法王ウルバヌス8世として即位に際し法王に献上するとして，『偽金鑑識官[注5]』を著しグラシェの著書はお粗末な天秤であるとし，金の鑑識に用いる精巧な天秤に置き換えてグラシェを辛辣に批判をしました．グラシェは再度，ガリレオを『葡萄酒鑑定人』と反撃しましたが，勿論，今日から見ればガリレオの考えも正しいものではありませんでした．

（物理学的補註）物体の質量と重さ

　物体を手にするとき重さを感るのは，物体の地球の中心に向かう万有引力を手で支えるからです．万有引力は地球の中心からの距離により異なるため正確にいえば重さは地球の中心からの距離（位置）により異なります．したがって，物体固有の量ではなく，位置に無関係な物体固有の量は質量と言います．だから，質量は地球上どこでも不変で一定ですが重さは位置により変わることになります．両者の関係は

重さ＝質量×重力加速度

で，この重力加速度が場所によってことなるわけです．しかし，その差は極めて小さいために重さを質量で近似しても日常生活ではほとんど支障はありません．同じ場所であれば，もちろん重さの等しいものは質量も等しくなります．

試問49. の解答

(1) 任意の2個の取り出し方は，
$$_7C_2 = 21 \text{（通り）}$$
あり，このうち，にせがね1個を含む場合は6（通り）であるから，1回のテストでみつかる確率 P_1 は，

$$P_1 = \frac{6}{{}_7C_2} = \frac{6}{21} = \frac{2}{7}$$ 【答】

(2) 3回のテストでにせがねがみつかることは容易に分かります．そこで，2回目および3回目にみつかる確率を求める．

2回目でみつかるのは，1回目にみつからなくて，2回目にみつかるから，確率 P_2 は，

$$P_2 = \left(1 - \frac{2}{7}\right) \cdot \frac{4}{{}_5C_2} = \frac{2}{7}$$

また，3回目にみつかる確率 P_3 は，

$$P_1 + P_2 + P_3 = 1 \text{ より}$$

$$P_3 = 1 - \left(\frac{2}{7} + \frac{2}{7}\right) = \frac{3}{7}$$

よって，求める期待値 E は，

$$E = 1 \times \frac{2}{7} + 2 \times \frac{2}{7} + 3 \times \frac{3}{7} = \frac{15}{7}$$ 【答】

(参考文献)

注1．『図説科学・技術の歴史．上』平田寛著．朝倉書店．1985．p.7．

注2．『数学100の問題』数学セミナー増刊．日本評論社．1984．pp.2-3．

注3．『数学ノ勝利』高津巌著．共立出版．1942．
『one point．二進法』野崎昭弘著．共立出版．1978．

注4．『ガリレオの生涯』シテクリ著．松野武訳．東京図書．1977．

注5．『偽金鑑識官』(世界の名著．ガリレオ)．ガリレオ著．山田慶兒・谷泰訳．中央公論社．1973．p.271．中公クラシックス．2007．

15. ゲームの戦略とその均衡解

ゲームの決着をどうするか？

【試問50】

次の空欄に当てはまる適当な語を下の選択肢から選び埋めよ．

ナミエとトモミ2人で，次のような高得点を目標とするゲームを行う．

a，b，cの文字を書いた三枚のカードをそれぞれ持ち，事前の手の内の相談なしに，同時に一枚出す．

		ナ ミ エ		
		a	b	c
ト モ ミ	a	2, 4	9, 2	6, 3
	b	1, 6	8, 8	1, 7
	c	1, 8	4, 5	7, 6

右の表で，一マスの数字の二つのうち，右はナミエの，左はトモミの得る得点である．

たとえば，ナミエがcを出し，トモミがaを出した場合，ナミエは3点，トモミは6点を得る．双方とも，この点数表を手元で参照できるものとする．また，双方とも，ある二つの自分のカードを比較して，相手がどのカードを出しても自分の得点が少ない方のカードは決して出さない（なぜなら，そのカードを出すメリットが無いから），また，相手も同様に考えている．という考えのみに基づいてカードを選ぶとする．また，このゲームは一回のみの勝負とする．（点数の比較による勝負ではない事に注意．）

上の表より，まず最初に，ナミエは，[(ア)] はけっしてないと考える．また，最終的にはこのゲームは，[(イ)] で決着する．

(ア)の選択肢
1．自分がaを出すこと　　2．自分がbを出すこと
3．自分がcを出すこと　　4．トモミがaを出すこと
5．トモミがbを出すこと　6．トモミがcを出すこと

(イ)の選択肢

1. ナミエがaを出し，トモミもaを出すこと
2. ナミエがaを出し，トモミはbを出すこと
3. ナミエがaを出し，トモミはcを出すこと
4. ナミエがbを出し，トモミはaを出すこと
5. ナミエがbを出し，トモミもbを出すこと
6. ナミエがbを出し，トモミはcを出すこと
7. ナミエがcを出し，トモミはaを出すこと
8. ナミエがcを出し，トモミはbを出すこと
9. ナミエがcを出し，トモミもcを出すこと

武蔵大．(経)．

この問題は，数学の「**ゲーム理論**」の内容で"非ゼロ和・2人ゲーム"と呼ばれているものです．ゲーム理論は，確率論が偶然事象を数学的に解析するのに対して，もっと複雑な社会事象を対象とし，複数の当事者間でそれぞれの行動が互いに影響を及ぼし合いながら自分の利益を求めて競うとき，その様子を室内ゲームでモデル化して各当事者がどのように**意志決定**し行動をとるのがよいか，また，**最終結果**はどうなるのかを考えようとするものです．高校では「ゲーム理論」は学びませんので，この問題は**命題・論理の応用問題**に属します．従って，問題解決に必要なことは文中に説明があり丁寧に読めば論理的に解決できますが，ここでは発展してゲーム理論ではどのように考えるかを最も簡単な2人ゲームの場合について述べてみます．

先ず，ゲームは次の5つの条件を満たしているとします．( )内は問題での該当する内容を示す．

(1) 2人のプレーヤーがいる
 (ナミエとトモミの2人)
(2) プレーヤーはゲームの結果について相反する利害を有する
 (得点で勝または負けとなる)
(3) ゲームは有限回である
 (同時プレー・1回ゲーム)
(4) 各プレーヤーは有限個の手(**戦略**という)が選択できる
 (2人共にa，b，cの3枚のカードからどれかを選択して1枚を出す)
(5) 各プレーヤーの戦略の組合せによる利得や損失が分かっていて，これによ

って各プレーヤーは自分のより良い戦略の選択をする
(2人の戦略による得点表)

　ここで，よりよい戦略に絶対優位（逆は絶対劣位の戦略）があります．すなわち，相手がどの戦略を選択しても自分のある手が他の手より優れている（逆は相手のどの手に対しても常に自分のある手は劣っている）もので，この戦略があるときは必ずこの戦略を取る（逆は決してこの戦略を取らない）と云うことです．例えばトモミの戦略 b がそれに当ります．注意を要することは実際のゲームでは，無思慮で運任せや掛け引きなどによる行動がありますが，ゲーム理論ではこのような選択は除外されます．

　さて，一般に得点ゲームは2つの場合に区別されます．一つ目は，2人のある戦略の組に対し，一方の得点は他方の失点となるもの，つまり，一方が5点を得ると他方は5点を失う（-5点を得る）もので，2人の得点の和はゼロとなります．このようなゲームを**ゼロ和ゲーム**といいます．そして，二つ目は，問題のようにナミエとトモミの得点の和が非ゼロとなるもので**非ゼロ和ゲーム**と言います．

　ゲーム理論の考えで重要なのはゲームに勝つための方法のみを目的とするのではなく，勝つ者はより利益を大きくし，しかも負ける者はより損失を小さくする戦略の組合せを考えるもので，これを2人にとって最善の（納得すべき）戦略とします．つまり，ゲーム理論はこのような戦略の組とその結果を求めることが問題となり，この答えをゲームの**均衡解**と云います．問題は非ゼロ和・2人ゲームの均衡解を求めるものとなっています．

ヒント

　問題文の得点表では，2人がカード a，b，c を選択したときの組合せに対する2人の得点が示してありますが，以後の説明のため，持っているカードとその中からどれを選択するかの戦略を区別しておきます．

　トモミの3つの選択の可能な戦略を次のように s_1，s_2，s_3 とします．

　　　　s_1：a のカードを出す
　　　　s_2：b のカードを出す
　　　　s_3：c のカードを出す

同様に，ナミエにも3つの戦略がありますからそれを，

　　　　t_1：a のカードを出す

t_2：b のカードを出す

t_3：c のカードを出す

とします．すると，2人の取り得る戦略の組合せに対するそれぞれの得点の表（**利得表**と云う）が右のように与えられ，2人はこの表からより良い（最善）戦略を選択して行動します．

	ナ ミ エ		
トモミ	t_1	t_2	t_3
s_1	2, 4	9, 2	6, 3
s_2	1, 6	8, 8	1, 7
s_3	1, 8	4, 5	7, 6

そこで，トモミの戦略を考えます．

トモミの戦略 s_1 と s_2 とを比較すると s_2 はナミエの3つの戦略に対して自分の得点がすべて s_1 より低いことが分かります．すると，トモミは決してこの戦略 s_2 は選択しないことが分かります．これが問題の(ア)の部分です．

続いて，ナミエの戦略を考えます．

ナミエはトモミの取らない戦略を s_2 除き自分の戦略をみると，戦略 t_3 を取ればトモミが s_1，s_3 のどの戦略を取っても自分の得点が低くなるから決して選択をしないことになります．

以上から，2人はそれぞれ戦略 s_2 と戦略 t_3 は決して選択しません．残った戦略について，トモミは戦略 s_1 と s_3 で考えると，前と同様に考えて s_3 は決して選択しないことが分かり，また，ナミエには絶対優位な戦略 t_1 があることが分かり，これからこのゲームはナミエの勝ちで終了することとなるのが問題の(イ)の部分です．

> **余談**

1．ゲーム理論の確立について

ハンガリー生まれでアメリカの数学者ジョン・フォン・ノイマン（John von Neumann. 1903-1957）は1928年にポーカーなどのゲームからヒントを得た論文『室内ゲームの理論』を著しました．ポーカーは相手のプレーヤーが考えている手を読み自分の手を決めてプレーが行われます．フォン・ノイマンはこのように，各プレーヤーが互いに相手や自分に可能な戦略の組合せの結果に対す

ジョン・フォン・ノイマン

る相互の利得や損失が分かっているとき，各プレーヤーがそれぞれのより良い戦略を選択するにはどうしたらよいか，また，そのゲームの最終結果はどうであるべきかを研究しました．そして，この論文でゲーム理論の重要な**「ミニマックス定理」**を証明しましたので，ゲーム理論はこれによって誕生したとされています．その後，この理論の経済学等への応用を考えドイツのゲルリッツ生まれでアメリカへ移住した経済学者**オスカー・モルゲンシュテルン**（Oskar Morgenstern. 1902-1977）とプリンストン大学で共同研究を行い1944年に共著**『ゲーム理論と経済行動』**を出版しました．この書によって，ゲーム理論は広く知られ経済学だけでなく，軍事戦略，社会学，政治学など多方面への応用にも関心が広がりました．そして，この書によってゲーム理論は確立したと見られています．

オスカー・モルゲンシュテルン

　ゲーム理論の萌芽は確率論の誕生と係わり，その発展の過程で何人かの著名な数学者により言及されていました．パスカルとフェルマーの往復書簡（1654年）では**数学的期待値を最大にする戦略問題**が含まれ，また，フランスのモンモール（Pierre Rémond de Montmort. 1678-1719）とイギリスのワルデグレイブ（James First Eorll Waldegrave. 1684-1741）間の書簡でもワルデグレイブは後にフォン・ノイマンが解決した混合戦略やミニマックス原理の考え方に触れていました．（2・3参照）[注] 20世紀になるとドイツのエルンスト・ツェルメロ（Ernst Zermelo）は，お互いにこれまでの相手が取った手を知っており，しかも，今後の手の数も分かっているゲーム（完全情報ゲーム）は確定性をもつことを（1912年に）示し，さらに，フランスのエミール・ボレル（Émile Felix Édouard Jusstin Borel）は1921年から幾つかのゲーム理論に関する論文を書いており，その中にはポーカーをモデルにしたものや，ゲームにおいてより良い戦略の選択はどうすれば見つかるかなどを考え，この理論は軍事戦略や経済学などに応用可能なことも予想していました．フォン・ノイマンはもちろんツェルメロやボレルの論文を読み研究していました．

2．「ミニマックス定理」

　ミニマックス原理のイメージを掴む例として**「ケーキの分割問題」**がよく用

いられます．

"親が2人の子供に1つのケーキを分割して与えるとき，一方または両方の子供は自分の方が小さいと思いがちです．このとき，両方の子供が納得するような分け方はどうすればよいか？"

解決法は，一方の子供に分割させて，他方の子供に選ばせることです．そうすると，切った子供の方は自分が切ったのだから大きさについて不平は言えないし，選んだ方の子供は好きな方を選んだのだから不平は言えないからです．

ゲームとしてみると大きい方を得た子供は**得**で小さい方を得た子供は**損**と考え，利害が対立します．そして，2人の子供の戦略は切り方と選び方です．問題は，選ぶ方の子供はケーキに大小があれば確実に大きい方を選びます．だから，切る方の子供は大小の差をつけて切れば小さい（最小）ものが確実に自分のものとなります．そこで，この小さい方を出来るだけ大きく（最大）するように切るのがより良い戦略となり，結局は均等に切るのが最善となります．

ゲーム理論の目的は，あるゲームについて

(1) 各プレーヤーはどのような手（戦略）を選択するのがより良いか？
(2) 各プレーヤーがより良い戦略を選択したとき，ゲームの最終結果はどうなるか？

を問題とします．ここで，より良いは曖昧さを伴う言葉ですが，一応次のように解釈します．すなわち**勝者は確実な利得をより大きくし，敗者は自分の損失をより小さくする戦略**を意味します．

(1) ゼロ和・2人ゲームの場合

A，B2人のプレーヤーがそれぞれ3つの戦略 s_1, s_2, s_3 と t_1, t_2, t_3 が選択でき，各戦略の組合せによりAの利得が右の表のようであるとします．すると，ゼロ和ゲームからBの利得はこの表の数値の符号を変えたものとなります．だからAの利得表があれば十分です．

	t_1	t_2	t_3	行の最小値
s_1	a_{11}	a_{12}	a_{13}	$\overline{a_1} = v_1$（最大値）
s_2	a_{21}	a_{22}	a_{23}	$\overline{a_2}$
s_3	a_{31}	a_{32}	a_{33}	$\overline{a_3}$

Bの戦略（列見出し），Aの戦略（行見出し）

列の最大値 $\overline{\overline{a_1}}$ $\overline{\overline{a_2}}$ $\overline{\overline{a_3}}$
$\parallel$
v_2（最小値）

表1．Aの利得表

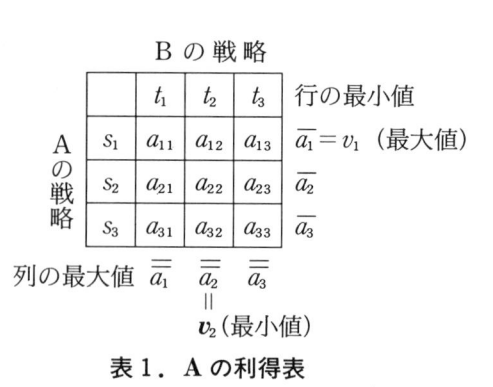

先ず，Aがある戦略を選択するとき，AとBの戦略について考えて見ましょ

う．

　Aの戦略の選択

　Aは自分の戦略によって確実に得ることができる得点が最も大きくなる戦略を考える．

　Aが戦略 s_1 を選択したとき，Bの3つの戦略 t_1, t_2, t_3 に対する得点は第1行目で，

$$a_{11}, \quad a_{12}, \quad a_{13}$$

となります．この得点の最小値を $\overline{a_1}$ とすればAが戦略 s_1 を選択すると最小 $\overline{a_1}$ の得点は確実となります．同様に，戦略 s_2, s_3 を選択するとき，Bの3つの戦略 t_1, t_2, t_3 に対する得点は第2行目，第3行目で示されているからそれぞれの行の最小値を $\overline{a_2}$, $\overline{a_3}$ とすると，戦略 s_2, s_3 では，それぞれ $\overline{a_2}$, $\overline{a_3}$ の得点は確実となります．これを記号化して，

　$1 \leq i$, $j \leq 3$ のとき，

$$\overline{a_i} = \min_j a_{ij} \tag{1}$$

と書きます．すると，Aは3つの戦略 s_1, s_2, s_3 を選択することで $\overline{a_1}$, $\overline{a_2}$, $\overline{a_3}$ の得点は確実だから，これらの中で値が最大となる戦略を選択するのが最善であることが分かります．

　いま，$\overline{a_1}$, $\overline{a_2}$, $\overline{a_3}$ の最大値を v_1 とすれば，記号で表現化して，$1 \leq i \leq 3$ のとき，

$$v_1 = \max_i \overline{a_i} \tag{2}$$

と表せます．前の表1．で，$\overline{a_1}$, $\overline{a_2}$, $\overline{a_3}$ の最大値が $\overline{a_1}$ ならば，$v_1 = \overline{a_1}$ となります．

　これから，v_1 の値は(1)と(2)から

$$v_1 = \max_i \overline{a_i} = \max_i (\min_j a_{ij})$$

と表され，これをAの**マックスミン値**と言います．

　次に，Bはどのような戦略を選択すべきかを考えてみよう．

　Bの得点は，上のAの利得表では損失となることに注意してこの表を利用します．

　"**BはAの戦略による損失を最小にする戦略を考えます．**
そのため，Aの戦略による損失の最大値をできるだけ小さくする戦略を選択す

ることになります.

　Bが戦略 t_1 を選択したとき，Aの3つの戦略 s_1, s_2, s_3 に対する失点はそれぞれ第1列目で，その最大値を $\overline{a_1}$ とします．同様に，戦略 t_2, t_3 を選択したとき，Aの3つの戦略 s_1, s_2, s_3 に対する失点は第2列目，第3列目であり，各列の最大値を $\overline{a_2}$, $\overline{a_3}$ とします．

　すると，Bは戦略 t_1, t_2, t_3 によってそれぞれ最大で $\overline{a_1}$, $\overline{a_2}$, $\overline{a_3}$ の損失をすることになります．これを記号化して，

$$\overline{\overline{a_j}} = \max_i a_{ij} \tag{3}$$

と表します．

　ここで，Bは3つの戦略 t_1, t_2, t_3 を選択することで最大 $\overline{\overline{a_1}}$, $\overline{\overline{a_2}}$, $\overline{\overline{a_3}}$ の損失だからこの中で値が最小となる戦略を選択するのがより良いことが分かります．

　$\overline{\overline{a_1}}$, $\overline{\overline{a_2}}$, $\overline{\overline{a_3}}$ の最小値を v_2 とすれば，

$$v_2 = \min_j \overline{\overline{a_j}} \tag{4}$$

と表せます．前の表1．で，$\overline{\overline{a_1}}$, $\overline{\overline{a_2}}$, $\overline{\overline{a_3}}$ の最小値が $\overline{\overline{a_2}}$ ならば，$v_2 = \overline{\overline{a_2}}$ となります．

　よって，Bの最善の戦略 v_2 は(3)と(4)から

$$v_2 = \min_j \overline{\overline{a_j}} = \min_j (\max_i a_{ij})$$

と表され，これをBの**ミニマックス値**と言います．

　ゲーム理論では，各プレーヤーがこのように一方のAは勝ちを大きくしようとし，他方のBは負けを小さくしようとして戦略を選択することが前提として考えられています．

　以上から，$v_1 = \overline{a_1}$, $v_2 = \overline{\overline{a_2}}$ であればAはマックスミン戦略により戦略 s_1 を選択し，Bはミニマックス戦略により t_2 を選択するのが2人にとって最善の戦略でありこのゲームの均衡解は (s_1, t_2) となります．

　ここで，マックスミン値 v_1 とミニマックス値 v_2 について，次の基本定理が成り立ちます．

定理Ⅰ：
$v_1 \leqq v_2$ である．すなわち，

$$\max_i (\min_j a_{ij}) \leqq \min_j (\max_i a_{ij})$$

表1.の利得表で，$v_1=\overline{a_1}$，$v_2=\overline{\overline{a_2}}$ とすると v_1 はAの戦略 s_1 による最小得点より，

$$v_1=\overline{a_1}\leqq a_{12} \qquad \cdots\cdots ①$$

また，v_2 はBの戦略 t_2 による最高得点より，

$$v_2=\overline{\overline{a_2}}\geqq a_{12} \qquad \cdots\cdots ②$$

①と②から

$$v_1\leqq a_{12}\leqq v_2 \quad \therefore \quad v_1\leqq v_2$$

となります．

すなわち，$v_1=v_2$ または $v_1<v_2$ となります．そこで，具体的な例でそれぞれの場合について均衡解を求めてみよう．

例1．$v_1=v_2$ の場合

Aの利得表が右のようであるとします．

この表から，$v_1=v_2=1$ であることが分かります．つまり，

Aの戦略：

	Bの戦略			min(max)
	t_1	t_2	t_3	
A の 戦 略　s_1	-2	2	-1	-2
s_2	2	3	1	$1=v_1$
s_3	-3	-1	0	-3
max (min)	2	3	1 ‖ v_2	

表2．Aの利得表

戦略 s_2 を選択すればBがどの戦略を選択しても確実に1点は得ることができ，絶対優位な戦略です．従って，Aは得点確実な戦略 s_2 を選択するのが最善です．

Bの戦略：

Aが戦略 s_2 を選択することは確実であることが分かります．そこで，Bは失点を最小にする戦略を選択すべきです．t_1，t_2，t_3 による失点は -2，-3，-1（Aの得点の符号を変える）ですから，最小の失点は戦略 t_3 を選択した場合であり，これを選択すべきです．

以上から，A，Bの最善の戦略は s_2，t_3 を選択することであり，最終結果はAが1点を得ることになります．そこで，これらの組（s_2，t_3：1）がこのゲームの均衡解です．また，戦略（s_2，t_3）を**最適戦略**と呼びます．

このように，$v_1=v_2$ の場合は均衡解が必ず求まり，利得表でその解を示す戦略の組を**鞍点**（あんてん）と云い，その値を**鞍点値**と呼びます．上の例では鞍点は

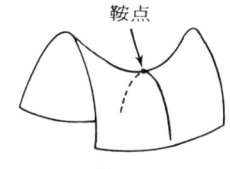

鞍の形

(s_2, t_3), 鞍点値は1で表2.の斜線の部分がそれを示しております。

鞍点は前図のような馬の鞍の丁度中心にあたるような点で，鞍を真横から見たときの稜線の最低点であり，また，その点で稜線に垂直な平面で切断すると断面の曲線の最高点になっています。

例2. $v_1 < v_2$ の場合

Aの利得表が右のようであるとします。

この表から，$v_1 = -1$，$v_2 = 1$ で $v_1 < v_2$ であることが分かります。この場合には例1.の場合と違いこのままでは均衡解が求められません。例えば，

Aがマックスミン戦略により戦略 s_2 を選択して，Bがミニマックス戦略により戦略 t_2 を選択するとAは1点失うからAはその戦略をとる

表3. Aの利得表

		Bの戦略			min(max)
		t_1	t_2	t_3	
Aの戦略	s_1	3	-2	-1	-2
	s_2	2	-1	2	$-1 = v_1$
	s_3	-3	1	0	-3
max (min)		3	1 $\parallel$ v_2	2	

のはより良い選択とは言えません。また，最高得点の3を狙って戦略 s_1 を選択すればBがやはり戦略 t_2 を選択すれば2点を失います。またBにとっても，戦略 t_2 がより良い戦略とは言えません。なぜなら，Aが戦略 s_3 を選択すれば1点失うからです。結局，A，Bの最適戦略は存在しません。このような，難点の解決のためフォン・ノイマンはA，Bそれぞれが自分の戦略に**確率を用いる戦略**を導入しました。すなわち，A，B2人はそれぞれ自分の最初の戦略の選択にそれを選択する確率を与えて**得点の期待値で戦略**を考えるものです。

Aは戦略 s_1, s_2, s_3 の選択にそれぞれ確率 p_1, p_2, p_3 ($p_1 + p_2 + p_3 = 1$)，同様にBは戦略 t_1, t_2, t_3 にそれぞれ確率 q_1, q_2, q_3 ($q_1 + q_2 + q_3 = 1$) を与えて戦略を混合します。これを，**混合戦略**と言います。

すると，$v_1 = v_2$ の場合は，混合戦略の特別な場合となります。なぜなら，例えば，Aが戦略 s_1 を選択するのは，$p_1 = 1$，$p_2 = p_3 = 0$ を与えればよい訳です。この $v_1 = v_2$ の場合にとる戦略を

表4. Aの混合戦略利得表

		Bの戦略		
		$t_1 q$	$t_2 q$	$t_3 q$
Aの戦略	$s_1 p$	$a_{11} p_1 q_1$	$a_{12} p_1 q_2$	$a_{13} p_1 q_3$
	$s_2 p$	$a_{21} p_2 q_1$	$a_{22} p_2 q_2$	$a_{23} p_2 q_3$
	$s_3 p$	$a_{31} p_3 q_1$	$a_{32} p_3 q_2$	$a_{33} p_3 q_3$

純粋戦略と言い，混合戦略はこの戦略を拡張したものです．

さて，Aが s_i ($i=1, 2, 3$)，Bが t_j ($j=1, 2, 3$) を選択するとき，A，Bがそれらの戦略に適用する確率を p (p_1, p_2, p_3)，q (q_1, q_2, q_3) として，利得表を一般形で表すと，表4.のようになります．

もちろん，Bの利得表はこの表の符号を変えたものです．

そこで，Aの利得の期待値（つまり，利得表の総和）を E で表すと，

$$E = \sum_{i=1}^{3} \sum_{j=1}^{3} a_{i,j} p_i q_j$$

であり，E は確率 p，q の決め方に対応して定まるから，**p，q の関数**となります．そこで，上記のAの期待値 E を考えて，

　　　　Aの戦略：E を大きくするように p を決める
　　　　Bの戦略：E を小さくするように q を決める

をA，Bの最善の戦略と考えます．すると，E について定理Ⅰ．と同様にして，次の基本定理が成立します．

定理Ⅱ：
$$\max_{p} \{\min_{q} E(p, q)\} = \min_{q} \{\max_{p} E(p, q)\}$$

これがゼロ和・2人ゲームの基本定理**ミニマックス定理**です．ここでは，証明は省略して，この種の問題の扱い方を見てみよう．

■問題．

次の文章の ☐ の中に適当な数値または式を入れよ．

A，B2人でゲームをする．Aは s_1, s_2 の2つの手を選ぶことができ，Bは t_1, t_2 の2つの手を選ぶことができるものとする．Aの手が s_i ($i=1, 2$) で，Bの手が t_j ($j=1, 2$) のときのAの得点を右の表のように定める．

	t_1	t_2
s_1	5	-7
s_2	-1	3

Aが s_1 を確率 x で選び，Bが t_1 を確率 y で選ぶとすれば，Aの得点の期待値は ☐(イ) で表される．これを（x の1次式）×（y の1次式）+定数 のかたちに変形すれば，次のことがわかる．すなわち，Bが y の値をどのようにとっても，Aの得点の期待値を ☐(ロ) 以上にするためには，x の値を ☐(ハ) にすればよく，また，Aが x の値をどのようにとっても，BがAの得点の期待値

を[ロ]以下にするためにはyの値を[ニ]とすればよい．

早稲田大．（理工）．

与えられた得点表よりマックスミン値$v_1=-1$，ミニマックス値$v_2=3$だから，混合戦略で考えることになります．

◀解答▶　Aの得点すなわち，$v_1<v_2$は，
$$E=5xy-7x(1-y)-(1-x)y+3(1-x)(1-y)=16xy-10x-4y+3$$
$$=16\left(x-\frac{1}{4}\right)\left(y-\frac{5}{8}\right)+\frac{1}{2}$$

よって，Aは得点の期待値をBがどのようなyの値をとっても$\frac{1}{2}$以上にするためには，Aはxの値を$\frac{1}{4}$にすればよい．すなわち，4回のゲームで1回戦略s_1，3回戦略s_2を選択するようにゲームを行えばよく，また，BはAがどのようなxの値をとってもAの得点の期待値Eを$\frac{1}{2}$以下にするためにはyの値を$\frac{5}{8}$とすればよい．すなわち，8回のゲームで5回戦略t_1，3回戦略t_2を選択するようにゲームを行えばよいことになります．

以上から，

(イ) $16xy-10x-4y+3$, (ロ) $\frac{1}{2}$, (ハ) $\frac{1}{4}$, (ニ) $\frac{5}{8}$　【答】

次の問題を課題として上げておきます．

●課題●

いま，あなたが友人と2人でゲームをしているとしよう．2人同時にコインを1枚か2枚出し，出されたコインの合計枚数が偶数であったときはあなたが相手の出したコインをもらえ，出されたコインの合計枚数が奇数であったときには出したコインを相手に取られてしまうとする．相手からもらえる枚数をプラスで，相手に取られる枚数をマイナスで表し，これを利得とよぼう．

(1) 次のAからJにあてはまる値を記入しなさい．

　(ア) あなたの利得は右の表であたえられる．

あなた＼相手	1枚出す	2枚出す
1枚出す	A	B
2枚出す	C	D

(イ) 相手が1枚出す確率が $\frac{1}{3}$ のとき，あなたが1枚出す場合のあなたの期待利得（利得の期待値）は $\boxed{\ E\ }$ であり，2枚出す場合の期待は $\boxed{\ F\ }$ である．

(ウ) 相手が1枚出す確率が $\frac{2}{3}$ のとき，あなたが1枚出す場合のあなたの期待利得は $\boxed{\ G\ }$ であり，2枚出す場合の期待利得は $\boxed{\ H\ }$ である．

(エ) 相手が1枚出す確率が p のとき，あなたが1枚出す場合の期待値は $\boxed{\ I\ }$ であり，2枚出す場合の期待値は $\boxed{\ J\ }$ である．

(2) あなたが自分の期待値を最大化するためには，相手が1枚出す確率 p に応じて，どのようなコインの出し方をすればよいか．　　　横浜市大．(商)．

────────────────────────────────

◀解答▶ (1) (ア) A．1，B．-1，C．-2，D．2 (イ) E．$-\frac{1}{3}$，F．$\frac{2}{3}$，

(ウ) G．$\frac{1}{3}$，H．$-\frac{2}{3}$，(エ) I．$2p-1$，J．$2-4p$．

(2) $p>\frac{1}{2}$ のとき，1枚．$p<\frac{1}{2}$ のとき，2枚．$p=\frac{1}{2}$ のとき，1枚でも2枚でもよい．

次に，今回の問題にあるような非ゼロ和・2人ゲームについて述べてみよう．

(2) 非ゼロ和・2人ゲームの場合

1928年ウェストバージニア州のブルーフィルドで生まれた数学者ジョン・ナッシュ（John Forbes Nash. 1928-）はプリンストン大で数学を学び，そのときゲーム理論の研究を始めました．そして，1950年初めにフォン・ノイマンやモルゲンシュテルンのゲーム理論を拡張して非ゼロ和・2人ゲームの均衡解の求め方を示しました．

非ゼロ和・2人ゲームの特徴は，2人の得点の和がゼロにならないこと以外に必ずしも一方が利得し，他方が損失するとは限らず，冒頭の問題のように（トモミもナミエ）の両方が共に利得または損失する場合が含まれることです．

例3．A，B2人のプレーヤーが右の得点表に基づきゲームをするとき，その均衡解を求めよ．ただし，AおよびBの戦略はそれぞれ2つあり，s_1, s_2 および t_1,

	Bの戦略	
Aの戦略	t_1	t_2
s_1	3, 1	0, 2
s_2	2, 0	1, 3

表5．利得表

t_2である．また得点表の各マスは左がA，右がBの得点である．

ナッシュの均衡解は表の斜線部分となり，従って，$(s_2, t_2 : 1, 3)$となります．

何故なら，Aは戦略s_1，s_2を比べるとs_1を選択すれば，最高得点の3を得ることも考えられますが，Bの戦略を見るとき，Bには絶対優位の戦略t_2があり，するとAは得点0となります．よって，Aは戦略s_2を選択して得点1を得るのがより良い戦略となり，このゲームの最適戦略の(s_2, t_2)が得られます．

ところが，ナッシュは均衡解に思わぬジレンマ（両刀論法）が生ずることに気付きました．その1つに「囚人のジレンマ」があります．

一つの事件に関与したA，B2人の囚人が別々に留置されていて互いに連絡はとれないとします．このとき，それぞれが取り調べに対して自白をするか自白を拒否するかで右の表のような刑に服することになるとします．このとき，A，B2人の囚人は自白と自白拒否のどちらの選択がより良い戦略かと言うものです．

		B の 戦 略	
		自　白	自白拒否
A の 戦略	自　白	5年　5年	0年　10年
	自白拒否	10年　0年	1年　1年

表6．囚人の利得表

2人の囚人は連絡がとれないから協調も裏切りもありません．そこで，ナッシュの均衡解を求めると，囚人A，Bは共に絶対優位な戦略の自白を選択することになり，2人の囚人は5年の刑に服する結果となります．つまり，解は上の表の斜線部の（自白，自白：5年，5年）となります．このナッシュの均衡解が2人の囚人にとってより良い戦略となっていないことは表を見ればすぐ分かります．それは，2人が共に自白拒否をしておれば2人は1年の刑ですむからです．だが，2人はこの戦略を選択できないわけです．それは，もし，どちらかが自白すれば自白拒否した方は10年の刑に服することになるからです．結局，ナッシュの均衡解よりもっと良い解（自白拒否，自白拒否：1年，1年）が存在するにも拘らずそれが選択できないジレンマです．

このようなジレンマが起こることはランド研究所のフラッドが考え，実験でも確かめましたが，プリンストン大でナッシュの先生でもあった**タッカー** (Albert William Tucker. 1905-1972) が1950年スタンフォード大の心理学者

にゲーム理論の講演をしたとき，ナッシュの均衡解にこの種のジレンマが生ずることを分かり易く説明するため"囚人"の例を用いて「囚人のジレンマ」と名付けたものです．

　統計の理論家デヴィット・ブラックウェルは上記の囚人A，B 2人を（冷戦中の）アメリカとソビエト連邦に置き換え，自白と自白拒否を軍備縮小と軍備拡張に置き換えて，それぞれの軍備の縮小と拡大の利得表を上記の年数と同様に数値化して，お互いに軍縮すれば両国に大きな利得があるのに，不信から自国が軍縮しても他国が軍拡すれば損失が大きくなると考え結果的には軍拡競争を引き起こすことが見て取れるとし，このジレンマの解決策は難しいと述べています．

3．フォン・ノイマンについて

　フォン・ノイマンは1903年にハンガリーの首都ブダペストで，成功したユダヤ人銀行家の3人息子の長男として生まれ，1957年に53才で第2の祖国の首都ワシントンで膵臓ガンのため2年間闘病の末に亡くなりました．

　幼年時代から抜群の記憶力と計算力の才能を持ち，恵まれた知的家庭環境の中で育ちました．多くの家庭教師からギリシャ語，ドイツ語，フランス語，ラテン語などの言語を中心に学び，また，父の蔵書で歴史や文学書などの読書に熱中しました．

　10才のとき，ブダペストの3つの名門ギムナジウムの1つルーテル校に入学しました．他の2つはミンタ校とレアール校で，この頃これらの学校は絶頂期にあり，広範囲の地域から優秀なユダヤ系ハンガリー人の生徒が集まり優れた先生の教育を受けた後，ドイツやスイス等の有名大学で勉強し，後に高名となった数多くの科学者が誕生しました．彼等は，その後国状の不安定やナチの差別・迫害を逃れ，次々にアメリカに移り20世紀後半には世界の科学の中心は西欧からアメリカに移りました．

　例えば，原爆の製造に関わったハンガリーの4人組と称されるレオ・シラードがレアール校，ウィグナーとフォン・ノイマンがルーテル校，エドワード・テラーがミンタ校の同世代の出身者です．(p.67参照)

　フォン・ノイマンがルーテル校に入学時，数学の先生ラスロー・ラーツ先生は直ちに彼の才能を見抜き，父親に彼がもっと高度な数学を学ぶことを勧めブ

ダペスト大の知人の数学者に引き合わせ，その教授を通じ別の大学のセゲー講師が家庭教師となり大学レベルの内容を教わりました．セゲーはケーニヒスベルク大教授となりますが，ユダヤ人のためナチに追われて1933年アメリカのスタンフォード大に移った人です．また，フォン・ノイマンはギムナジウムに通学する一方ブダペスト大の数学者たちの個人教授も受けました．そして，17才でギムナジウムを卒業時には教授から同僚扱いを受けたと言われています．

ギムナジウム卒業後の進路については理論物理を希望しましたが，父に就職が心配と反対され，結局，ベルリン大の応用化学科に入学しますが，数学者になりたい思いもあり，ブダペスト大の大学院の数学科にも出願し入学が許可されました．しかし，殆ど受講することなく試験だけを受けましたが成績は優秀でした．2年次にベルリン大在籍のままチューリッヒのスイス連邦工科大の応用化学科へ編入試験を受け合格しました．ベルリン大への出席も余り出来ませんでしたが，結局，三ケ国の3つの大学に同時に在籍しました．ちなみに，スイス連邦工科大は大変な難関大で20年前にアルバート・アインシュタインが受験して失敗し予備校通いをして翌年合格した大学です．

フォン・ノイマンは22才でスイス連邦工科大から学士（応用化学）とブダペスト大の大学院から博士（数学）の学位を受けました．2つの学位を得てベルリン大の私講師の肩書きをもらい数学を教え，同時にロックフェラー財団の奨学金を得て1年間ゲッチンゲン大のダーフィト・ヒルベルトとその弟子ヘルマン・ワイルの下で集合論等を研究しました．当時，ヒルベルト教授の下には世界の若い優秀な数学者や物理学者が多数集まっており，客員教授のノーバート・ウィナーや同期生として原子物理学者のオッペンハイマーなどに出会いました．その後，ハンブルク大の私講師を経て26才のとき，プリンストン大から量子論の講義の要請を受けてアメリカに移り非常勤講師，翌年から49才まで客員教授として勤めました．その間29才のときプリンストン高等研究所の数学教授となり生涯この地位にありました．

1937年，33才のときアメリカの市民権を取得し，この頃フォン・ノイマンは弾道学と爆発の衝撃波の数学的解析に関心をもっていました．それは，第1次世界大戦のとき，ドイツ軍の砲弾が数学者の計算した飛距離の2倍近くも飛んだことなどにより，砲弾が密度の異なる空気中を飛ぶときの弾道や，また爆発の衝撃波がどうなるのかという非線形現象が数学者に未解決であることへの挑

戦でした．そこで，陸軍では砲弾の射程表が作成されており，実際の実験データがあることから，研究目的で翌年陸軍の予備役士官の試験を受けました．もちろん立派な成績で翌年に合格発表がありました．そこで，陸軍兵器局の士官を申請しましたが，受験中に制限年齢の35才を越えたため士官になれず，次の年にアバーデンにある陸軍兵器局の弾道学研究所の科学顧問となり，間もなく衝突爆発の数学的理論とその計算の第一人者となりました．そして，国防研究協議会の顧問，また，海軍兵器局の顧問，さらには，日本が真珠湾を奇襲した翌年には原爆開発プロジェクトのロスアルモスの研究所の顧問として「マンハッタン計画」にも参加することになります．そのため，勤務は陸軍，海軍，ロスアルモス，プリンストン大，高等研究所などと多くの顧問の仕事や研究に従事しました．広島・長崎への原爆投下については，投下候補地の選定委員にも加わり，投下高度や輸送に関する計算を担当したと言われています．第2次世界大戦が終わった後，核兵器の拡散が問題となり核抑止力としてアメリカが優位に立つべきことを主張し，ビキニ環礁での「クロスロード」核実験のときには現場にも立ち会いました．そして，このとき浴びた放射能が原因で9年後にガンが発症したと言われています．

　このように軍部や政府の重要な顧問や委員としての仕事は増え続け，その後もランド研究所（作戦研究所）顧問や原子力委員などを務めました．主要な数学の業績として，量子力学の数学的基礎やゲーム理論の確立，プログラム内蔵式コンピュータの開発などが上げられています．

試問50.の解答

(ア)　トモミの戦略を考える．

　トモミは自分の二つのカードaとbを比較して，ナミエがどのカードを出してもbの得点がaの得点より少ないから**トモミは決してbのカードを出すことはない．**　　　　　　　　　　　　　　　　　∴　(ア)　5．【答】

(イ)　次に，ナミエの戦略を考える．

　　先ずナミエはトモミがbを出すことはないことを知るからこれを除く．
　　aとbのカードを出す場合の得点を比較するとトモミがa，cのどのカードを出してもbを出したときの方がaを出したときより得点が少ない．よって，ナミエはbのカードは決して出すことはない．

同様に，aとcのカードを出した場合の得点もトモミがa，cのどのカードを出してもcを出したときの方がaを出したときより得点が少ない．よって，ナミエはcのカードは決して出さない．

したがって，**ナミエはaのカードを出す**ことになる．すると，

トモミはa，cのカードを出す場合の得点を比較するとcのカードを出したときの方がaのカードを出したときより得点が少ない．よって，トモミはcのカードは決して出さない．よって，**トモミもaのカードを出す**．

∴ (イ) 1．【答】

(参考文献)
1．(注)『ゲーム理論の世界』鈴木光男著．勁草書房．1999．
2．『ゲーム理論入門』小山昭雄著．日経文庫．1980．
3．『囚人のジレンマ』ウィリアム・パウンドストーン著．松浦俊輔訳．青土社．1995．
4．『フォン・ノイマンの生涯』ノーマン・マクレイ著．渡辺正・芦田みどり訳．朝日選書．1998．

16. 平面図形数と数列の和

ご石の配列から導く数列の和の公式

【試問51】

次の問に答えよ.

(1) ご石を1辺が $n+1$ 個の正方形の形に並べてある. Aは1つの横の行のご石を全部とり去り, 次にBはその残りの部分から1つの縦の列のご石を全部とり去った. 2人はとり去ったご石と残りのご石の和を考えて, 公式
$$(n+1)^2 = n^2 + 2n + 1$$
をたしかめることができた. どのようにしてたしかめたか.

(2) さらに, Aはその残りの部分から1つの横の行のご石を全部とり去り, 次にBはその残りの部分から1つの縦の列のご石を全部とり去った. このようにAは1つの行, Bは1つの列のご石を順にとっていってついに, はじめに並べたご石を全部とりつくした. 2人はとり去ったご石の総和を求めて,
$$1+2+\cdots\cdots+n$$
の和を表す公式を導いた. どのようにして導いたのか. 　　日本大.（歯学）.

この問題は古代ギリシャのピタゴラス学派が研究した図形数と関係したものです.

"万物の本質は数である"と考えたピタゴラス（B.C.570-490頃）にとって, 図形と数は一体のものでした. 数1は1つの点として1個の●またはこれに類する図で表し, 図形はこのような●（点と呼びます）の集りとして図示されました. したがって, ●は図形を構成する元になるものだから単一の分割できないもの（単子）です. このような点で構成された図形において, 点の個数をその図形の**図形数**と言います. ここで, 注意を要するのは, 上述のようにピタゴラス学派の図形は単子, つまり原子のような点の集まりですからユークリッドの線で囲まれた図形やデカルト座標の平面上で一定の条件を満たす点の集まりとしての図形とは異なり特殊なものです. つまり, 数で形象された図形です.

ピタゴラス学派はこの図形数をもとに幾何学を数論的な側面から考えました．

そこで，ピタゴラス学派の図形の作り方とその図形数からどのような公式を得たのか具体的な例でいくつか示しておきます．点を表す●を1個，2個，3個，4個，……と下図のように1個から始めて連続的に付け加えて行くと次々に正三角形ができていきます．

このとき，点の個数は順に，

$$1,\ 3,\ 6,\ 10,\ \cdots\cdots$$

となり，これらの数が正三角形の図形数で，総称して**三角数**と言います．

つまり，1は始まりで特殊なものと見て，3は1辺2，6は1辺3，10は1辺4の正三角形を表す数とします．

一般に1辺 n の三角数を T_n とすれば，

$$T_n = 1 + 2 + 3 + \cdots\cdots + n \qquad\qquad \text{I．}$$

より，自然数の数列の n 項の和となります．

また，1辺 n と1辺 $(n+1)$ の三角数 T_n と T_{n+1} の関係式は，

$$T_{n+1} = 1 + 2 + 3 + \cdots\cdots + n + (n+1) = T_n + (n+1) \qquad\qquad \text{I′．}$$

であることは明らかです．

I．の右辺の結果の求め方は今回の問題の(2)に含まれています．

次に，正四角形（正方形）は点を下図のように並べて作られます．

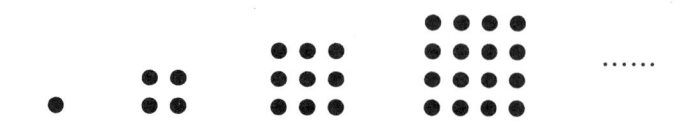

これから，正四角形の図形数は，

$$1,\ 4,\ 9,\ 16,\ \cdots\cdots$$

すなわち，

$$1^2,\ 2^2,\ 3^2,\ 4^2,\ \cdots\cdots$$

より自然数の平方数列となり，これらの数を総称して**四角数**（または**平方数**）

と言います．つまり，1は特殊なものと見て，4は1辺2，9は1辺3，16は1辺4の正方形を表す数となります．

一般に1辺 n の四角数を S_n とすれば，
$$S_n = n^2 \qquad \text{II．}$$
から数 n^2 は1辺 n の正方形を表します．

また，1辺 n と1辺 $(n+1)$ の四角数 S_n と S_{n+1} の関係式は，
$$S_{n+1} = S_n + (2n+1) \qquad \text{II}'．$$
となることは明らかです．

ピタゴラス学派はこの関係から次の図を用いて2つの公式を導いています．

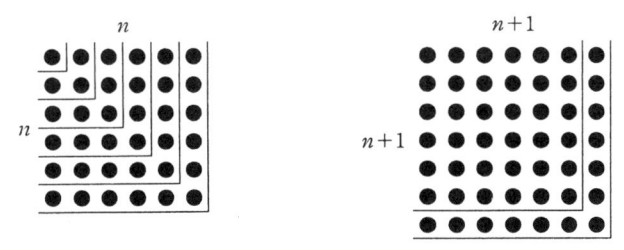

左図の1辺 n の四角数 S_n は線で示したように区切ってみると，1個の点から始めて奇数個の点を連続的に n 個付け加えたものであることが分かります．すなわち，
$$S_n = 1 + 3 + 5 + \cdots\cdots + (2n-1)$$
よって，II．から公式
$$1 + 3 + 5 + \cdots\cdots + (2n-1) = n^2$$
が成り立ちます．また，

右図の1辺 $(n+1)$ の平方数は1辺 n の平方数 n^2 に曲尺の形をした図形部分の図形数 $2n+1$ を付け加えたものであることを示し，これから公式
$$(n+1)^2 = n^2 + 2n + 1$$
が成り立ちます．これは，試問の問題の(1)の結果となっています．

平方数はこのように数1から始めて奇数を連続的に付け加えることで求められ，その数は曲尺形の図形部分を表わしており，これが図形数を考える上で重要な役割を果たすのでピタゴラス学派はこの**曲尺形の図形**やその図形数の**奇数**を**グノモン**と名付けました．

さて，今回の問題はピタゴラス学派の点を碁石でモデル化したものと考えれ

ばよい訳です．碁石は操作が可能なこと，図形のイメージ作りや説明が容易なこと，白と黒の使い分けで部分を区別することができて便利です．

(ヒント)
　この問題はAが最下段から，Bが右端から順々に取って行くと考えても一般性を失わないからこのように扱うと正方形から連続的にグノモンを取り去ることになります．

(1)　AとBの2人が取り去った残りのご石は1辺が n 個の正方形の形となります．
　　元のご石の個数 S_{n+1} は残ったご石と取り去ったご石の数の和となります．

(2)　AとBの2人が次々に取り去っていくご石の数の総和を加えると元のご石の個数に等しい．

　(1)と(2)でAとBの2人が取り去るご石を○と●で示すと次のようになります．

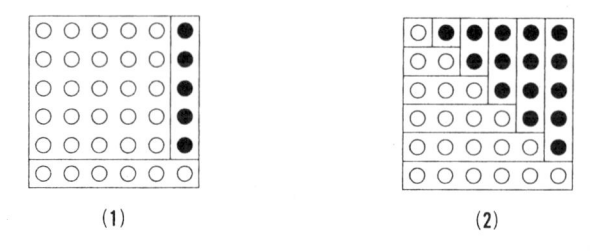

　　　　　(1)　　　　　　　　　　(2)

(2)から，
$$T_{n+1} + T_n = S_{n+1} \quad \text{Ⅲ．}$$
が成り立ちます．

よって，問題の(2)の式はⅠ′．とⅢ．から，
$$T_n = 1 + 2 + \cdots\cdots + n = \frac{n(n+1)}{2}$$
と導くことができます．

(余談)

1．グノモンの考え方の拡張とその応用

　前述のようにグノモンはピタゴラス学派が四角数を作るには数1から連続的に奇数を付け加えると次々に正方形が作れることに着目して奇数および曲尺形の図形に名付けたものですが，その後拡大解釈され，例えば，ユークリッドは『幾何学原論』で平行四辺形にグノモンを応用しています．

一般的なグノモンの定義はアレクサンドリアの**ヘロン**が行い"**グノモンとは,数や図形など任意のものに付加した場合,その全体と元のものが相似となるとき,付加したもののことである.**"としました.これにより,正多角形や図形数の問題もより統一的に論ずることができるようになりました.

正三角形から正六角形までの図形数とグノモン数を図示すると次のようになります.

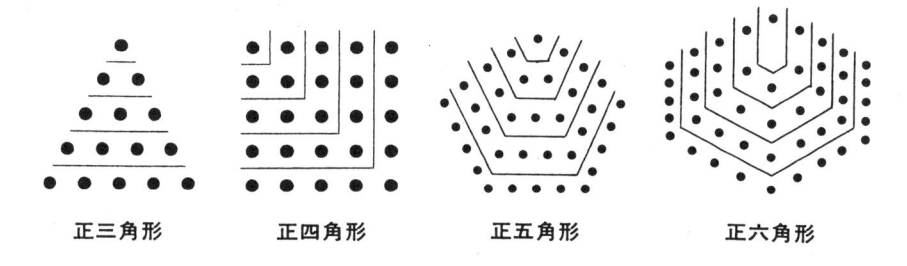

正三角形　　正四角形　　正五角形　　正六角形

正三角形:
　図　形　数　1, 3, 6, 10, ……
　グノモン数　2, 3, 4, 5, ……

正四角数:
　図　形　数　1, 4, 9, 16, ……
　グノモン数　3, 5, 7, 9, ……

正五角形:
　図　形　数　1, 5, 12, 22, ……
　グノモン数　4, 7, 10, ……

正六角形:
　図　形　数　1, 6, 15, 28, ……
　グノモン数　5, 9, 13, ……

一般に正 k 角形のグノモン数列は図形数列の階差数列で,その数列の初項は $(k-1)$ で公差 $(k-2)$ の等差数列となります.

次の問題は正方形について,そのグノモンを用いて数列の和を求める問題で,すでに説明した内容も含まれます.

問題1.

以下の問の ア ～ ク に当てはまる最も適切な数式または数値を求めよ．

(1) 白と黒の碁石を図1のように並べる．

図1で碁石の色が同じであるL字型 L_1, L_2, L_3, ……, L_n に含まれる碁石の数を ℓ_1, ℓ_2, ℓ_3, ……, ℓ_n とする．ただし L_1 はL字型ではない．

$\ell_n =$ ア であり，図1の正方形中の碁石の総数は イ である．

これは1から ウ までの奇数の和が イ であることを示している．

図1

(2) 白と黒の碁石を図2のように並べる．

図2で碁石の色が同じであるL字型 L_1, L_2, L_3, ……, L_n に含まれる碁石の数を ℓ_1, ℓ_2, ℓ_3, ……, ℓ_n とする．ただし L_1 はL字型ではない．

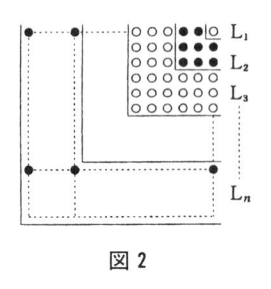

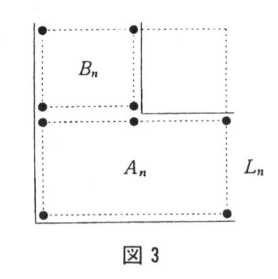

L_n を図3のように2つの部分 A_n と B_n に分けて計算すると $A_n =$ エ ，$B_n =$ オ となり，$A_n + B_n =$ カ である．図2の碁石の総数は キ である．これは n までの自然数の ク 乗の和が キ であることを示している．

図2

図3

共立薬大.

問題のL字型の部分は(1)はピタゴラス学派，(2)はヘロンの広義の意味でのグノモンとなっています．(2)の考え方をしたのはイランの数学者**アル・カルヒ**でした．(余談4．p.259参照)

◀解答▶

(1) L_n は碁石が縦横にそれぞれ n 個並んでいる。このうち 1 個は両方に属するから

$$\ell_n = 2n-1 \qquad \text{ア.の【答】}$$

図 1 は碁石が 1 辺 n 個の正方形になるように並べられているから，含まれる碁石の総数は n^2 である。 イ.の【答】

$$\therefore \quad n^2 = \ell_1 + \ell_2 + \ell_3 + \cdots\cdots + \ell_n = 1 + 3 + 5 + \cdots\cdots + (2n-1)$$

よって，1 から $(2n-1)$ までの奇数の和は n^2 である。 ウ.の【答】

(2) A_n の部分には縦には n 個，横には

$$1 + 2 + 3 + \cdots\cdots + n = \frac{n(n+1)}{2}$$

個の碁石が長方形状に並んでいるから，含まれる碁石の総数は

$$A_n = n \cdot \frac{n(n+1)}{2} = \frac{n^2(n+1)}{2} \qquad \text{エ.の【答】}$$

B_n の部分には縦には

$$1 + 2 + 3 + \cdots\cdots + (n-1) = \frac{n(n-1)}{2}$$

個，横には n 個の碁石が長方形状に並んでいるから，含まれる碁石の総数は

$$B_n = n \cdot \frac{n(n-1)}{2} = \frac{n^2(n-1)}{2} \qquad \text{オ.の【答】}$$

$$\therefore \quad \ell_n = A_n + B_n = \frac{n^2(n+1)}{2} + \frac{n^2(n-1)}{2} = n^3 \qquad \text{カ.の【答】}$$

図 2 の碁石の総数は

$$\left\{ \frac{n(n+1)}{2} \cdot \frac{n(n+1)}{2} \right\} = \left\{ \frac{n(n+1)}{2} \right\}^2 \qquad \text{キ.の【答】}$$

$$\therefore \quad \ell_1 + \ell_2 + \ell_3 + \cdots\cdots + \ell_n = 1^3 + 2^3 + 3^3 + \cdots\cdots + n^3 = \left\{ \frac{n(n+1)}{2} \right\}^2$$

よって，1 から n までの自然数の 3 乗の和は

$$\left\{ \frac{n(n+1)}{2} \right\}^2 \text{ となる。} \qquad \text{ク.の【答】}$$

この問題の(2)の結果から，公式

$$(1 + 2 + 3 + \cdots\cdots + n)^2 = 1^3 + 2^3 + 3^3 + \cdots\cdots + n^3$$

が証明されたわけです。

2. 偶数と長方形数

　ピタゴラス学派は整数が奇数と偶数に分類できることを知っていました．そして，奇数すなわち，グノモンによって正方形を作りましたが，正方形の場合と同様な方法で数 2 から始めて連続的に偶数を付け加えて次の下図のような長方形を作っています．

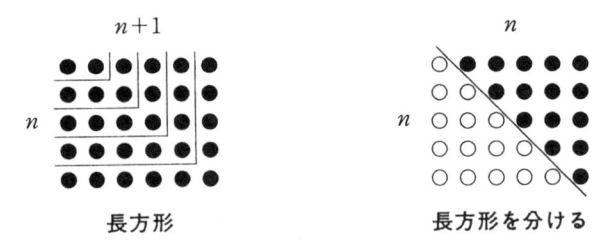

長方形　　　　　　　　　**長方形を分ける**

　この長方形は 2 辺の点の個数の差が 1 のもので，その個数が n と $n+1$ であれば長方形の図形数は $n(n+1)$ となり，図形数の因数の差が 1 となります．ピタゴラス学派はこのような図形を**長方形**と呼び，2 辺の差が 1 でないとき（**扁長形**）と区別しました．そして，長方形の場合も最初の偶数 2 から始めて連続的に偶数を付け加えて行きますが，曲尺形の部分の偶数 4, 6, 8, …… はグノモンではありません．何故なら，生ずる図形が相似にならないからです．

　すなわち，長方形数は，

$$1 \cdot 2, \ 2 \cdot 3, \ 3 \cdot 4, \cdots\cdots$$

ですが，2 辺の比 $n : n+1$ は n が異なると等しくならないからです．

　いま，上記の長方形数を R_n とすると，

$$R_n = 2 + 4 + 6 + \cdots\cdots + 2n = 2(1 + 2 + 3 + \cdots\cdots + n)$$

だから三角数 T_n の 2 倍であることになり，前図（右）の ○ と ● の点の個数がそれぞれ三角数 T_n となっています．それ故に，

$$R_n = 2T_n \quad \therefore \quad T_n = \frac{R_n}{2}$$

　ここで，$R_n = n(n+1)$ だから

$$\therefore \quad 1 + 2 + 3 + \cdots + n = \frac{n(n+1)}{2}$$

となります．これが教科書でよく用いられる説明方法です．

最後に，$1^2+2^2+3^2+\cdots\cdots+n^2$ の公式を図形数によって導いてみよう．

そのため下図のように白と黒の碁石を縦に $(2n+1)$ 個，横に T_n 個を長方形状に並べます．

このとき，碁石の総数は
$(2n+1)T_n$
$=(2n+1)\cdot\dfrac{n(n+1)}{2}$ ①

です．また，白の碁石は長方形の上下対称な形で四角数が 1 から連続して n^2 まで並ぶから，それらの部分の碁石の個数は

$\quad 2(1^2+2^2+3^2+\cdots\cdots+n^2)$ （i）

です．さて，黒の碁石の個数はいくらになるでしょうか？

それを求めるために黒の碁石部分を上から順に横に見て行くと，黒の碁石の個数は

$$T_1,\ T_2,\cdots\cdots,\ T_n,\cdots\cdots,\ T_2,\ T_1$$

と T_n に関して上下対称に並んでいます．

よって，その総和は
$2(T_1+T_2+\cdots\cdots+T_{n-1})+T_n=T_1+\{(T_1+T_2)+(T_2+T_3)+\cdots\cdots(T_{n-1}+T_n)\}$

ここで，$T_1=1$，$T_n+T_{n+1}=S_{n+1}$ $(n\geqq1)$ ですから，上の黒の碁石の合計は
$$1+S_2+S_3+\cdots\cdots+S_n=1^2+2^2+3^2+\cdots\cdots+n^2 \qquad\text{(ii)}$$

となります．これは，黒の碁石の部分を次の図のように順々に区切ってみれば，各部分は

$1,\ 3+1,\ 5+3+1,$
$\cdots\cdots,(2n-1)+\cdots\cdots+5+3+1$

となり，n 個の区切りで終了することからも分かります．

(i)と(ii)から長方形の碁石の総数は

$\quad 3(1^2+2^2+3^2+\cdots\cdots+n^2)$ ②

であり，①と②から

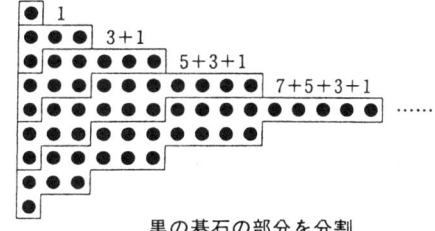

黒の碁石の部分を分割

$$3(1^2+2^2+3^2+\cdots+n^2) = (2n+1)\frac{n(n+1)}{2}$$

$$\therefore \quad 1^2+2^2+3^2+\cdots n^2 = \frac{n(n+1)(2n+1)}{6}$$

が得られます．

このように，高校での主要な数列の和の公式は古代ギリシャでは図形数を使って求めていました．

3．有心正多角形について

さて，古代ギリシャでは1点を中心としてその周りに相似な正多角形をその頂点が中心点から引いた線分上にあるように連続的に作った**有心正多角形**の図形数についても考えられました．例えば，有心正三角形と有心正四角形を図示すれば次のようです．

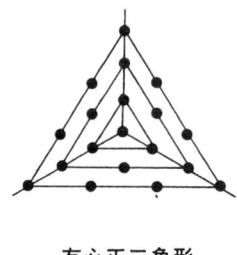

有心正三角形 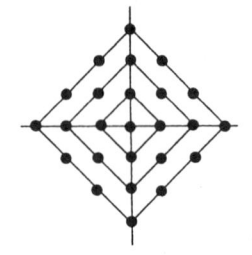　　　　有心正四角形

同様にして，一般に有心正 k 角形を作ることができます．この有心正多角形の図形数を古代ギリシャではどのようにして求めたかを次の問題を参考にして見てみます．

問題2．

下図のように，点の個数を増やしていくとき，n 番目の図形 A_n に含まれる点の個数を a_n とする．

数列 $\{a_n\}$ について，次の各問に答えよ．

(1) a_5 と a_{10} を求めよ．
(2) 一般に a_n を n を用いて表せ．
(3) $a_1+a_2+\cdots+a_n$ を求めよ．

平面図形数と数列の和 —— 255

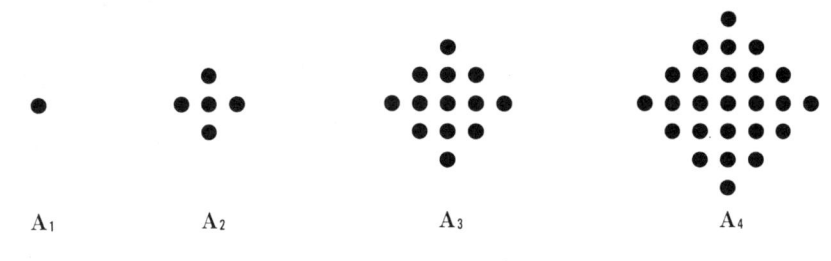

A_1　　　A_2　　　A_3　　　A_4

宮崎大．(教)．

最初に，教科書にある漸化式を作って解いて，次に古代ギリシャの方法で考えてみよう．

◀解答▶

(1) A_{n+1} は A_n の周囲に点を 4n を並べたものだから，

$$a_{n+1} = a_n + 4n$$
$$\therefore a_{n+1} - a_n = 4n$$
$$\therefore a_n = a_1 + 4\sum_{k=1}^{n-1} k = 1 + 2n(n-1) = 2n^2 - 2n + 1$$
$$\therefore a_5 = 41, \ a_{10} = 181 \qquad 【答】$$

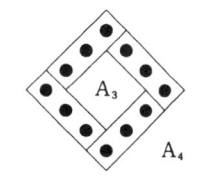

例．A_3 と A_4 の関係

(2) (1)から，
$$a_n = 2n^2 - 2n + 1 \qquad 【答】$$

(3) $a_1 + a_2 + \cdots + a_n = \sum_{k=1}^{n}(2k^2 - 2k + 1) = \dfrac{n(2n^2+1)}{3} \qquad 【答】$

それでは古代ギリシャではどのように考えたでしょう？

ギリシャでは，有心正多角形は中心点を除く残りの部分が角の個数と等しい合同な部分に分割でき，かつ分割した部分は三角数になることが知られていました．

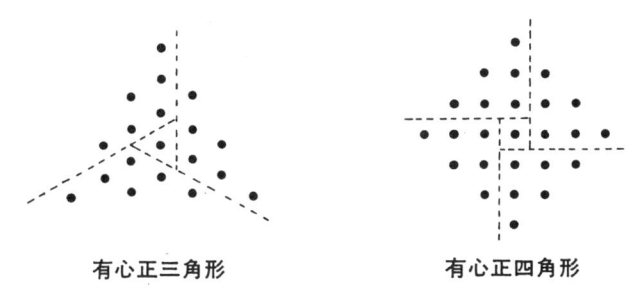

有心正三角形　　　　有心正四角形

例えば，有心正三角形と有心正四角形であれば前図のようになります．

一般に，有心正 k 多角形であれば中心を除いて k 個の合同な部分に分割します．分割の可能性はその図形が $\dfrac{2\pi}{k}$ の整数倍の回転によってもとの状態と変わらないことにあります．また，分割した各部分は三角数となり，1辺が n であれば k に無関係に，

$$T_{n-1} = 1 + 2 + 3 + \cdots\cdots + (n-1) = \dfrac{n(n-1)}{2}$$

となります．よって，図形数は中心の1個を加えると，

有心三角数の n 番目は $3T_{n-1}+1$

有心四角数の n 番目は $4T_{n-1}+1$

$\cdots\cdots\cdots\cdots\cdots\cdots\cdots$

有心 k 角形の n 番目は $kT_{n-1}+1$

と簡単に求められることが分かります．

これから，上の問題で(2)の四角数列 $\{a_n\}$ の一般項 a_n は，

$$a_n = 4T_{n-1} + 1 = 4 \cdot \dfrac{n(n-1)}{2} + 1 = 2n^2 - 2n + 1$$

となります．

課題として次の有心正六角形の問題を示しておきますので試してみてください．

● 課題1 ●

下の図のように，点の個数を増やしていくとき，n 番目の図形 A_n に含まれる点の個数 a_n とする．

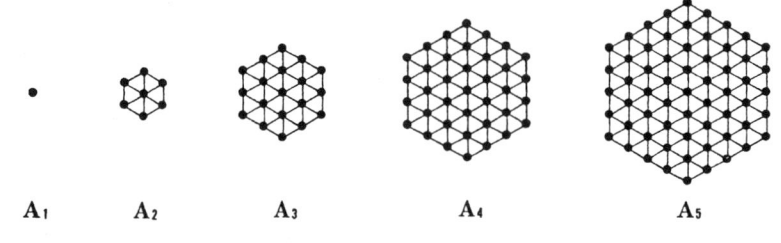

A_1　A_2　A_3　A_4　A_5

このとき，次の各問に答えよ．

(1) a_{n+1} と a_n の間に成り立つ関係式を求めよ．

(2)　a_n を n を用いて表せ．
(3)　$a_1+a_2+\cdots\cdots+a_n$ を求めよ．　　　　　　　　　　　　　宮崎大．（エ）．

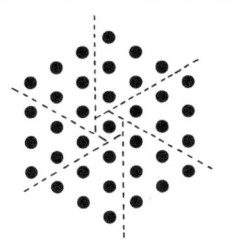

6つの部分の分け方は中心と頂点を結ぶ線分に平行線(点線部)で中心を囲むように引けばよい。

答：(1)　$a_{n+1}=a_n+6n$．　(2)　$a_n=3n^2-3n+1$．　(3)　n^3

紀元250年頃のアレクサンドリアの**ディオファントス**（Diophantos.）は多角数についての論文の中で，

三角数の8倍に1を加えると平方数である．

を図形数で（幾何学的）に証明しています．

すなわち，現代式に示すと，
$$8T_n+1=S_{2n+1}$$
となり，証明は
$$8\left\{\frac{n(n+1)}{2}\right\}+1=4n^2+4n+1=(2n+1)^2$$
ということです．

そこで，読者は次の課題でこれを確かめて下さい．

●課題2●

$8T_3+1=S_7$ が成り立つことを，次の1辺4の有心正四角形の図を用いて示せ．

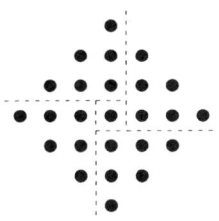

4．ニコマコスとボエティウスの算術書

　後世の著述には，"ピタゴラス(B. C. 570頃-490頃)は幾何学の数論的な側面（数で表示される図形）の研究に最も多くの時間を割いた．"というものもあります．万物は数からできているとする学派の哲理からすると真実らしくも思えます．

　実際は，ピタゴラス自身はもとよりその学派の人は一切著書を残さなかったため，学派内の誰がどんな研究し，成果を得たのかすべて謎に包まれ，その学派内の研究やその功績はすべてピタゴラスの名前で伝わっています．書物が残されなかった理由も諸説があります．ピタゴラス学派は秘密厳守の集団で，内部情報を口外することが厳禁されていたことによるとするもの，また，当時のギリシャでは書物の用材の入手が困難であったためとするもの，つまりエジプトやバビロニアのようにパピルスや粘土が容易に利用できなかった時代や社会であったとするものなどです．

　その結果，ピタゴラス学派の研究については，学派外の人が彼等について語った著書に基づいて知ることになります．

　例えば，ユークリッド（B. C. 356頃-300頃）は彼以前の古代ギリシャ数学の研究を集大成して『幾何学原論』を著わしましたが，その中のグノモンはピタゴラス学派の発想にあること，Ⅶ―Ⅸ巻の数論部はピタゴラの数論に関連する内容であるなどがそうです．

　ピタゴラス学派の後継者がはじめて数論に関する著書を出したのはピタゴラスの時代から凡そ600年後の紀元100年頃で新ピタゴラス学派のニコマコスでした．彼はピタゴラスの数論を含むギリシャ算術をまとめた書を著しました．次いで，400年

上段：（左）ボエティウス　（右）ピタゴラス
下段：（左）プラトン　　　（右）ニコマコス
　この4人はピタゴラスの"平均の理論"により音楽理論を展開した数学者です．（ボエティウス著『音楽教程』の写本）

後に**ボエティウス**がこの書をラテン語に翻訳しました．この著はヨーロッパに伝わり算術の学習書としての権威を得て広く浸透し長期間にわたって読まれることになります．

そこで，この2人の書物で図形数に関連するものを中心に述べてみよう．

(1) **ニコマコス**（Nicomachos. 1～2世紀）

ニコマコスの生年や歿年は不明ですが，紀元140年頃にパレスチナのゲラサで生まれで新ピタゴラス学派に属し，主著のギリシャ語で書かれた『算術入門』の他に数冊の著書を書きました．しかし，それ以上のことは何も分かっていません．

『算術入門』はピタゴラス学派をはじめとして古代ギリシヤの数論を引き継ぎそれらを系統的な形にまとめたものであるといわれ，記述は命題を上げて，その特殊な例が示されるだけで証明はなく，また，演繹的な面もみられず帰納的で学問としての価値は低いとされていますが，ピタゴラス学派の数論を知る資料として，また，ユークリッド以来の数学は幾何学という考えを崩し，幾何学から数論を独立させた系統的な書としての意義は，最古の数論書であることと共に評価されています．

図形数に関係する章は次のようです．

第6章：数は点の個数で表され，三角数，平方数，五角数，六角数，七角数とそれらのグノモンの説明およびその数列の和．

第12章：平方数は連続する二つの三角数の和である．任意の多角数にある三角数を加えると，辺が一つ多い多角数となる．

第20章：奇数の数列から自然数の3乗の和を考える．

この最後の内容は問題1．で述べたものと同じで，グノモンによる証明はパレスチナのカラジー生まれの数学者**アル・カルヒ**（al-Karkhi. ?-1029頃）が代数学の著書『アルファフリ』で行ったとされています．

ギリシャの算術を復活させたニコマコスの著書は算術研究の唯一の参考書として長期間にわたり広く読まれて再版を重ね，多数の注釈書も著されました．

(2) **ボエティウス**（Boethius. 480頃-524）

ボエティウスはローマの貴族の出身で哲学者，数学者でした．また，皇帝テオドリックの助言者として政治にも関わりました．

若い頃にアテネに行ってギリシャの数学や文学を学び，ピタゴラス学派から

も算術の教えを受けたようです．

　ボエティウスはニコマコスの『算術入門』をラテン語に翻訳をしました．これは要約ですが，この翻訳書が西ヨーロッパに伝ってその初等部分は修道院学校で教科書としても用いられ，12世紀に至るまで700年以上も続きました．このギリシヤ算術が終焉を迎えるのは，より優れたインド算術が伝わりそれとの実用競争を経た後でした．

ボエティウス『算術入門』の写本

　右上の図はボエティウスの『算術入門』の写本（13世紀末）です．
　（左ページ）四角形図．（右ページ）五角形図．が示してあります．五角形図の上方で四角形の横あたりに五角形の図形数がアラビア数学で

$$1 \mid 5 \mid 12 \mid 22 \mid 35 \mid 51 \mid 70 \mid$$

とあり，原著のローマ数学が書き替えされていることにも注目されます．

　五角形の図は三角数と四角数とを組合せて次のような図形で示されています．

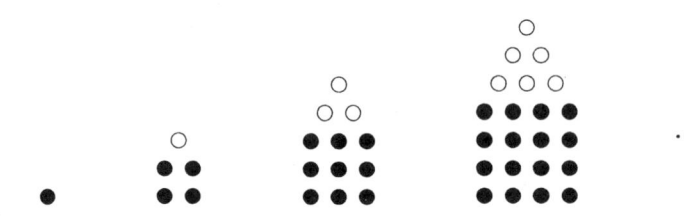

　現実的，実用的なものだけに関心が向き数学を強く敬遠したローマ人の中でボエティウスは優れた数学者の1人でしたが，ギリシヤ人のような論理性の重視には興味が薄く，数学を哲学や測定問題へ応用することに関心があったといわれています．新しいものに「n 個のものから同時に2個のものをとる組合せの規則は $n(n-1)/2$ となる．」が含まれています．

　政治家として皇帝テオドリックに仕えていたボエティウスはキリスト教徒でした．はっきりしたことは不明ですが，宗教的もしくは政治的な原因で皇帝の怒りに触れ長い牢獄生活の後，524年頃に斬首の処刑を受けました．その獄中

平面図形数と数列の和 —— 261

生活の中で『哲学の慰め』を著しましたことは有名です．

試問51.の解答

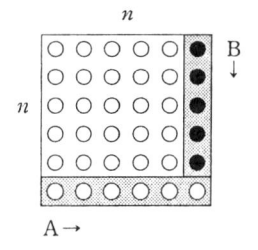

(1) 並べられたご石の総数は
$$(n+1)^2$$
である．

Aがとり去ったご石は $(n+1)$ 個で，Bがとり去ったご石は n 個であるから，2人がとり去ったご石は，
$$(n+1)+n=2n+1$$
である．また，2人がとり去った残りのご石は n^2 個だから，よって，

2人がとり去ったご石と残ったご石の数の和は
$$n^2+2n+1$$
である．

$$\therefore \quad (n+1)^2 = n^2+2n+1 \qquad 【答】$$

(2) AとBがそれぞれとり去ったご石を見ると，

Aがとり去ったご石：
$$(n+1)+n+\cdots\cdots+2+1 \qquad (\mathrm{i})$$

Bがとり去ったご石：
$$n+(n-1)+\cdots\cdots+2+1 \qquad (\mathrm{ii})$$

よって，(i)+(ii)＝ご石の総数より，
$$2(1+2+\cdots\cdots+n)+n+1=n^2+2n+1$$
$$\therefore \quad 2(1+2+\cdots\cdots+n)=n^2+n$$

したがって，
$$1+2+\cdots\cdots+n=\frac{n^2+n}{2}=\frac{n(n+1)}{2} \qquad 【答】$$

これは，1から n までの和，すなわち，1辺 n の三角数を T_n とし，1辺 n の四角数 S_n とすれば，
$$T_{n+1}+T_n=S_{n+1}$$
が成り立つことを示しています．

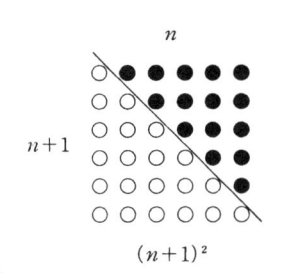

T_{n+1} がAがとり去ったご石の数，T_n がBがとり去ったご石の数，S_{n+1} が元並べられていたご石の数です．

(参考文献)
1．『ギリシヤ数学史』T. L. ヒース著．平田寛・菊池・大沼訳．共立出版．1959．
2．『数学歴史パズル』藤村幸三郎．田村三郎著．講談社．ブルーバックス．1985．
3．『数字の歴史2』ボイヤー著．加賀美鐵雄．浦野由有訳．朝倉書店．1984．

17. ピタゴラスの定理

(i) 定理の証明法

【試問52】

右図において，点 P，Q，R，S は正方形 ABCD の各辺 AB，BC，CD，DA 上に，AP＝BQ＝CR＝DS となるように与えられている．

これを用いて「直角三角形において，斜辺の長さの2乗は，他の2辺の長さの2乗の和に等しいこと」（**ピタゴラスの定理**）を証明せよ． 宮城大．（事業構想）．

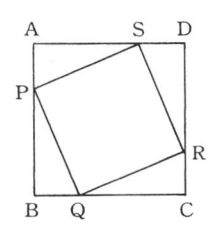

ピタゴラス学派は秘密集団であり，著書も残っていないので，学派が後世に残した数学上の業績はピタゴラスによるものとして伝えられていることは前回に述べた通りですが，問題にある証明法はプロクロス（Proclus, 412-485頃）が『エウデモスの要約』の中でピタゴラス自身による方法として解説をしています．また，以下の理由からピタゴラスがこの定理を証明した可能性が高いとされています．それは，ピタゴラスがエジプトやバビロニアなどを訪れており，エジプトでは"三角形の3辺が3，4，5のとき直角三角形となる．"ことが使用されていた．また，バビロニアでは粘土板文献（B. C. 1900-1600頃）に"有理数の3辺をもつ直角三角形の3辺の表，正方形の対角線を引きその長さ

バビロニアの粘土板文献(注1)（余談．参照）

を求めた幾何学図形"が発見されておりピタゴラスは旅先でこれらの知識を得たり，学んだ可能性が充分考えられるからです．

　他に，ピタゴラスが定理を発見したとする話として，神に感謝し牡牛100頭を犠牲にして捧げたと云う〈アポロドロス（数学者．年代不明）の〉伝説があり，これをピタゴラスの発見の根拠とする説もありますが，この伝説については発見したとする定理の内容が示されていないことやピタゴラスは輪廻回生の思想の持主とされ，生き物の殺傷はその理に反しており信憑性に疑問がもたれています．

　さて，ピタゴラス自身が証明したとされるこの定理をピタゴラスはどのような方法によったのでしょうか？　それについて2つの方法が考えられています．

　1つ目は，問題にある図を用いて行ったとする前述のプロクロスの解説したものです．

　2つ目は，直角三角形の直角頂から対辺に垂線を下ろし三角形の相似を利用して行ったとするものです．

　右図で，△ABC∽△DBA∽△DAC となるから，

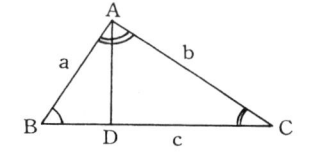

△ABC∽△DBA より　　$AB^2 = BD \cdot BC$

△ABC∽△DAC より　　$AC^2 = DC \cdot BC$

　　∴　$AB^2 + AC^2 = BD \cdot BC + DC \cdot BC = (BD + DC) \cdot BC = BC^2$

ここで AB^2 や AC^2 は正方形の面積を表し，$BD \cdot BC$ や $DC \cdot BC$ は長方形の面積を表しており，この長方形の面積の和は正方形の面積となるとしたのがユークリッドの証明法となっています．（余談2．参照）

(ヒント)

　三角形や正方形の面積に注目して，

1．面積の関係式を作り代数計算で解く．
2．直角三角形の各辺を1辺とする正方形の面積を作りだす方法を考えて図形を利用して解く．

　いずれで解いても容易です．解決できたら余談の問題1（p.268）を参考にして下さい．

> 余談

1. ピタゴラスの発見以前は？

　すでに述べたことですがピタゴラスがこの定理を証明する以前から，この定理の成立はエジプト，バビロニア，インドなど古代文明国ではすでに知られており利用されたり，文献（粘土板）にも記されていました．唯，この定理が一般に成立することを証明した形跡は見あたらず，はっきり**証明**を示したのが**ピタゴラス**であるわけです．そこで，古代の文明国でピタゴラス以前にどのように利用され，どのような文献に記述があるのかについて述べてみよう．

(1) 古代エジプトの縄張り師

　古代エジプトでは国王の墳墓であるピラミッドが作られ，特に有名なのが第IV王朝時代（B.C.2600頃-2480頃）のキザの三大ピラミッドです．それらのピラミッドの形は幾何学的に正四角錐に作られています．当時の測量師は底面など直角を作るのに縄を用い，縄に等間隔に12の結び目を付け，長さの比が3：4：5となる"縄張り三角形"を作り最大辺5の対角が直角となることを利用したとされ，縄定規を利用していた測量師達は**縄張り師**と呼ばれました．

　すなわち，ピタゴラスの定理の逆から

　　3辺の長さが3, 4, 5のとき，$3^2+4^2=5^2$ となり直角三角形となります．

(2) バビロニアの文献（粘土板）

　ピタゴラス（B.C.570?-490?）時代より千数百年前のバビロニアの粘土板の数学文献（前掲図．）の断片が発見されています．その記述（左図）の中には次のようなものがあります．

　有理数 a, b, c を3辺とする直角三角形で a, b を直角を挟む2辺（$a<b$），c を斜辺とするとき，c^2/b^2 の比が減少する順に15組の $(c^2/b^2, a, c)$ の値が60進法で表示されています．例えば，表の1行目の楔形文字の数を現代風に示すと数値は，

$$1;59,0,15 \quad 1,59 \quad 2,49 \quad 1$$

となります．左から3つ目までが $(c^2/b^2, a, c)$ の値で4つ目の1は順番の番号を示すものです．この数値を10進法に直すと，

$$c^2/b^2 = 1,59,0,15 = 1+59\times(1/60)+0\times(1/60^2)+15\times(1/60^3)$$
$$= 28561/14400$$

$$a = 1, 59 = 1 \times 60 + 59 = 119,$$
$$c = 2, 49 = 2 \times 60 + 49 = 169$$

となり，b を求めると，

$$b^2 = c^2 \times (14400/28561) = 14400$$
$$\therefore \quad b = 120$$

すなわち，$a^2 + b^2 = c^2$ は，

$$(119)^2 + (120)^2 = (169)^2$$

ということになります．ギリシャ以前の古代では数学は実生活に関連した問題が扱われるのが普通とされますが，なぜ15組もの値が必要だったのか，更には，なぜこれらの関係から一般化へ発展しなかったのか謎も残されています．

(3) インドの文献『ヴェーダ』の記述

B.C.2000年頃インドでは西方から侵入したアーリア人が北部のガンジス河沿いに定住しました．このインドアーリア人が凡そ1000年間に記した祭儀に関する文献『ヴェーダ』が数種あります．また，個々の祭儀を実行するため『シュルバスートラ』という補助本も数冊あって，その主要な書に祭場設営に関する『アーパスタンバ＝シュルバスートラ』(B.C.6-2頃)があります．"シュルバ"とは**縄または綱**という意味で，縄を用いて祭場設営を行う方法を説明したものです．その中に長辺が与えられたときの長方形の作図法が示されています．

エジプトの縄張り師は三角形の三辺の比を利用して直角を作りましたが，ここでは祭場の1辺が定まっているため長方形を利用して直角を作るようになっています．その1つを現代風に説明してみよう．

〈長辺 a の長方形の作図法〉

① 縄の一端 A′ から a に等しく A′B′ を取り，その延長上に a に等しく B′C′ を足して全長を $2a$ の A′C′ の縄を作る．

② B′C′ 上に $1/4 \cdot a$ に等しく B′D′ を取り，縄に D′ の印を付ける．

③ 2本の小杭 A，B を AB＝a となるように打つ，縄の端 A′ を B に，C′ を A にそれぞれ固定する．

④ 縄の D′ の印を持って縄のたるみがなくなるまで下方に引き張り標識 D を作る．

⑤ 小杭 A と B に固定した縄の端を入れ替え A′ を A に，B′ を B に固定し，④，

と同様にして標識Eを作ると四角形ABEDが求める長方形となる．

右図で，

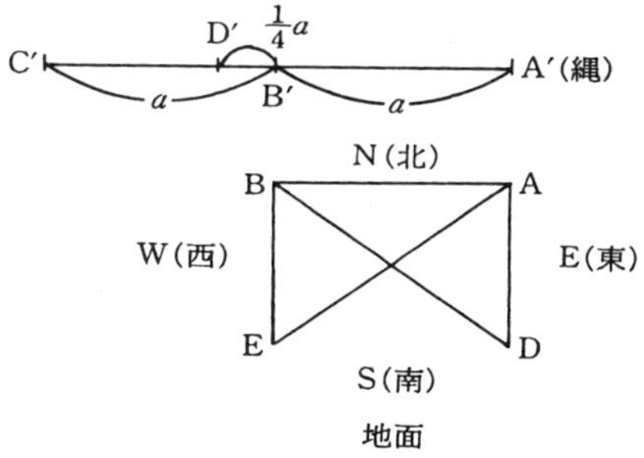

縄の目盛りと△ABDについて，
$AB = A'B' = a$
$BD = A'D' = (5/4)a$
$AD = C'D' = (3/4)a$
$AB^2 + AD^2 = a^2 + \left(\dfrac{3}{4}a\right)^2 =$
$\dfrac{25}{16}a^2 = \left(\dfrac{5}{4}a\right)^2 = BD^2$

となります．すなわち，3辺の比は3：4：5でエジプトの縄定規と同じであることが分かります．別法には3辺が5：12：13の比を利用する方法が示され，さらに，結論として，

「長方形の対角線は，長辺と短辺とが別々に作る正方形の地面（面積）の両方を合わせたものを作る．」

とあり，明らかにピタゴラスの定理を述べたもので，その成立が知られていたことになります(注2)．

2．ピタゴラスの定理の証明法

ピタゴラスの定理は数学の重要な定理であり，内容も分かり易く図示も容易で数学者はもとより数学愛好家によって多くの証明法が考えられ，証明法は100種以上とか，あるいは，280種近いとかいわれ，いずれにしても数学の定理でこれだけ多くの証明法が考えられた例は他にはありません．知名な5種を選んで述べてみよう．

次の証明方法は高校入試の問題として取り上げられたものです．

(1)　ガーフィールドの方法

問題1．

図1．図2．は『三平方の定理』の証明方法を示したものである．

図1．の(ｱ)と(ｲ)は紀元前の**数学者ピタゴラスの証明法**といわれ，

「1辺の長さが $b+c$ の2つの正方形の面積から三角形①，②，③，④の部分の面積をひくと $a^2 = b^2 + c^2$ であることを証明している」

図1(ア)

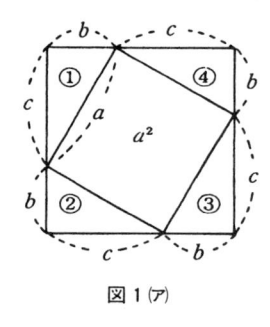

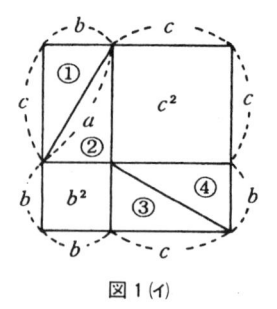

図1(イ)

図2.はアメリカの第20代の大統領ガーフィールドの証明法の図である．この図2.における証明を前出の「　　　」の中のように簡単に説明せよ．

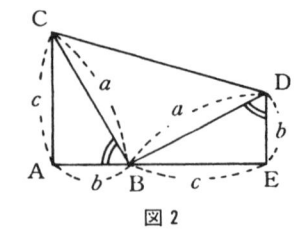

図2

城北埼玉高．

最初の部分は今回の問題と同じ図で，ピタゴラスの証明法とされているものですが，左図(ア)を次の右図のように組合せも可能となります．

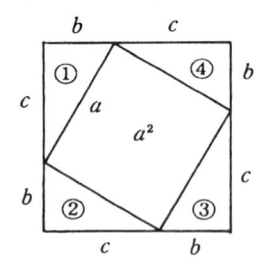

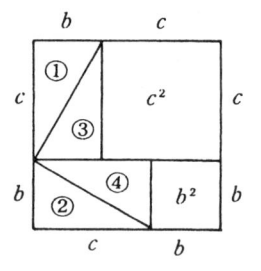

さて，問題のガーフィールドの証明法は，図2．で，△BDC が直角二等辺三角形になり，台形 AEDC の面積が，3つの直角三角形の和に等しいことから，

$$\frac{(b+c)^2}{2} = 2 \cdot \frac{bc}{2} + \frac{a^2}{2}$$

$$\therefore\ b^2 + c^2 = a^2$$

を示すものです．

要するに，ガーフィールドの図は上のピタゴラスの図(ア)の中にある正方形

の対角線で切って裏返したものて元の正方形の面積の半分だから，(イ)の図を対角線で半分にし裏返すと次図（右）のようになります．

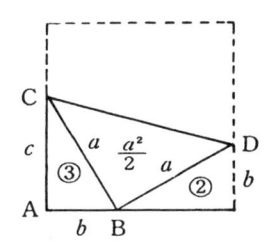

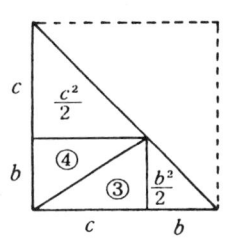

2つの図において2個の三角形を引くと残り面積は等しいから，

$$\frac{a^2}{2} = \frac{b^2}{2} + \frac{c^2}{2} \quad \therefore \quad a^2 = b^2 + c^2$$

ガーフィールド（James Abram Garfield. 1831-81）は1880年に第20代のアメリカの大統領になりましたが，共和党の内紛の犠牲となり在職僅か4ケ月目に銃弾を受け2ケ月後に亡くなりました．

(2) **バスカラの証明**

インドのバスカラⅠ世はアールヤバタの天文学の注釈書である『バーシャ』(629年)の中で下の2つの図を示し，また，後の**バスカラⅡ世**（Bhàskara. II）も数学書『ビージャガニタ』(1150年頃)にこの図ともう1種別の直角三角形の直角頂から斜辺へ垂線を下す証明法を示しています[注3]．

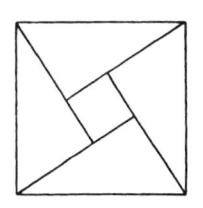

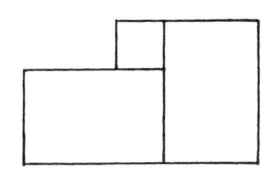

図は，左図の正方形内の図形を組合せると右図になることを示しています．読者で説明を試みて下さい．

この左図を用いる証明法は以後のいろいろな書物によく用いられています．例えば，

中国では数学の最古書である『周髀算経』や『九章算術』(2世紀以前)に用いられ，和算では関孝和の弟子の澤口一之著『古今算法記』(1670年)頃からこの図が出現しています[注4]．

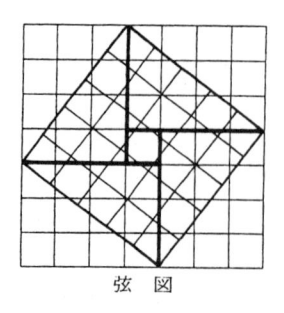

『周髀算経』の図 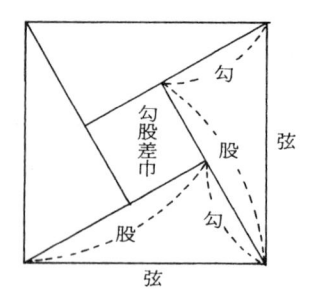　　　　　　　『古今算法記』の図

　中国の書で，直角三角形において，直角を挟む2つの辺の短辺を勾（または鉤），長辺を股，また斜辺を弦と呼びこれらの間の規則からどれかを求める方法を**勾股弦術**（こうこげんじゅつ）と呼ばれ和算でも同じ語が用いられました。

　この3辺の勾股弦の間に成り立つ規則，すなわち，ピタゴラスの定理の証明は上図（右）によって，代数的に，

$$弦^2 = 4 \cdot (勾股積) + (勾股差)^2 = 2 \cdot 勾股 + (勾-股)^2 = 勾^2 + 股^2$$

の形式が取られています。ちなみに，関孝和（?-1708）は『規矩要明算法』（左下図）や『解見題之法』（右下図）で異なる図を用いて弦の値を示しています。

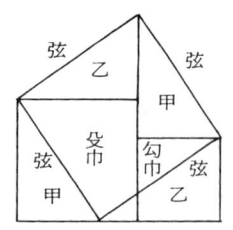

『規矩要明算法』の図 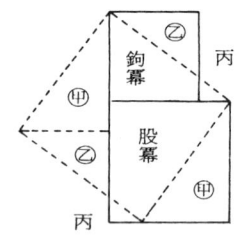　　　　　『解見題之法』の図

(3)　ペリガルの証明

　1830年，**ペリガル**（H. Perigal）という数学愛好家は次のような自分の行った証明図を名刺に刷って配ったといわれてます。

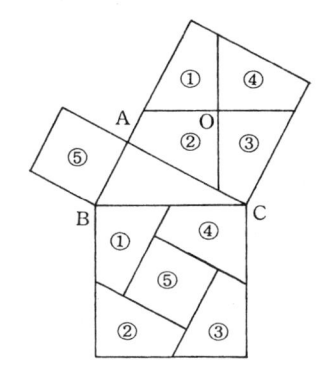

ペンガルの証明
点Oは辺ACを一辺とする正方形の中心で，Oを通って辺BCに平行線と垂線を引き，AC上の正方形を合同な4つの四角形に分割する方法です．

(4) **アインシュタインの証明**

アインシュタイン（Albert Einstein. 1879-1955）は10才のとき，義務教育を終えミュンヘンのルイトポルト・ギムナジウムに入学しますが，この頃彼は伯父ヤコブからピタゴラスの定理の内容を聞き，大変な苦心をして自分で証明を考えました．12才のとき教科書でユークリッドの幾何学を学びましたが，自分でこの証明したことがアインシュタインにとって大きな自信となっただけでなく，後の空間の研究にも大変役立ちました．

次の証明法がアインシュタインの証明法と呼ばれているものです．

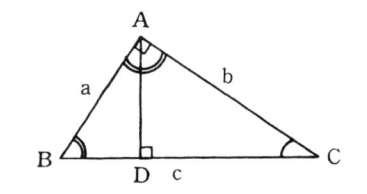

右図で，　△ABC∽△DBA∽△DAC

相似な図形の面積は対応する辺の2乗に比例するから，

$$\frac{\triangle \text{ABC}}{c^2} = \frac{\triangle \text{DBA}}{a^2} = \frac{\triangle \text{DAC}}{b^2} = k$$

とおくと，

$$\triangle \text{ABC} = kc^2, \quad \triangle \text{DBA} = ka^2, \quad \triangle \text{DAC} = kb^2$$

ここで，△ABC=△DBA+△DAC
だから，$kc^2 = k(a^2 + b^2)$

$$\therefore \quad c^2 = a^2 + b^2 \qquad (\because k > 0)$$

(5) **ユークリッドの証明**

ユークリッド（Euclid. B. C. 330?-275?）の生没の年は分かっていませんが，紀元前300年頃アレクサンドリアで活躍しました．後世の学問に大きな影

響を与えた著書『幾何学原論』は，全部で13巻から成り，第Ⅰ巻の最後の定理47.と定理48.がピタゴラスの定理とその逆定理となっています．

カジョリの『数学史講義[注5]』によると『幾何学原論』の中でユークリッド自身が証明した唯一の定理と記されています．

図から，△ABG と △AEC において，
$$AG = AC, \quad AB = AE$$
$$\angle BAG = \angle BAC + \angle R = \angle EAC$$
$$\therefore \quad \triangle ABG \equiv \triangle AEC$$

また，AG∥BP，AE∥CM から，
$$\triangle ABG = \triangle ACG, \quad \triangle AEC = \triangle AEM$$
であるから，上式から △ACG = △AEM 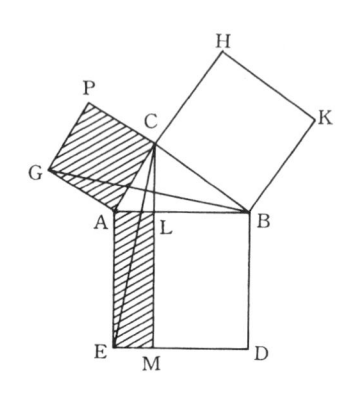
ここで，

正方形 ACPG = 2△ACG
長方形 AEML = 2△AEM
$$\therefore \quad 正方形 AGPC = 長方形 AEML \qquad (1)$$

同様にして，
△ABK ≡ △DBC から，
$$正方形 BCHK = 長方形 BDML \qquad (2)$$

(1)と(2)の辺々加えて
□AGPC + □BCHK = □AEDB
$$\therefore \quad AC^2 + BC^2 = AB^2$$

ユークリッド

(補充) ユークリッドの証明は冒頭（p.264）に述べたピタゴラスが考えたとされる2つ目の**比例方法**の式を面積で置き換えたと見ることができます．すなわち，上の図で，

△ABC∽△ACL から，
$$AC^2 = AB \cdot AL = AE \cdot AL$$
$$\therefore \quad □AGPC = 長方形 AEML \qquad (1)$$

△ABC∽△CBL から，
$$BC^2 = BA \cdot BL = BD \cdot BL$$

$$\therefore \quad \square BCHK = 長方形\ BLMD \qquad (2)$$

(1)と(2)の辺々加えて

$$\square AGPC + \square BCHK = \square AEDB$$
$$\therefore \quad AC^2 + BC^2 = AB^2$$

となります．

　これらの他にも良く知られた興味深い証明が多数あります．例えば，円に関する定理を利用したものとして，トレミーの定理や直角三角形の内接円から導くものなどあります．

　最後に，ピタゴラスの定理を用いる歴史的な代数の問題を2題上げて置きますので考えて見て下さい．

● 課題 1 ●　（古代バビロニア）

　長さ 0；30 ミンダン（長さの単位）の棒が壁に沿って垂直に置かれている．いま，棒を真横に動かし上端を 0；6 ミンダン下げた．

　このとき，棒の下端は壁からどれだけ離れたか．（ただし，0；1 ミンダン≒10cm として計算せよ．）

答：180cm

● 課題 2 ●　（フィボナッチ）

　高さが40フィート（長さの単位）と30フィートの2つの塔の距離は50フィートの位置にある．これらの塔の間にある井戸に向かって2羽の鳥が同時に飛び立ち，同じ速さで飛んで，同時に井戸に達した．塔から井戸までの距離を求めよ．

答：18フィートと32フィート

3．デカルト・グアの定理

　これまで，2次元の平面上でピタゴラスの定理を考えましたが，それでは3次元の空間ではピタゴラスの定理はどんな形式になるでしょうか．次の問題でそれを考えてみよう．

問題 2．

　四面体 OABC は頂点 O から出ている3本の辺 OA，OB，OC が互いに垂直

であるとき「3直角四面体」といわれる．

(1) 「3次元におけるピタゴラスの定理」ともいうべき命題

「3直角四面体 OABC について，

(∗)……(△ABC の面積)² = (△OBC の面積)² + (△OAC の面積)²
+ (△OAB の面積)²

が成り立つ」（デカルト・グアの定理）を証明したい．頂点 O を座標空間の原点にとり，頂点 A，B，C の座標をそれぞれ

$(a, 0, 0)$, $(0, b, 0)$, $(0, 0, c)$ とする $(a, b, c > 0)$．

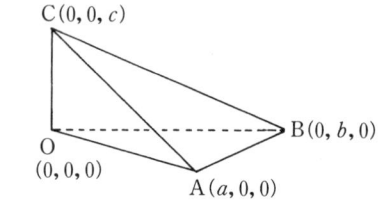

i) 3直角四面体 OABC の体積 V を a, b, c で表せ．

ii) O から △ABC に下ろした垂線の長さ h を a, b, c で表せ．

iii) △ABC の面積を S とするとき，

$V = \dfrac{Sh}{3}$ であることを利用して S を a, b, c で表すことにより，等式 (∗) を証明せよ．

(2) 上の命題の逆「四面体 OABC について，等式 (∗) が成り立つならば，四面体 OABC は3直角四面体（頂点 O から出ている3本の辺 OA, OB, OC は互いに垂直）である．」は正しいか．上の四面体 OABC について調べよ．

山形大．（医）．

平面の直角三角形を空間の3直角四面体に対応させ，平面の辺を空間の面に対応させたものです．

◀解答▶

i) 三角錐 C-OAB と見て，

$V = \dfrac{1}{3}(\triangle OAB) \cdot OC = \dfrac{1}{6}abc$ 【答】

ii) 平面 ABC の方程式は，

$$\dfrac{x}{a} + \dfrac{y}{b} + \dfrac{z}{c} = 1$$

よって，点Oから平面ABCへの距離 h は，

$$h=\dfrac{1}{\sqrt{\left(\dfrac{1}{a}\right)^2+\left(\dfrac{1}{b}\right)^2+\left(\dfrac{1}{c}\right)^2}}=\dfrac{abc}{\sqrt{b^2c^2+c^2a^2+a^2b^2}}$$ 【答】

iii) $V=\dfrac{1}{3}Sh$ から，

$$S=\dfrac{3V}{h}=3\cdot\dfrac{abc}{6}\cdot\dfrac{\sqrt{b^2c^2+c^2a^2+a^2b^2}}{abc}=\dfrac{1}{2}\sqrt{b^2c^2+c^2a^2+a^2b^2}$$

よって，

$$(\triangle ABC)^2=\dfrac{1}{4}(b^2c^2+c^2a^2+a^2b^2)=\left(\dfrac{bc}{2}\right)^2+\left(\dfrac{ca}{2}\right)^2+\left(\dfrac{ab}{2}\right)^2$$
$$=(\triangle OBC)^2+(\triangle OCA)^2+(\triangle OAB)^2$$

よって，等式(*)は成り立つ． 【答】

(2) $\vec{p}=\overrightarrow{OA}=(1,\ 0,\ 0),\ \vec{q}=\overrightarrow{OB}=(-1,\ 1,\ 0),\ \vec{r}=\overrightarrow{OC}=(-1,\ 1,\ 1,\ )$
とおくと

$$(\triangle OBC)^2=\dfrac{1}{4}\{|\vec{q}|^2|\vec{r}|^2-(\vec{q}\cdot\vec{r})^2\}=\dfrac{2}{4}$$

$$(\triangle OCA)^2=\dfrac{1}{4}\{|\vec{r}|^2|\vec{p}|^2-(\vec{r}\cdot\vec{p})^2\}=\dfrac{2}{4}$$

$$(\triangle OAB)^2=\dfrac{1}{4}\{|\vec{p}|^2|\vec{q}|^2-(\vec{p}\cdot\vec{q})^2\}=\dfrac{1}{4}$$

また，$\overrightarrow{AB}=\vec{q}-\vec{p}=(-2,\ 1,\ 0),\ \overrightarrow{AC}=\vec{r}-\vec{p}=(-2,\ 1,\ 1)$ だから，

$$\therefore\ (\triangle ABC)^2=\dfrac{1}{4}\{|\overrightarrow{AB}|^2|\overrightarrow{AC}|^2-(\overrightarrow{AB}\cdot\overrightarrow{AC})^2\}=\dfrac{5}{4}$$

よって，

$$(\triangle ABC)^2=(\triangle OBC)^2+(\triangle OCA)^2+(\triangle OAB)^2$$

を満たす．しかるに，

$\vec{p}\cdot\vec{q}=-1$ だから辺OAと辺OBは垂直ではないから，OA, OB, OCは互いに垂直ではない．したがって，命題(*)の逆は成立しないことになる．

【答】

試問51.の解答

〈代数的証明〉

△APS, △BQP, △CRQ, △DSR は直角三角形で、それぞれ2辺が等しいから合同である。

AP=a, AS=b, PS=c とすると、

$$\square ABCD = AB^2 = (a+b)^2 \quad \cdots\cdots ①$$

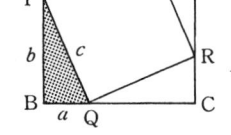

また、

$$\square ABCD = 4\cdot\triangle APS + \square PQRS = 4\cdot\frac{ab}{2} + c^2 = 2ab + c^2 \quad \cdots\cdots ②$$

①, ②から

$$(a+b)^2 = 2ab + c^2$$
$$\therefore \quad a^2 + b^2 = c^2 \quad \textbf{(Q. E. D)}$$

〈幾何学的証明〉

右図において、

$$\square PBTE + \square SEUD = \square ABCD - 4\cdot\triangle APS \quad \cdots\cdots ①$$

また、

$$\square PQRS = \square ABCD - 4\cdot\triangle APS \quad \cdots\cdots ②$$

①, ②から

$$\square PBTE + \square SEUD = \square PQRS$$
$$\therefore \quad PB^2 + SD^2 = PQ^2$$

SD=BQ だから、

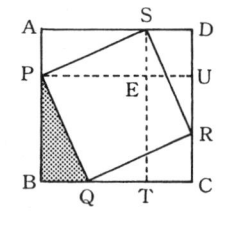

$$PB^2 + BQ^2 = PQ^2 \quad \textbf{(Q. E. D)}$$

(参考文献)

1. 『ユークリッド原論』中村幸四郎他訳. 共立出版. 1971.
2. 復刻版『ギリシア数学史』平田寛, 菊池, 大沼訳.
3. 注1『図説 科学・技術の歴史』平田寛著. 朝倉書店. 1975.
4. 注2. 注3.『インド天文学・数学集』. 矢野道雄編. 朝日出版社. 1980.
5. 注4.『ピタゴラスの定理』大矢真一著. 東海大出版. 1975.
   『ピタゴラスの定理』E. マオール著. 伊理由美訳. 岩波書店. 2008.
   『ピタゴラスとその定理』霜越松太郎著. 国土社. 1978.
6. 注5.『数学史講義』カジョリ著. 一戸直蔵訳. 大鐙閣. 1918.

(ii) ピタゴラス数

【試問53】

$a^2+b^2=c^2$ を満足する3つの正の整数 a, b, c を**ピタゴラス数**という．a, b, c がピタゴラス数であるとき，次の問に答えよ．

(1) $\dfrac{b+c}{a}=t$ とおいて，$a:b:c$ を t の整数の比として表せ．

(2) a, b, c の最大公約数が1で，$50 \leq a+b+c \leq 100$ であるピタゴラス数の例を2つあげよ．

慶応大．（1次）．

直角三角形において直角を挟む2辺を a, b とし斜辺を c とするとき，ピタゴラスの定理から，
$$a^2+b^2=c^2$$
が成り立ちます．

この式を満たす正の整数 a, b, c の組を**ピタゴラス数**と言います．例えば，
$$3^2+4^2=5^2$$
だから，3，4，5 はピタゴラス数です．

ピタゴラスはこのような正の整数の値を求めるのに平方数とグノモンを用いました．

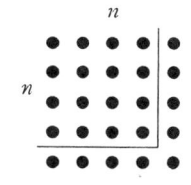

上図のように，平方数 n^2 にグノモン（奇数）を加えると，
$$n^2+(2n+1)=(n+1)^2$$
と平方数になります．

よって，加えるグノモンが平方数であればよいことになります．そこで，$2n+1=m^2$ とおくと，$n=\dfrac{m^2-1}{2}$

これを上式に代入して，
$$m^2+\left(\dfrac{m^2-1}{2}\right)^2=\left(\dfrac{m^2+1}{2}\right)^2 \tag{1}$$

としました．（ただし，m は奇数）

例えば，

$m=3$ のとき，$(3, 4, 5)$
$m=5$ のとき，$(5, 12, 13)$
$m=7$ のとき，$(7, 24, 25)$
．．．．．．．．．．．．．．．．．．．．．

となります．このとき，

$$\frac{m^2+1}{2}-\frac{m^2-1}{2}=1 \text{（一定）}$$

だから，斜辺と 2 番目に長い辺との差は常に 1 となっています．また，上の式は，m が偶数の場合は適用できません．そこで，この式で m が偶数の場合に適用できる形に変形したのは**プラトン**（Platon. B. C. 428-347頃）でした．

プラトンは(1)式の分母を払って，

$$(2m)^2+(m^2-1)^2=(m^2+1)^2 \qquad (*)$$

とし，ここで，$2m=m'$ とおいて，

$$m=\frac{m'}{2} \text{（} m' \text{ は偶数）}$$

とし，(∗)式を

$$m'^2+\left\{\left(\frac{m'}{2}\right)^2-1\right\}^2=\left\{\left(\frac{m'}{2}\right)^2+1\right\}^2 \qquad (2)$$

と表しました．

例えば，

$m'=4$ のとき，$(4, 3, 5)$
$m'=6$ のとき，$(6, 8, 10)$
$m'=8$ のとき，$(8, 5, 17)$
．．．．．．．．．．．．．．．．．．．．．

となります．

このように，ピタゴラスの式(1)は m が奇数のとき，プラトンの式(2)は m' が偶数のときにピタゴラス数が求められて互いに補い合っています．しかし，この 2 つの式ですべてのピタゴラス数を表現がされているでしょうか？ そうでないことは，例えば，$(12, 16, 20)$ はピタゴラス数ですが(1)，(2)のいずれの式も満たしません．その理由は(1)，(2)の式は共に(∗)式を変形したもので，その式が一般的な解を示す式になっていないことにあります．一般的な解の式

ヒント
(1) 原式から $a^2 = c^2 - b^2 = (c+b)(c-b)$ ……(i)

$\dfrac{b+c}{a} = t$ より，
$$b + c = at \quad \cdots\cdots(ii)$$

(ii)を(i)に代入すると，$a, t \neq 0$ より
$$c - b = \dfrac{a}{t} \quad \cdots\cdots(iii)$$

(ii)と(iii)から b, c を a, t を用いて表して，$a:b:c$ は求められます．

(2) (1)の結果を利用して，t の値を適当に決め条件 a, b, c が互いに素，かつ，$50 \leq a+b+c \leq 100$ を満たすものを2つ選び出すことになります．

余談

1．ピタゴラス数について

前述のようにピタゴラス数を，ピタゴラスは，m が奇数のとき，
$$\left(m, \ \dfrac{m^2-1}{2}, \ \dfrac{m^2+1}{2} \right)$$
を導き，また，プラトンは m が偶数のとき，
$$\left(m, \ \left(\dfrac{m}{2}\right)^2 - 1, \ \left(\dfrac{m}{2}\right)^2 + 1 \right)$$
となることを導きました．そして，これらの数は等式，
$$(2m)^2 + (m^2-1)^2 = (m^2+1)^2$$
を変形して得られた式ですべてのピタゴラス数を表してはいません．

一般的な解の式はユークリッドとディオファントスの2人が『幾何学原論』（第X巻：定理28．補助定理Ⅰ．）と『アリスメティカ』（『算術』p.295 参照）で示しており，m, n を正の整数とするときピタゴラス数は，
$$(m^2 - n^2, \ 2mn, \ m^2 + n^2)$$

ディオファントス：アレクサンドリア生まれ．3世紀頃活躍．生涯は不詳．

と表現されます．すなわち，
$$(m^2-n^2)^2+(2mn)^2=(m^2+n^2)^2$$
となります．

　ピタゴラスとプラトンはこの式で $n=1$ の場合について奇数と偶数のときを考えたことになります．

　そこで，実際にピタゴラス数を求める〈問題〉を設定し，現代式に〈解法〉を考えてみよう．

2．ピタゴラスの方程式の解法

問題1．

　x, y, z を正の整数とするとき，方程式 $x^2+y^2=z^2$ を満たす x, y, z を求めよ．

　この不定方程式を**ピタゴラスの方程式**と言います．解決には予備知識が必要なので少し長くなりますが順を追って説明をしてみよう．

〈考え方〉
1．未知数は x, y, z の3つで式が1つであるから，このうちの2つが求まれば他の1つは原式に代入して得られる．
2．いま，(a, b, c) が1組の解と仮定してみる．すなわち，
$$a^2+b^2=c^2$$
が成り立つ．すると，任意の自然数を k として両辺に k^2 を掛けると，
$$(ka)^2+(kb)^2=(kc)^2$$
となるから，(ka, kb, kc) の組も解となる．

　そこで，これを補助定理としておこう．

> **補助定理Ⅰ**：
> 　正の整数の組 (a, b, c) が，方程式
> $$x^2+y^2=z^2$$
> の解ならば，(ka, kb, kc) も解である．ただし，$k=1, 2, 3, \cdots\cdots$

　この結果から，**x, y, z が互いに素**となる解 a, b, c を求めればよいことが分かります．そこで，a, b, c が互いに素であるとき解の条件を次の問題

で調べておこう．

問題2．

自然数 a, b, c の間に等式 $a^2+b^2=c^2$ が成り立つとき，次の問に答えよ．
(1) $a=7$ のとき，b, c の値を求めよ．
(2) 3数 a, b, c が1以外に公約数をもたないとき，a, b のうち1つは奇数で，1つは偶数であることを証明せよ． 東京教育大．（理・数）．

(1)は a, b, c が互いに素となる例です．(2)が重要で必要な条件となります．

◀解答▶
(1) 原式から，
$$a^2 = c^2 - b^2 = (c+b)(c-b) = 49$$
$(c-b)$, $(c+b)$ は49の約数であり，$0 \leq c-b < c+b$ だから，
$$c-b=1, \quad c+b=49$$
これを解いて，**$b=24$, $c=25$** 【答】

(2) 背理法によります．
a, b が共に偶数のとき，$a^2+b^2=c^2$ より，c も偶数となる．
これは，a, b, c が互いに素であることに矛盾する．
a, b が共に奇数のとき，$a=2m+1$, $b=2n+1$ (m, n は整数) と置くと
$$a^2+b^2=(2m+1)^2+(2n+1)^2=4(m^2+n^2+m+n)+2$$
これから，a^2+b^2 は4で割ると2余る．また，a^2, b^2 が奇数となり，c^2 は偶数だから，$c=2\ell$ (ℓ は整数) と置くと，
$$c^2 = 4\ell^2 \text{ となる．}$$
よって，a^2+b^2 は4で割り切れず，c^2 は4で割り切れることになり $a^2+b^2=c^2$ は矛盾する．
ゆえに，a, b のうち1つは偶数，他の1つは奇数である． (Q. E. D)

これが，a, b, c が互いに素であるための条件です．そこで，これを2つ目の補助定理とします．

補助定理II：
正の整数 a, b, c が互いに素で，方程式
$$a^2+b^2=c^2$$

を満たすならば，a, b のうち1つは奇数で他の1つは偶数である.

以上，2つの補助定理を準備してピタゴラスの方程式の解法を述べてみよう.

〈解法〉 元の方程式の解で x, y, z が互いに素となるものを a, b, c とすると，
$$b^2 = c^2 - a^2 = (c+a)(c-a) \quad \cdots\cdots(1)$$

補助定理IIから，a, b の1つは奇数，他は偶数であるから，a を奇数，b を偶数とすると c は奇数より，$(c+a)$, $(c-a)$ は共に偶数となる. そこで，
$$b = 2v, \quad c+a = 2u, \quad c-a = 2w$$
と置き，これを(1)に代入すると，
$$(2v)^2 = (2u)(2w)$$
$$\therefore \quad v^2 = uw \quad \cdots\cdots(2)$$

ここで，$a = u-w$, $c = u+w$ で，a と c は互いに素だから，u と w は互いに素である. よって，(2)の右辺の uw は平方数 v^2 に等しいから u と w は共に平方数となる. (何故なら，u と w は共通因数をもたない)

そこで，
$$u = m^2, \quad w = n^2 \quad (m, n \text{ は互いに素})$$
と置くと，
$$a = u - w = m^2 - n^2$$
$$c = u + w = m^2 + n^2$$
よって，
$$b = \sqrt{c^2 - a^2} = \sqrt{(m^2+n^2)^2 - (m^2-n^2)^2} = 2mn$$

ゆえに，(x, y, z) が互いに素となる特殊な解は，$(m^2-n^2, 2mn, m^2+n^2)$ となる. ただし，m, n は互いに素. したがって，一般の解は補助定理Iから k を自然数として，
$$(k(m^2-n^2), \ 2kmn, \ k(m^2+n^2))$$
となります.

ピタゴラス数に関する問題がどのような形式で出題されてるかを見てみよう.

問題3.

3辺の長さがいずれも整数値であるような直角三角形を考える.

(1) 直角をはさむ2辺のうち，少なくとも一方は偶数

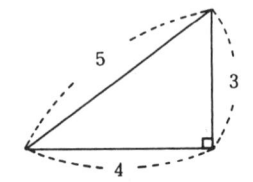

であることを証明せよ.

(2) 図のように，斜辺の長さと2番目に長い辺の長さの差が1であるような例を他に3つあげよ. 　　　　　　　　　　　　　　　北海道大．（理・工）．

◀解答▶

(1) 前述の補助定理Ⅱは，3辺が互いに素という特殊な場合で，そのときは直角をはさむ2辺のうち1つは奇数，他は偶数で，これから斜辺は奇数となりました．しかし，一般の場合は3辺すべて偶数となる場合もあります．この問題は一般の場合についてであり，命題「少なくとも一方は偶数である．」となっているから，この否定命題の「両方とも奇数である．」が偽であることを示せばよいことになります．（前出：略）

(2) 直角三角形の3辺の長さを a，b，c とし，$a<b<c$ とする．条件から，
$$a^2+b^2=c^2 \quad \cdots\cdots ①$$
$$b+1=c \quad \cdots\cdots ②$$
①，②より，
$$a^2=c^2-b^2=(b+1)^2-b^2=2b+1$$
∴ a は奇数で，$b=\dfrac{a^2-1}{2}$ である．

②から，$c=\dfrac{a^2-1}{2}+1=\dfrac{a^2+1}{2}$

よって，3辺の長さは，
$$a,\ \dfrac{a^2-1}{2},\ \dfrac{a^2+1}{2}$$

となり，a は奇数だから，a に奇数を順番に代入して3つの辺の長さを求めると，
$$a=3\text{のとき，}b=4,\ c=5$$
だから，この他に3つあげると，
$$a=5\text{のとき，}b=12,\ c=13$$
$$a=7\text{のとき，}b=24,\ c=25$$
$$a=9\text{のとき，}b=40,\ c=41$$
となります． 　　　　　　　　　　　　　　　　　　　　　　　【答】

問題4.

3辺の長さがすべて整数である直角三角形の直角をはさむ2辺の長さを x, y とするとき, $y+z=x^2$ を満たすものとする. このような3つの整数の組 (x, y, z) について, x, y, z のそれぞれが偶数であるか, 奇数であるか調べよ.

東海大.（理）.

◀解答▶

題意から,
$$x^2+y^2=z^2 \quad \cdots\cdots ①$$
$$y+z=x^2 \quad \cdots\cdots ②$$

とおくと,
①, ②から,
$$x^2=z^2-y^2=y+z$$
$$\therefore \quad (z+y)(z-y)=y+z$$
$$z+y>0 \text{ より } z-y=1$$
$$\therefore \quad z=y+1 \quad \cdots\cdots ③$$

③を②に代入して,
$$x^2=2y+1 \quad \therefore \quad \boldsymbol{x \text{ は奇数}} \quad 【答】$$

$x=2n+1$（n は正の整数）とおくと,
$$(2n+1)^2=2y+1$$
$$\therefore \quad 4(n^2+n)=2y$$
$$y=2(n^2+n) \quad \therefore \quad \boldsymbol{y \text{ は偶数}} \quad 【答】$$

③より, z は奇数である. 【答】

以上のように, 入試問題では直角を挟む2辺に条件を付けて, 3つの辺が偶数か奇数かを問うものが主となっています.

3. 我が国の幾何教育の流れ

ここでは, 我が国でユークリッドの幾何学が学校数学へどのようにして浸透してきたのかの話題も含め, 主としてピタゴラスの定理に目を向けながら大まかに述べてみよう.

(1) ゴローニンの和算家の評価

1811（文化8）年にロシアの測量船ディアナ号が千島列島から北オホーツク海沿岸の測量のため南下し食糧，水，燃料（薪）を求めて艦長のV. M. ゴローニン以下8人の乗組員が国後島に上陸しました．幕府はその4年前（文化4年）にロシアの軍艦が樺太，千島に襲来したのはロシア政府が関与しているものと考えゴローニン等を捕らえて，尋問のため箱館へ護送しました．ゴローニンが政府の関与を否定したため幕府は彼等を抑留しロシア船の打ち払いの方針を立てました．これに絶望したゴローニンは脱獄を計りましたが再逮捕され，それを知ったロシア政府はゴローニンの釈放と漂流民との交換を条件に示しましたが幕府が応じなかったため，ロシア政府は対抗手段として幕府の御用船の船頭**高田屋嘉兵衛**を捕虜としました．結局，ゴローニンは嘉兵衛と引換に約2年間の松前での幽因生活の後1813年に釈放されました．帰国後，ゴローニンは『日本幽因記』を著しています．

幕府は，ゴローニンを捕らえた年異国船の渡来に備えて海外情勢を知るため，外書の翻訳の必要性を痛感し，この年天文方に蛮書和解御用掛を設け和算家**足立信頭**と通詞馬場貞由が登用され，2人は松前のゴローニンの元に派遣されました．この2人は以前に漂流民としてロシアに抑留されていた**大黒屋光太夫**が釈放され帰国のとき持ち帰ったロシアの算術書を翻訳しており，足立はロシアの算術について，馬場は通詞役の仕事をしロシア語の文法についてゴローニンに質問し教えを受けました．

国後島で捕えられ連行されるゴローニン．（名はカヒイタンと記されている．）

ゴローニンは『日本幽因記』で足立信頭について，「（足立が）ピタゴラスの定理も知っているというので，その定理の成り立つ理由を尋ねると，"両脚器（コンパス）で紙上に図形を描き，三つの正方形を切り抜き，そのうち両辺の長さから切り取った二つの正方形を折ったり切ったりし，それを斜辺から作った正方形の上にのせて，ぴったりと全面積を蔽ってしまった．」と記し，足立の天文，数学，航海術の知識を高く評価しています[注1]．

足立は和算の実力者で勾股弦の術を知っており、"裁ち合せ"で実証したようです．和算は術で学問としての体系はなく証明の記述はされませんでした．

(2) 兵学校での外人教師による洋算伝授

徳川幕府は開国により諸外国への対処から洋式海軍の創設を目指して，1853年にオランダに蒸気軍艦を発注し，航海術・造船術の伝習のため1855（安政2）年長崎の出島近くに**長崎海軍伝習所**を設立しました．伝習生は幕臣や藩臣たちで，教官はオランダ海軍の軍人が雇われ，オランダ国王ウィレムⅢ世から幕府へ寄贈されたスンビン号によって実習と航海・造船・測量・砲術・数学の講義を受けました．我が国で**西洋数学（洋算）**の講義が行われたのはこの伝習所が最初でした．数学が加えられているのは技術だけではなく基礎として数理論が必要だったからです．

さらに，幕府は1867（慶応3）年に陸軍所，海軍所を設け陸軍所の三兵（歩兵，騎兵，砲兵）士官学校ではフランス軍人，海軍所ではイギリス軍人による航海諸術の伝習が行われ外人教師から実習と講義を受け次第に洋算が浸透することになりました．

明治維新で徳川家は1868（慶応4）年に駿府（静岡）の一藩主となり，静岡に**沼津兵学校**を開校し多くの和洋書や優れた人材を教授に集め当時最高の**洋学教育**が行われました．数学部門には外人教師も雇われ**洋書**で教えられました．この学校出身者で後の明治政府が1870（明治3）年に設置した**陸海兵学校**（兵学寮）へ移った人も多くありました．このように，兵学校では洋式兵法と共に洋算が教えられ，明治の初期になると兵学校では洋書を翻訳した指導用の著書も作られました．右の図は沼津兵学校から陸軍兵学校教授となった**佐々木二郎**（綱親）の著『幾何小学』．1871（明治4）年のピタゴラスの定理を説明した1ページです．命題部は縦書き，証明部は横書きとなっています．翻訳書のようですがその原本は不明で，この書が我が国最初の幾何学教科書のようです．

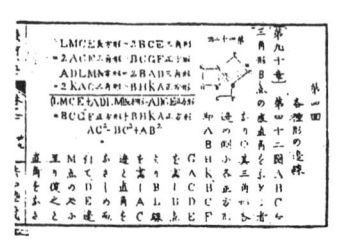

定理・証明の形式に記さず説明がなされている[注2]．

(3) 学制制定と洋算の採用

1870（明治3）年に，欧米の学校制度を参考にして各学校（大学・中学校・

小学校）の学校規則が制定されました．その制定に際し国学派と漢学派の対立があり，洋学派が主導権を得て，**洋学重視**の形となりました．しかし，当時学校に類するものには寺子屋・塾・藩校など多様な形が存在し，規則の徹底はできませんでした．翌年（明治4年）文部省が創設され，学校は文部省の管轄となり，編輯寮が置かれて**教科書の編纂・洋書の翻訳**が組織的に行われました．

　1872（明治5）年，国民皆学を目指して学制を公布し，大学・中学・小学の3段階の学校制度を設け，全国を8大学区に分け各大学区を32の中学区に，各中学区を210の小学区に分けて，そして，各大学区に大学校，中学区に中学校，小学区に小学校が1校ずつ設けられました．小学校は建設費用が地元負担とされ，授業料は月額50銭と高額なもの（当時米1石が30銭）[注3]でした．この学制で**学校算術は洋法**と決められたため**和算は以後衰退**をして行くことになります．当時，日常生活では算盤が普及していて珠算や和算について教えられる人は多くありましたが洋算を教えることのできる人は極めて少ない状態でした．

　1873（明治6）年文部省は指定教科書を布達し，幾何学書はアメリカのディヴィス著で，**中村六三郎**訳『小学幾何学用法』が指定されました．この書は初めて証明形式を取り入れた幾何学教科書です．次の図はピタゴラスの定理の説明の最初のページ（左）です．

　縦書きで，三角形の頂点の記号はイ，ロ，ハの片仮名で示されています．

　訳者の中村六三郎（長崎生れ，沼津藩）は幕府の開成所（洋書の翻訳・調査や教育）で何礼之（がのりゆき）から英学を学び静岡学問所で外人教師クラークの幾何学の講義を受けてディヴス（Ch. Davies）の本を訳し，後に文部省督学官となった洋学者です．

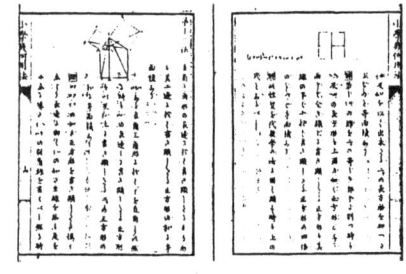

(4) 菊池大麓と幾何教育の確立

　洋算と和算のどちらを採用するかが議論された頃，和算家の中には洋算は公理で分かり切った事柄をくどくど説明し，易しい内容を定理として説明を加えたもので和算の方が難しく程度が高いと見た者もありました．また，西欧の進んだ科学・技術に追い付くためにはその基礎である洋算を学ぶ必要があると考

えた洋学者もありましたが，流れはこのように和算と洋算がどちらが程度が高いかと云う議論の初期から，進んだ西洋技術を早急に理解する手段ないしは道具として洋算は必要とする考へ移り，学校教育で洋算が採用されてからユークリッド幾何学のもつ論理性の意味も次第に理解されるようになりました．

西欧の学問的伝統はギリシャを始源とし，中でもユークリッドの『幾何学原論』は各国で翻訳され，単なる幾何学書としてだけでなく，すべての**学問のモデル書**としての意味をもち『バイブル』に次ぎ沢山の人々に読まれたと言われています．イギリスでも学校教育で幾何が重視されていました．**菊池大麓**（1855-1917）は幕府や明治政府の命で2回のイギリス留学により，その地で中等・大学教育を受けました．

帰国後，理科大教授の時にイギリスの伝統的な教科書でユークリッドの『原論』の最初の部分を取り入れたアソシエーション（幾何学改良協会）編纂『平面幾何学教科書』（1884-88）を参考に独自の考えも加えた中等用『**初等幾何学教科書**』（平面幾何学．1888．立体幾何学．1889）を文部省編輯局から出版しました．厳密な構成はイギリスの書以上で名著と言われました．菊池は西欧の模倣をするのではなく我が国の若者たちに論証幾何を通して**学問の精神を植え付ける**ことを重要視したとされています[注4]．

次の図はピタゴラスの定理の部分です．この書で初めて文部大臣の許可を得て幾何学の教科書が横書きとなりました．

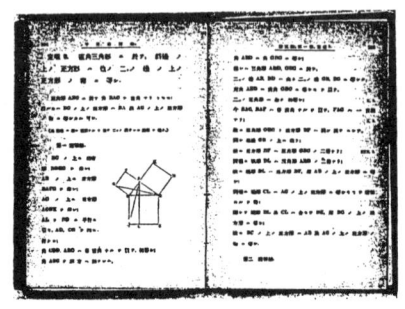

菊池大麓

用語：三角形の合同は"二ツノ三角形ハ全ク等シ"と述べられている．

当時，教科書は検定制で数種発行されていましたが，菊池の教科書は多くの学校で採用され，版が重ねられて，我が国の幾何教育は菊池によって確立されたと言われています．

(5) ピタゴラスの定理の記述

ユークリッドの『幾何学原論』では第一巻の最後の2つの命題47と48でピタゴラスの定理とその逆が述べられていますが，その記述は，第47命題では，

『**直角三角形において直角の対辺の上の正方形は直角をはさむ2辺の上の正方形の和に等しい．**』

となっています．明治時代の菊池大麓や長沢亀之助編纂の教科書では上記の命題を定理で述べ，菊池は2通りの証明法を述べていますが，ピタゴラスの定理と呼ぶ説明はありません．長沢は証明した後に，

コレヲぴたごらす［Pythagras, 西暦紀元約580年ニ生マレ約501年ニ死セリ］ノ定理ト云フ．此ノ定理ハぴたごらす以前ヨリ世ニ知ラレシガ正シク之レヲ証明セシハぴたごらすニ始マル

とピタゴラスの定理について説明しています．

大正時代以後の教科書には，定理の見出しをピタゴラスの定理としたものもあります．また，林鶴一編．『中等教育 幾何教科書（平面之部）』．東京開成館．1913（大正2）年では，次のように定理の見出しをその内容で示し，記述も正方形の面積ではなく辺の平方と変えています．

三角形ノ邊ノ平方

定理．直角三角形ノ斜邊ノ平方ハ他ノ
二邊ノ平方ノ和ニ等シ．

そして，証明の後に脚注＊で，

＊此定理ヲピタゴラス（古代希臘ノ数學者，哲學者）ノ定理ト云フ．我国ニテハ之ヲ鉤股弦ノ定理ト云ヒタリ．

と説明されています．

現在，ピタゴラスの定理は中学校で学習しますが，上の形式に近い記述が取られているものもあります．例えば，東京書籍の教科書『新しい数学3』2000（平成12）年．では，見出しが**三平方の定理**とあり，次の枠にある説明後に，

● 三平方の定理

定理 直角三角形の直角をはさむ 2 辺の長さを a, b, 斜辺の長さを c とすれば，次の関係が成り立つ．
$$a^2 + b^2 = c^2$$

　この**三平方の定理**は古代エジプト時代から知られていたが，ギリシャの数学者ピタゴラス（紀元前527年ごろ～紀元前492年ごろ）にちなんで「ピタゴラスの定理」ともよばれる．

と記されて，証明が示されていますが，証明はユークリッドによるものではなく，ピタゴラスの方法（試問52．参照）で代数的に示されています．

　学校教育でピタゴラスの定理が三平方の定理と呼ばれるようになったのは第二次世界大戦が始まった1941（昭和16）年に国民学校令が公布され，翌年に学校要目が改正のときだと言われています．欧米への追随，模倣を排除し，日本独自のものを適用もしくは創造するとして，外来の言葉・音楽・映画などが対象となりピタゴラスの定理の用語は排除され和算の勾股弦の定理を使用する案もあったようですが定理の内容の分かり易い三平方の定理と言う新語が採用され現在に至っています[注5]．

　下の書は昭和の初期と第二次世界大戦前の教科書でピタゴラスの定理および勾股弦の定理と見出しを付けた教科書の例です．

数学研究会編．高等女学校用教科書『初等数学 幾何』．目黒書店．1929（昭和4）年．

文部省．『高等小学校算術書』（第2学年）．1938（昭和13）年．

試問53.の解答

原式から，
$$a^2 = c^2 - b^2 = (b-c)(c+b) \qquad \cdots\cdots ①$$

ここで，$\dfrac{b+c}{a} = t$ と置くと

$$b + c = at \qquad \cdots\cdots ②$$

②を①に代入して，

$$a^2 = at(c-b)$$

$a > 0$, $t > 0$ だから，

$$c - b = \dfrac{a}{t} \qquad \cdots\cdots ③$$

よって，②と③から

$$\dfrac{a}{b} = \dfrac{2t}{t^2 - 1}, \quad \dfrac{a}{c} = \dfrac{2t}{t^2 + 1}$$

$$\therefore \quad a : b : c = 2\boldsymbol{t} : \boldsymbol{t}^2 - 1 : \boldsymbol{t}^2 + 1 \qquad 【答】$$

(2) (1)から，t の適当な値によって a, b, c の比を調べると，例えば，

t	a	b	c	$a+b+c$
6	12	35	37	84
7	14	48	50	
	(7)	(24)	(25)	(56)

a, b, c は互いに素に注意して，

$$(a, b, c) = (12, 35, 37), (7, 24, 25) \qquad 【答】$$

(参考文献)

注1．『日本幽囚記(中)』．ゴロヴニン著．井上満訳．岩波文庫．1943．
注2．『日本の数学』．小倉金之助著．岩波書店．1940．
注3．『日本全史』．講談社．1991．
注4．『日本の数学100年史 上』．「日本の数学100年史」編集委員会編．岩波書店．1983．
注5．『数学用語の由来』．片野善一郎著．明治図書．1988．

(iii) ピタゴラス数とフェルマーの最終定理

【試問54】

「n を2より大きい自然数とするとき $x^n+y^n=z^n$ を満たす整数解 x, y, z ($xyz \neq 0$) は存在しない.」というのは**フェルマーの最終定理**として有名である.しかし多くの数学者の努力にもかかわらず一般に証明されていなかった.ところが1995年この定理の証明がワイルスの100ページを超える大論文と,テイラーとの共著論文により与えられた.当然 $x^3+y^3=z^3$ を満たす整数解 x, y, z ($xyz \neq 0$) は存在しない.

さて,ここでフェルマーの定理を知らないものとして,次を証明せよ.x, y, z を0でない整数とし,もしも等式 $x^3+y^3=z^3$ が成立しているならば,x, y, z のうち少なくとも1つは3の倍数である.　　　　　　信州大.(理・経).

「フェルマーの最終定理」が証明されたことは,即刻,当時の新聞や雑誌また書籍を通して一般の人々にも広く紹介されました.例えば,我が国では,1995年2月14日の毎日新聞は,"数学界の難問「フェルマーの最終定理」ついに証明"の見出しで,数学界の難問として有名だった「フェルマーの最終定理」がついに証明された.米プリンストン大学のアンドリュー・ワイルズ教授が1994年10月,同大学の学術誌に最終定理に関する論文を投稿,同大が13日までに「証明に誤りはない」と認定した.フェルマーの死後300年余りを経て証明されたことになる.……"と伝え,また,朝日新聞の4月10日付では,"「フェルマーの最終定理」最新理論を融合し決着"の見出しで,360年近くも未解決だった数学の超難問「フェルマーの定理」が,米プリンストン大のアンドリュー・ワイルズ教授(41)の証明で,正しいことが確立した.多くの数学者がこの問題に挑み,その過程でさまざまな新しい「数の理論」を築き上げてきた.ワイルズ教授の証明はこうして発展してきた最新の理論を融合させることで成しとげた.…(中略)…,1月中旬,日本の数学者ら約50人が泊まりがけで,ワイルズ教授の論文について勉強会を開いたが,証明に誤りはなかったという.

「最終定理」が書かれた蔵書には,ほかに「4で割ると1余る素数は整数 X, Y の2乗の和の形にかける」とのメモも残されている.言い換えると

「4で割ると1余る素数は，三辺が整数の直角三角形の斜辺になる」と同じ．これがもとになって今世紀,「類体論」という数学の一大分野が結実した，と伝えられています．

アンドリュー・ワイルズ（Andrew Wiles. 1953- ）はイギリスのケンブリッジ生まれで10才のとき，ミルトン通りの公共図書館でエリック・テンプル・ベル（Eric Temple Bell. 1883-1960)の『最後の問題』(1961) を読み，その未解決な問題の存在を知りました．そのとき，300年以上たっていまだに証明されていないこの難問を自分で解決したいと思ったと述懐しています．その10才の少年が抱いた巨大な夢は30年後に苦労の末に

アンドリュー・ワイルズ

実現しました．ちなみに，ベルの本には，"恐らく文明は，フェルマーの最後の問題が証明される前に滅びるだろう．"と書いてありました．ピタゴラスの定理を学んだ人ならこの問題の意味は容易に理解でき，多くの教師はピタゴラスの定理の学習後，生徒にこの問題を紹介し，最後に「諸君が，この問題の虜となると費やした時間や労力はすべて無駄にすることになる．」と警告が付け加えられたものです．

ワイルズの証明は大変高度で数学者でも理解できる人はごく僅かであろうと研究者のリベットは言っています．それほど難解と言われるこの証明の基礎に何人かの日本の数学者の貢献がありました．例えば，ワイルズのケンブリッジ大での学位論文のテーマが岩澤理論と楕円関数の研究であったこと，何よりその証明の土台が楕円関数に関する谷山＝志村の予想にあることを上げることができます．（余談．4．参照）

今回の問題はこの定理が証明されていない段階で証明のとっかかりを探る形のもので，「最終定理」を満たす整数が存在すれば，その整数がどんな性質をもつかを調べる例です．

(ヒント)

フェルマーの問題は証明されるまでは定理と言えず単に**フェルマーの予想**で，この予想は正しくないかも知れません．正しくない証明は反例を上げれば十分です．これから，問題が正しくないと仮定し，フェルマーの方程式を満たす整

数が存在するならば，それらの整数はどんな条件を満たすかを求め，その条件
を満たす整数の存在と予想の正誤を対応させる方法も考えられました．

このことは，ピタゴラス数のとき，
$$x^2+y^2=z^2 \quad (xyz \neq 0)$$
を満たす整数を x, y とすれば，x, y のうち少なくとも一方は偶数であるこ
とを導いたときの考え方にも見られます．

証明する命題では，結論が"少なくとも1つは3の倍数である."となって
いますから，これを否定して背理法を用いれば容易です．

いま，x が3の倍数でないとすれば，
$$x=3k\pm 1 \quad (k \text{ は整数})$$
と表せます．同様に，y, z が3の倍数でなければ，ℓ, m を整数として
$$y=3\ell \pm 1, \quad z=3m\pm 1$$
で表されます．

よって，これらの x, y, z は条件式を満たしていないことを示すことにな
ります．

余談

1. フェルマーについて

ピェール・ド・フェルマー（Pierre de Fermat.）は，1601年フランス南西部の町ボーモン・ド・ロマーニュで裕福な皮革商の息子として生まれ，グランセルヴのフランシスコ会修道院で学んだ後，法律を勉強するためトゥールーズ大学へ進みました．1631年（30才）にトゥールーズの高等法院参事官に任命され，（同年結婚して,）その後，地方議員を務めたりもしましたが法官としての仕事を生涯全うし，（3男2女の子宝にも恵まれて）1665年カストルで64年の平穏な一生を終えました．

ピェール・ド・フェルマー

彼が数学を始めた動機や時期は不明ですが最初は数論の完全数や友愛数その他パズル的な問題に興味があったようです．法官の身で一流の数学者に匹敵する業績が残せたのは，当時，フランスの法官は職務規律で市民との交際が制約

され職場を離れた時間は人に煩わされず研究に集中できたからでした．

彼の名前が数学で広まる発端は，1630年に同僚のカルカヴィがパリへ栄転し，メルセンヌ神父の修道院で毎週定期的に開かれていた学者のサークル（当時，フランスに学会も学術誌もなく，メルセンヌは遠隔地やパリの著名な科学者と書簡の交換をしたり，集まりを開いて情報交換を行った）のメンバーとなり，メルセンヌにフェルマーが知識豊かな"情報通（Walking Jounal）"と伝え，メルセンヌが彼に興味を感じ，メンバーに加わるよう勧誘の書簡を送ったため，以後，メルセンヌ・グループの数学者たちとの交流が始まりました．

彼は名前を伏して幾何学に関する小冊子（1660年）を唯一残しただけで自分の著書は出版せず，また，発見した定理や見解も書簡で公表したり，書物に**書き込み（メモ）**をし問題の証明は殆どの場合に記さず，極希に記された証明も不完全なものでした．その結果，当時，書簡を受け取ったメンバーはもとより，後世の研究者は示された問題の正誤の確認に大変苦労し，フェルマーは見栄っ張りとか，ほらふきと言われることもありました．

2．蔵書への"書き込み"の発見と公表

フェルマーの死後，長男のクレマン・サミュエルが父の蔵書（1621年にバシュ・ド・メジリアクがギリシャ語の**ディオファントスの**『**算術**』をラテン語訳した『アレクサンドリアのディオファントスの六巻からなる算術』）の余白に**48の書き込み**があることを発見し，父の研究を残すため，1670年バシュの訳本に書き込みを付けて『P・ド・フェルマーの書き込みを付けたディオファントスの六巻からなる算術』として再版しました．

ディオファントスは試問53．で述べたピタゴラス数の一般解の求め方が，次の個所で説明されています．

第2巻．問題8．

与えられた平方数（z^2）を2つの平方数（X^2+Y^2）の和に分けよ．

与えられた平方数を$16(z^2)$と仮定する．分ける2つの平方数の1つがX^2だから，もう1つの平方数Y^2は$16-X^2$となる．

例えば，$16-X^2$が$(mX-\sqrt{16})^2$に等しいとする．

このとき，$m=2$とすると，
$$16-X^2=(2X-\sqrt{16})^2$$

これを展開して整理すると，
$$5X^2 = 16X$$
$X \neq 0$ から，$X = \dfrac{16}{5}$

よって，$X^2 = \dfrac{256}{25}$，$Y^2 = \dfrac{144}{25}$

となり，結果は
$$16 = \left(\dfrac{16}{5}\right)^2 + \left(\dfrac{12}{5}\right)^2$$

ここでは，$m=2$ としたが m は任意の自然数でよく，また，z^2 を16と置いたが任意の平方数でも同様に成り立つ．
と説明されています．この内容の意味を現代式に説明すると，
$$X^2 + Y^2 = z^2 \text{ より，} Y^2 = z^2 - X^2$$
いま，任意の自然数を m，n $(m > n)$ とし，
$$z^2 - X^2 = \left(\dfrac{m}{n}X - z\right)^2 \qquad (X \neq 0)$$
と置いて，これを X について解いて，
$$X = \dfrac{2mn}{m^2 + n^2} \cdot z \qquad \therefore \quad Y = \dfrac{m^2 - n^2}{m^2 + n^2} \cdot z$$
ここで，z を $m^2 + n^2$ とすれば，
$$X = 2mn, \quad Y = m^2 - n^2, \quad z = m^2 + n^2$$
となり，ピタゴラス数の一般解が得られます．

さて，フェルマーはこのページの余白に次のような書き込みをしていました．

"これに反し，立方を2つの立方の和に，二重平方（4乗）を2つの二重平方の和に分けること，一般に平方より大きい任意のベキを2つの同じベキに分けることはできない．このことの真に驚くべき証明を得たのだがそれを書くには余白が狭すぎる．"

すなわち，この書き込みの前半を現代風に書くと今回の問題文の冒頭のようになります．

この問題はフェルマーの証明もなく，成立するのかどうか真偽不明であったことから**フェルマーの予想**とか，真であると予想して**フェルマーの大定理**と呼ばれました．

その後，フェルマーが証明なしで残した問題が次々に解決され，未解決問題はこの問題だけとなり「**フェルマーの最終定理**」とも呼ばれました．

フェルマーとオイラーの時代差は1世紀で，オイラーは熱心にフェルマーの残した問題解決に貢献をしましたが，この問題に苦労し，ついに，友人のクレローにフェルマーの家に手懸かり（書類やメモ）となるものが残っていないかどうか捜してもらいましたが，何も見つかりませんでした．

(左) フェルマーの"書き込み"を付けたクレマン・サミュエル版の『算術』
(右) 上記『算術』の第 2 巻．問 8．のバシュの対訳の下に付けられた「最終問題」

3．フェルマーの数論に関する有名な定理

フェルマーが発見した数論に関する重要で興味深い定理は「最終定理」以外の書き込みやメルセンヌ・グループへの書簡の中にもみられます．ここでは，その中の有名な定理を幾つか述べてみよう．

(1) 2平方の定理

3より大きい素数は $4n+1$ の形か $4n-1$ の形のいずれかで，必ず表されることが分かります．なぜなら，すべての自然数は4で割ると余りは 0，1，2，3 の何れかで，素数の性質から 0 と 2 余る数の場合は除かれ，3 余る数は $4n-1$ と表わされるからです．

さて，冒頭に紹介した朝日新聞の記事にもあったように $4n+1$ の形で表される素数について次の重要な書き込みがあります．

"$4n+1$ の形の素数は，2つの平方数の和として，ただ1通りに表せる．"

これを**2平方の定理**と云います．例えば

$$5 = 4 \cdot 1 + 1 = 1^2 + 2^2$$
$$13 = 4 \cdot 3 + 1 = 2^2 + 3^2$$
$$17 = 4 \cdot 4 + 1 = 1^2 + 4^2$$
$$29 = 4 \cdot 7 + 1 = 2^2 + 5^2$$
……………………

のようです．ところが，7，11，19，23，……など $4n-1$ の形の素数は2つの平方数の和として表すことができません．

フェルマーは珍しく不完全ですが自分で考案した証明方法の**無限降下法**によって証明を示しています．その証明法は，次のような論法となっています．

いま，$4n+1$ の形の素数が2つの平方の和で表せないと仮定する．

そして，任意の $4n+1$ の形の素数を選びます．この素数は仮定から2つの平方数の和として表せません．そこで，最初に選んだ数より小さい同じ形の第2番目の素数を選びます．この素数も2つの平方数の和として表せません．続いて，前2回より小さい同じ形の第3番目の素数を選びます．これも2つの平方数の和として表せません．以下同様に順々に続けると，最後にこの形の最小の素数5を選ぶことが可能です．ところが，$5 = 1^2 + 2^2$ より2つの平方数の和として表すことができ，仮定に矛盾します．

よって，最初の仮定が誤りとなり，これから $4n+1$ の形のすべての素数は2つの平方数の和であることを導くもので，背理法と数学的帰納法を逆向きに（次々と小さい素数へ）適用した形式をとっています．

この完全な証明は，後のオイラーが7年を費やしてフェルマーの方法（無限降下法）で完成しました．

この書き込みの前には，次のような定理が書き込まれています．

"$4n+1$ の形の素数は，ただ1通りに，直角三角形の斜辺となる．その平方は2通り，3乗は3通り，4乗は4通り，そしてこのように続く．"

例えば，素数5ならば，$5^2 = 25$，$5^3 = 125$，……となりますが，これらの平方数は2つの平方数の和として表すと，それぞれ，

$$5^2 = \underline{3^2 + 4^2}$$
$$25^2 = \underline{7^2 + 24^2} = \underline{15^2 + 20^2}$$
$$125^2 = \underline{35^2 + 120^2} = \underline{44^2 + 117^2} = \underline{75^2 + 100^2}$$
……………………

のように，5 の平方の 5^2 はただ 1 通りに，5^2 の平方は 2 通りに，5^3 の平方は 3 通りに，…以下同様に，直角三角形の斜辺となります．

(2) 4平方の定理

ピタゴラス学派は図形を，数で表した図形数（幾何学的整数）から整数の研究を行ったことは試問51.で述べた通りです．例えば，

$$三角数：1, 3, 6, 10, \cdots\cdots$$
$$四角数：1, 4, 9, 16, \cdots\cdots$$
$$五角数：1, 5, 12, 22, \cdots\cdots$$

一般に k 角数は，n を自然数とするとき，

$$\frac{n}{2}\{(k-2)(n-1)+2\}$$

となります．フェルマーは自然数と図形数の関係について，私が最初に発見した非常に美しい定理であると前置きをして，次の書き込みをしています．

　"すべての自然数は三角数か，2個または3個の三角数の和で表せる．

　すべての自然数は四角数か，2個，3個，または4個の四角数の和で表せる．

　すべての自然数は五角数か，2個，3個，4個または5個の五角数の和で表せる．

以下同様に，

　すべての自然数は k 個以内の k 角数の和で表せる．"

いま，図形数を整数ということにすれば，0 が含まれるから，例えば，四角数の場合には，

　すべての自然数 N は，a, b, c, d を整数として，$N=a^2+b^2+c^2+d^2$ の形で表すことができる．

と表現できます．この四角数の場合の証明にオイラーは長い間挑戦しましたが，1770年にラグランジュが先に証明したため**ラグランジュの定理**または**4平方の定理**と呼ばれています．オイラーも数年後に別の方法によって証明に成功しました．

一般の k 角数の場合は，1813年にコーシーが証明し，その結果フェルマーの残した問題で未解決のままのものは例の難問のみとなり，前述の如く**最終**または**最後**の名前を付けて呼ばれ，FLT（Fermat's Last Theorem）と記号化

もされました．

ここで，4平方の定理の問題を見てみよう．

問題1.

すべての自然数は4個の平方数の和として表される．例えば，
$6 = 0^2 + 1^2 + 1^2 + 2^2$
$7 = 1^2 + 1^2 + 1^2 + 2^2$
$30 = 1^2 + 2^2 + 3^2 + 4^2 = 0^2 + 1^2 + 2^2 + 5^2$
である．次の問に答えよ．

(1) 21, 43を4個の平方数の和として表せ．(1通りでよい)

(2) $\ell^2 + m^2 + n^2 = 23$ ($0 \leq \ell \leq m \leq n$) となる整数は存在しないことを示せ．

琉球大.（理科系）.

問題のポイント23は，$23 = 3^2 + 3^2 + 2^2 + 1^2$ のように4個の平方数では表されますが，3個の平方数ではだめと云うことです．

◀解答▶ (1) $21 = 4^2 + 2^2 + 1^2 + 0^2$ または，$21 = 3^2 + 2^2 + 2^2 + 2^2$ 【答】

$43 = 5^2 + 4^2 + 1^2 + 1^2$ または，$43 = 5^2 + 3^2 + 3^2 + 0^2$ 【答】

(2) $0 \leq \ell \leq m \leq n$ より，

$$n^2 \leq \ell^2 + m^2 + n^2 = 23 \quad \therefore \quad n \leq 4$$

また，$23 = \ell^2 + m^2 + n^2 \leq 3n^2$

よって，$23/3 \leq n^2 \quad \therefore \quad 3 \leq n$

したがって，$3 \leq n \leq 4 \quad \therefore \quad n = 3, 4$

(i) $n = 3$ のとき，$\ell^2 + m^2 = 14$

ここで，$0 \leq \ell \leq m \leq 3$ より，

ℓ^2, m^2 はそれぞれ 0, 1, 4, 9 のいずれかとなり適する ℓ^2, m^2 は存在しない．

(ii) $n = 4$ のとき，$\ell^2 + m^2 = 7$

よって，ℓ^2, m^2 はれぞれ 0, 1, 4 となり適する ℓ^2, m^2 は存在しない．

ゆえに，(i), (ii)から条件を満たす ℓ, m, n は存在しない． (Q. E. D)

(3) フェルマーの小定理

1659年にカルカヴィ宛の**書簡**で証明のない，次の重要な定理が送られました．

"自然数 p が素数で，p と a が互いに素であるとき，$a^p - a$ は p の倍数

である."

　ここで，$a^p - a = a(a^{p-1} - 1)$ と変形すると p と a は互いに素より，次のように言い換えることができます．すなわち，

　　"**自然数 p が素数ならば，$a^{p-1} - 1$ は p の倍数である．**"

となります．この定理は**フェルマーの小定理**と呼ばれ，素数の判定にも利用され重要な定理で，「最終定理」が大定理と言われたのに対して付けられた名前です．この定理を最初に証明したのはライプニッツであり，1736年オイラーも違った方法で証明しました．

問題 2．

　5で割り切れない任意の整数 a に対して，$a^n - 1$ が5で割り切れるような最小の正の整数 n を求めよ． 　　　　　　　　　　　　　　　　　　　　東京農大・(農)．

　フェルマーの小定理を利用してみよう．

【解答】 $a^n - 1 = a^{(n+1)-1} - 1$，また，5は素数かつ5と a は互いに素だから，$a^{(n+1)-1} - 1$ は $(n+1)$ で割り切れる．

　よって，$n + 1 = 5$ 　∴ $n = 4$ 　　　　　　　　　　　　　　　　　　　　【答】

フェルマーの小定理を用いなければ，

〈別解〉 $a = 2$ とすると，2と5は互いに素だから，$2^n - 1$ は5の倍数であればよい．

　$2^n - 1 = 5k$ （k は自然数）とおくと，
$$\therefore \quad 2^n = 5k + 1$$
　よって，n が最小のとき 2^n が最小より
$$k = 3 \text{ のとき } n = 4$$
　逆に，$n = 4$ のとき，
$$a^4 - 1 = (a^2 - 1)(a^2 + 1)$$
　ここで，a と5は互いに素だから，a は k を整数とするとき，
$$a = 5k \pm 1 \text{ または } a = 5k \pm 2$$
の4通りの内のいずれかで表される．
(i) $a = 5k \pm 1$ のとき，
$$a^2 - 1 = 25k^2 \pm 10k = 5k(5k \pm 2)$$
(ii) $a = 5k \pm 2$ のとき，

$$a^2+1=25\pm20k+5=5(5k^2\pm4k+1)$$

(i), (ii)から，a^4-1 は5で割り切れない任意の a に対して，5で割り切れる．

問題3.

自然数 p が2でも3でも割り切れないとき，p^2-1 が24で割り切れることを証明せよ． ノートルダム清心女大．

◀解答▶ 前問と同様に考えると，

$p^2-1=p^{3-1}-1$ は3は素数より，任意の p に対して p^2-1 は3の倍数である． ……①

次に，任意の自然数 p は，k を整数として

$$p=4k,\ p=4k\pm1,\ p=4k+2$$

のいずれかで表され，p が2と互いに素であることから， ∴ $p=4k\pm1$

$$p^2-1=(4k\pm1)^2-1=16k^2\pm8k=8k(2k\pm1)$$

よって，p^2-1 は8の倍数である． ……②

①と②で，3と8は互いに素より p^2-1 は24の倍数である． **(Q. E. D)**

4．谷山＝志村の予想からワイルズの証明へ

前述したように，「最終定理」の証明は我が国の数学者の谷山＝志村の予想をワイルズ教授が証明したことで決着しました．ここでは，その経緯の概略（専門的な定義や数式の説明を省いて）だけを述べてみよう．

Ⅰ．谷山＝志村の予想

1955年，日光で開かれた代数的整数論のシンポジウムで，東京大学の**谷山豊**（1927-1958）は36題の数論の未解決の問題を提示しましたが，その中の4題は谷山の発案で，2題の"楕円形式とモジュラーの関係の予想"が含まれていました．（その3年後谷山は亡くなりました．）10年後大学時代からの同僚で日光の会議にも一緒に参加した**志村五郎**（1930- ）は谷山の予想を発展させて，"すべての楕円関数はモジュラーである．"という予想を定式化しました．これを**谷山＝志村の予想**と言います．

Ⅱ．ゲルハルト・フライの講演

1984年，ドイツのオーベルヴォルフアッハで開かれた数論研究者のシンポジウムでハイデルベルグ大学のゲルハルト・フライは「最終定理」の証明は次の

故.谷山豊　　　　　　志村 五郎

ような理由から「谷山＝志村の予想」の解決へ通じると講演しました．
(1) 「フェルマーの定理」が誤りで，$x^n+y^n=z^n$ ($n≧3$) に整数解があると仮定すると，この場合のみ楕円関数が導かれる．（フライの楕円関数）
(2) フライの楕円関数はモジュラーではない．（フライの予想）
(3) すべての楕円関数はモジュラーである．（谷山＝志村の予想）
そして，(1)〜(3)が証明できればよい．なぜなら，(2)と(3)は矛盾し，この矛盾は(1)の仮定が誤りであると結論づけられ「最終定理」は成立する．

III．ケン・リベットが(2)の証明

1986年，カルフォルニア大学のケン・リベット（Kennth Kibet.）がフライの予想を証明しました．

IV．アンドリュー・ワイルズが(3)の証明

1993年，プリンストン大学のアンドリュー・ワイルズは母校のケンブリッジ大学のニュートン研究所で開かれた専門家会議の講演で谷山＝志村の予想の証明を発表しました．

リベットがフライの予想を証明してから1人で7年間苦しい研究を続けた成果でした．ワイルズは論文を発表しなかったので，後で200ページに及ぶ論文チェックを信頼する専門家に依頼した結果，いくつかの不完全な個所が指摘され認定は保留されました．

V．プリンストン大学が証明を認定

1994年，ワイルズはケンブリッジ大学で以前一緒に研究していた弟子の**リチャード・ティラー**（R. Taylor）の助けを借りて指摘された問題を解消して，プリンストン大学の学術誌『数学年報』（"Annals of Mathematics"）に，次の2篇合わせて130ページの論文を投稿しました．

A・ワイルズ著『モジュラー楕円曲線とフェルマーの最終定理』

R・ティラー，A・ワイルズ共著『ある種のヘッケ環の環論的性質』

1995年2月までプリンストン大学，学術誌編集委員会は4カ月間にわたって厳密に検討し証明に誤りはないとして認定し，5月に同誌で発表されました．

試問54.の解答

x, y, z が 0 でない整数で，

等式 $x^3+y^3=z^3$ を満たしているとする．

いま，x, y, z がすべて3の倍数でないとすれば，ℓ, m, n を整数として，$x=3\ell\pm1$, $y=3m\pm1$, $z=3n\pm1$ で表される．

したがって，

$$\begin{aligned}x^3+y^3&=(3\ell\pm1)^3+(3m\pm1)^3\\&=(27\ell^3\pm27\ell^2+9\ell\pm1)+(27m^3\pm27m^2+9m\pm1)\\&=9(3\ell^3\pm3\ell^2+\ell)\pm1+9(3m^3\pm3m^2+m)\pm1\\&=9\{(3\ell^3\pm3\ell^2+\ell)+(3m^3\pm3m^2+m)\}\pm1\pm1\end{aligned}$$

よって，x^3+y^3 を9で割った余りは，$(\pm1\pm1)$ で，複号順は不同だから，0 と ±2 のいずれかとなる．次に，

$$z^3=(3n\pm1)^3=27n^3\pm27n^2+9n\pm1=9(3n^3\pm3n+1)\pm1$$

よって，z^3 を9で割った余りは ±1 となる．したがって，左辺＝右辺に矛盾する．

ゆえに，x, y, z のうち少なくとも1つは3の倍数となる． **(Q. E. D)**

入試問題は良問かそれとも悪問か？

最後に，今回の入試問題に対する2人の予備校の先生の全く異なった評価を紹介してみよう．

最初の例は，河合塾の丹羽健夫著『悪問だらけの大学入試』（集英社新書．2000）の中の数学の悪問として悪問例XII．(pp. 62-64) で批評されています．

悪問である理由はコメントとして示され"問題文の前半で「nを2より大きい自然数とするとき $x^n+y^n=z^n$ を満たす整数解 x, y, z $(xyz\neq0)$ は存在しないと言っているにもかかわらず，後半では「あるものとして」解かせているのがおかしい．「ない」ことの証明になるのならばともかく，本問の設定は不自然である．"

これに対して，駿台の講師の安田亨著『入試数学伝説の良問100』（講談社．ブルバックス．2003）では，1971～2002年の大学入試から，真に演習に値する良問を集めたとして，問題12．（pp. 70-71）でこの問題が示され，コラム（p. 107）でこの問題について，"命題「A⇒B」とは「Aになるかならないかそんなことは知らないが，もし万一Aになるということを認めるならばBだ」という形式の命題である．これはAになるかどうかが簡単に判明しない難問を追求する場合に必要な形式として認められるものだ．例えばA部分に相当するフェルマーの大定理は360年間人類を悩ました．"とあります．

　読者の皆さんはどう判断しますか．私は問題解決の過程を題材とする良い問題と思い，この書に取り入れました．

　この超難問解決に日本の数学者が大きな貢献を果していることをとてもうれしく若い人達に伝えると共に心強い励みとなればと思います．

（参考文献）
注1．『フェルマーを読む』．足立恒雄著．日本評論社．1986．
注2．『フェルマーの最終定理』．サイモン・シン著．青木薫訳．新潮社．2000．
　"Fermat's Enigma"．Simon Singh．Anchor Books A Division of Random Houuse. Inc. New York．1997．
　（注）　文中の図版はこの書から転載させて載きました．
注3．『フェルマーの最終定理に挑戦』．富永裕久著．山口周監修．ナツメ社．1996．

18. フラクタル（自己相似）図形

コッホ島の面積

【試問55】

面積1の正三角形 A_0 から始めて，図ように図形 A_1, A_2, …… をつくる．ここで A_n は，A_{n-1} の各辺の3等分点を頂点にもつ正三角形を A_{n-1} の外側につけ加えてできる図形である．このとき次の問に答えよ．

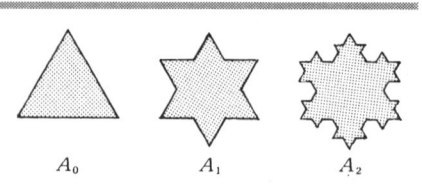

(1) 図形 A_n の辺の数を求めよ．
(2) 図形 A_n の面積を S_n とするとき，$\lim_{n\to\infty} S_n$ を求めよ． 香川大．（法．農．教）．

正三角形 A_0 から始めて3つの辺上に同じ操作を行うので，元の A_0 の各辺の上に同じ図形ができています．そこで，A_0 の1つの辺上にできる図形の生成過程をステップ順に分析してみよう．

図形 A_0 の1つの辺（ベース）を決め最初の状態をステップ0とします．

その辺を3等分して真中の線分上にその線分を1辺とする正三角形を A_0 の外側に作り底辺を取り除いて4つの線分からなる折れ線をつくります．これをステップ1とし，以後の操作のモチーフ（原理）とします．次に，ステップ1

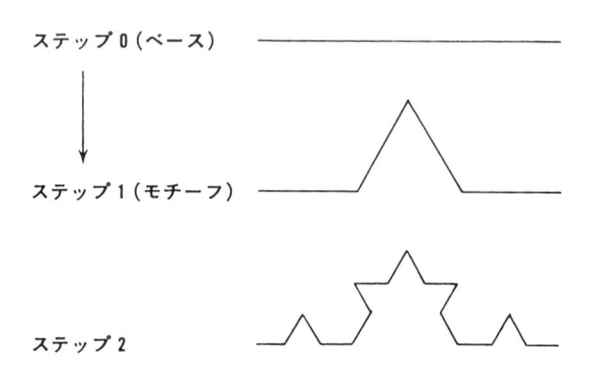

ステップ3

ステップ4

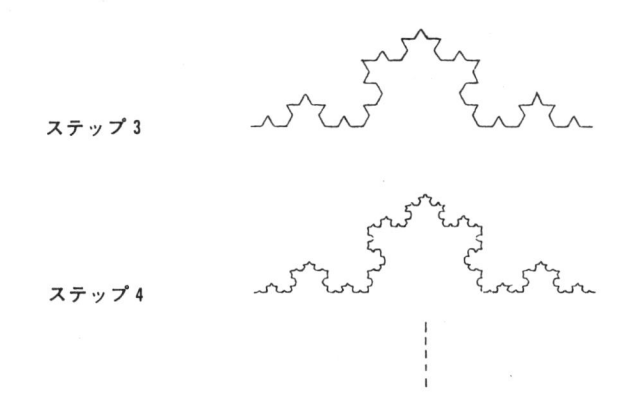

から得られた長さ 1/3 の 4 つの辺のすべてにステップ 1 と同じ操作を行います．これがステップ 2 となります．以下同様な操作を繰り返します．

図形 A_n は A_0 の各辺上に上の操作を n 回続けた図形となります．

この操作を限りなく続け極限として得られる曲線は，「**連続な曲線でしかも曲線上のどの点においても接線が存在しない**」という不思議な曲線の例として，1904 年にスウェーデンの数学者**ヘルゲ・フォン・コッホ**（H. Von. Koch. 1870-1924）が発見したもので**コッホの曲線**と呼ばれています．この曲線には上の特徴の他にも面白い性質をもっています．例えば，曲線を描くステップ 2 以降の図を見ると全体の図の中にそれと相似なミニチュア図形が次々に含まれて行っているのもその 1 つです．ステップ 4 で曲線上の点に下のように A から B まで符号を付けて，曲線上の 2 点の間の部分を符号～で表すと，

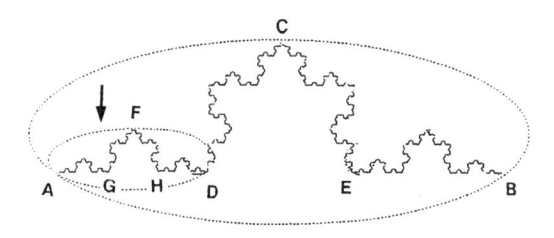

A〜B に A〜D が含まれる
A〜E に A〜H が含まれる
A〜C に A〜F が含まれる
A〜D に A〜G が含まれる

となっており，これらの部分はすべて**相似**になります．もちろん，全体のA〜Bと相似な部分はこれ以外にも多くあります．このように，全体の中に相似な部分が次々に含まれるとき**自己相似性**があるといいます．

分かり易く説明すると，自己相似性はロシヤ人形のマトリョーシカ（"入れ子人形"）と同じ構造になっていることを意味しています．

問題の図形は正三角形 A_0 の 3 つの辺の外側に作ったこのような自己相似でギザギザな曲線図形が対象となっています．

ロシヤ人形のマトリョーシカ
ルーツは日本の箱根の"入れ子人形"で，宣教師が持ち帰り伝えた．

ところで，読者の皆さんはコッホの曲線を見て何を連想しますか？．フランス系アメリカ人の**ベンワー・マンデルブロ**（Benoit Mandelbrot. 1924- ）は入り組んだ海岸線，モクモクと湧き上がってくる入道雲，大小の峰が連なる山並み……など自然界の状態や現象と結びつけて，1975年に最初に著したエッセイの中でこのコッホの曲線のような自己相似性をもつ図形を**フラクタル図形**と名付けました．そして，海岸線や雲や山並……は凸凹のある（ラフ）形だから，円や球や円錐……のように滑らか（スムーズ）ではありません．

ベンワー・マンデルブロ

このような自然界の状態や現象を研究するにはスムーズな図形を対象とするユークリッド幾何学よりフラクタルな図形を利用して研究をする方がより実際的で役立つと考え，その研究を提起しました．そして，1997年には『**自然界のフラクタル幾何学**(注1)』を著し，多くの図版でフラクタルの実例を示しました．

問題の図はコッホの曲線で囲まれた島と見て**コッホの島**，あるいは，雪の結晶によく似ていることから**雪片**とも呼ばれています．

入試においてフラクタルな図形は相似性をもつから等比数列の問題の中で扱われることになります．

ヒント

(1) 図形 A_n の辺数を a_n とし，冒頭に示したコッホの曲線の構成法のステップ0からステップ1へ移る操作での辺の増加を参考に a_{n-1} と a_n の関係式を導きます．

(2) S_n の極限は A_0 の外接円にも，A_0 の内接六角形にも近付づかないことに注意して下さい．
(1)と同様に S_{n-1} と S_n の漸化式を作ります．この n を無限大としたときの極限値がコッホの島の面積です．

コッホの島
コッホの島の面積は元の正三角形の外接円の面積と異なります．
また，外接六角形の面積とも異なります．

余談

1．コッホの島の海岸線の長さ

コッホの曲線の性質を理解していただくため，最初によく知られた次のパラドックスを取り上げてみよう．それは，「二等辺三角形の等辺の長さの和は底辺の長さに等しい」というものです．したがって，1辺の長さ1の正三角形から，2＝1が導かれることになります．

理由は，図のように，次々に正三角形の頂点が底辺上にくるように折り込んでいくと，底辺上にできるギザギザの折線の長さの和はつねに，

$$AB + AC (=2)$$

に等しくなります．一方，この操作を限りなく続けていくとギザギザの折れ線の高さは，限りなく0に近付きそのギザギザの折れ線は底辺 BC ($=1$) となって行きます．だから，

$$\therefore \quad AB + AC = BC, \quad 2 = 1$$

となるというものです．

どこが間違っているでしょう．それは，次のように考えられています．

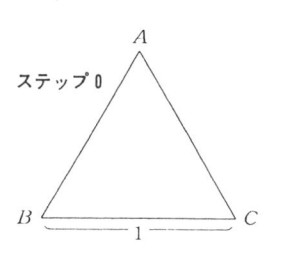

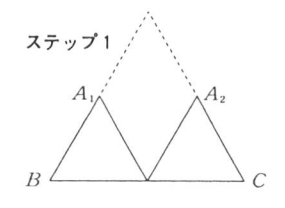

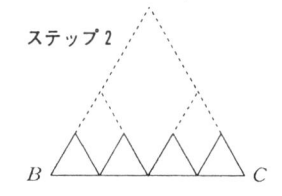

頂点を n 回折り込んだときのギザギザの折れ線（曲線）を C_n とし，この長さを L_n，ギザギザの折れ線と底辺が囲む 2^n 個の小正三角形の面積の和を S_n とすると，

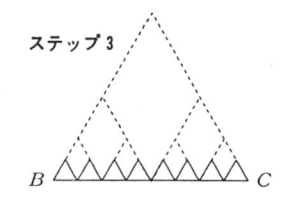

確かに，$\lim_{n\to\infty} C_n = $（底辺 BC）

ステップ 3

ですが，$L_n = AB + AC = 2$（一定）より
$$\lim_{n\to\infty} L_n = \lim_{n\to\infty}(AB+AC) = \lim_{n\to\infty} 2 = 2$$
$$\lim_{n\to\infty} S_n = \lim_{n\to\infty}\left(\frac{1}{2}\right)^n S = 0 \quad (S \text{ は 1 辺の正三角形の面積})$$

となり，小正三角形の面積の和は 0 で曲線の長さは 2（一定）となります．

さて，それではコッホの島の周囲（海岸線）の長さはどうなるでしょう．

問題では最初の正三角形 A_0 の面積が 1 よりこの 1 辺の長さを a（$=2/\sqrt[4]{3}$）とします．

コッホの島の周囲は図形 A_0 の各辺に 3 つのコッホの曲線を張りつけたものだから，その 1 辺の長さ a の上に描いたコッホの曲線の長さを求めてみよう．

各ステップで長さ $1/3$ が 4 個付け加わって $4/3$ 倍になるから，第 n ステップにおける長さ L_n は
$$L_n = (4/3)^n a$$
となり，コッホの島の周囲の長さは，$4/3 > 1$ から，
$$\lim_{n\to\infty} 3L_n = \infty$$
と無限大となります．

ここで，読者は問題の(2)を解くとコッホの島の面積が一定であることを知るでしょう．すると一定の面積が無限の長さの曲線で囲まれていることになります．

面積が一定である図形で境界線が最短であるのは円であることはよく知られていますが，コッホの島は，**一定の面積が無限の長さの境界線で囲まれている**ことになります．

入試問題でコッホの島やその応用問題を見てみよう．

問題 1.

1 辺の長さが 1 の正三角形 F_1 があり，$0 < a \leq 1/6$ を満たす実数 a が与えら

れている．正三角形 F_1 の1つの辺の上に，その辺の中点から a だけ離れた点を2つとる．そして，F_1 の外側に，この2点を頂点とする正三角形を付け加える．この操作を F_1 の各辺に行うことによって得られる12角形を F_2 とする．

次に，12角形 F_2 の1つの辺の上に，その中点から la だけ離れた点を2つとる．ただし，l はその辺の長さとする．そして F_2 の外側に，2点を頂点とする正三角形を付け加える．この操作を F_2 の各辺に行うことによって得られる48角形を F_3 とする．以下同様に，この操作を繰り返し行うことにより，各自然数 n について $3 \cdot 4^{n-1}$ 角形 F_n から $3 \cdot 4^n$ 角形 F_{n+1} をつくることができる．

このとき，$3 \cdot 4^{n-1}$ 角形 F_n のすべての辺の長さの和を L_n で表す．また，F_n のすべての辺の長さの2乗の和を S_n で表す．

(1) L_2 と L_3 を求めよ．
(2) L_n を求めよ．
(3) S_2 を求めよ．
(4) S_n を求めよ．
(5) $3 \cdot 4^{n-1}$ 角形 F_n から $3 \cdot 4^n$ 角形 F_{n+1} をつくるときに，あらたに付け加えるすべての正三角形の面積の和は S_n の何倍か．
(6) $3 \cdot 4^{n-1}$ 角形 F_n の面積を求めよ．

$a = \dfrac{1}{6}$ のときの F_1，F_2，F_3 は下の図のようになる．

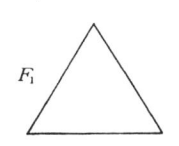

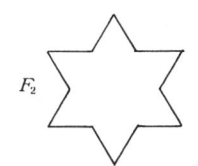

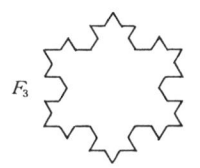

東京理科大．(理)．

解答の順番を変えて，漸化式を作り(2)と(4)を先に解くと(1)，(3)は n に数値を代入するだけとなります．

◀解答▶

図形 F_n の長さ l の辺から生ずる図形 F_{n+1} の4つの辺の長さの和は，
$$2(2la) + (l - 2la) = l(1 + 2a)$$
$$L_{n+1} = (1 + 2a)L_n$$

よって，$L_1=3$ より
$$\therefore \quad L_n=3(1+2a)^{n-1}$$

以上より

(1) $\boldsymbol{L_2=3(1+2a), \quad L_3=3(1+2a)^2}$

(2) $\boldsymbol{L_n=3(1+2a)^{n-1}}$ 【答】

同様に，4つの辺の2乗の和は，
$$2(2\ell a)^2+2\left(\frac{1}{2}-\ell a\right)^2=\ell^2\left(\frac{1}{2}-2a+10a^2\right)$$
$$\therefore \quad S_{n+1}=\left(10a^2-2a+\frac{1}{2}\right)S_n$$

よって，$S_1=1^2+1^2+1^2=3$ より，

(4) $\boldsymbol{S_n=3\left(10a^2-2a+\dfrac{1}{2}\right)^{n-1}}$ 【答】

これから，(3)の解は，

(3) $\boldsymbol{S_2=3\left(10a^2-2a+\dfrac{1}{2}\right)}$ 【答】

(5) 長さが ℓ の辺は1回の操作によって，新しく付け加えられる1辺を $2a\ell$ の正三角形の面積は $(\sqrt{3}\,a^2)\ell^2$ で，これはすべての辺について成り立つ．
$$\therefore \quad \sqrt{3}\,a^2 \text{ 倍}$$ 【答】

(6) F_n の面積を A_n とすると，(5)から
$$A_{n+1}-A_n=\sqrt{3}\,a^2 S_n$$
$$\therefore \quad A_n=A_1+\sqrt{3}\,a^2\sum_{k=1}^{n-1}S_k=\frac{\sqrt{3}}{4}+\frac{6\sqrt{3}\,a^2}{20a^2-4a-1}\left\{\left(10a^2-2a+\frac{1}{2}\right)-1\right\}$$
【答】

次の問題はコッホの問題で正三角形を正方形に置き換え少し変形したものです．

問題2．

1辺の長さが1の正方形を Q_1 とし，Q_2 は図のように Q_1 の各辺を3等分し，中央の線分を1辺とする小正方形を Q_1 の外側に加えて得られる図形とする．さらに，Q_3 は Q_2 で新たに加わった小正方形の各辺を3等分し，中央の線分を1辺とする小正方形を Q_2 の外側に加えて得られる図形とし，以下同様に $Q_n\cdots\cdots$ を作る．すなわち，2以上の n に対して，Q_{n+1} は Q_n で新たに加わっ

た小正方形の各辺を3等分し，中央の線分を1辺とする小正方形を Q_n の外側に加えて得られる図形とする．

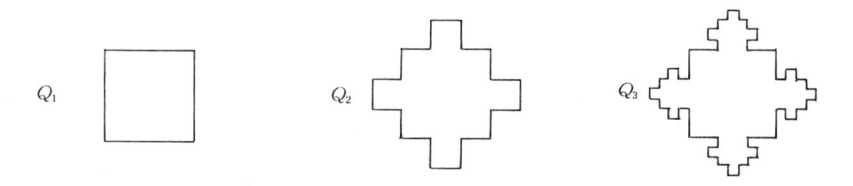

Q_1　　Q_2　　Q_3

(1) Q_n の周の長さを求めよ．
(2) Q_n の面積を求めよ．

お茶の水女子大．（理．生科）．

解き方は，前問同様に漸化式から等比数列を導くことになります．

◀解答▶
(1) Q_{n+1} で新たに加わった小正方形の辺の数を a_n，1辺の長さを ℓ_n とすると，
$$a_{n+1} = 3a_n \quad , \quad a_1 = 4$$
$$\therefore \quad a_n = 4 \cdot 3^{n-1}$$
また，
$$\ell_{n+1} = \frac{1}{3}\ell_n \quad , \quad \ell_1 = \frac{1}{3}$$
$$\therefore \quad \ell_n = \left(\frac{1}{3}\right)^n$$
よって，Q_n の周の長さを L_n とすると，
$$L_{n+1} = L_n + \ell_n \times a_n \times 2 = L_n + \frac{8}{3}$$
$$\therefore \quad L_{n+1} - L_n = \frac{8}{3} \quad , \quad L_1 = 4$$
$$\therefore \quad L_n = 4 + (n-1)\frac{8}{3} = \frac{4}{3}(2n+1) \quad 【答】$$

(2) Q_n の面積を S_n とすると，Q_{n+1} の面積は S_n の面積より $\ell_n^2 \times a_n$ だけ増えるから，
$$S_{n+1} = S_n + \ell_n^2 \times a_n = S_n + \frac{4}{3^{n+1}}$$
$$\therefore \quad S_{n+1} - S_n = \frac{4}{3^{n+1}} \quad , \quad S_1 = 1$$

$n \geqq 2$ のとき

$$\therefore \quad S_n = 1 + 4\sum_{k=1}^{n-1}\frac{1}{3^{k+1}} = \frac{5}{3} - \frac{2}{3^n}$$

$n=1$ のときも成り立つから，

$$\therefore \quad S_n = \frac{5}{3} - \frac{2}{3^n} \qquad \text{【答】}$$

以上から，

$$\lim_{n\to\infty} L_n = \infty \ , \quad \lim_{n\to\infty} S_n = \frac{5}{3}$$

であることが分かります．

2．シェルピンスキーの自己相似図形

ポーランドの数学者**シェルピンスキー**（W. Sierpinskis. 1882-1969）が考えた有名な自己相似図形の例を2つ取り上げてみよう．

最初は1915年の論文に示された次のような操作によって作られるものです．

中の詰まった三角形をベースとします．これから1辺が1/2の相似な三角形を4個作り，その真中の三角形を取り除いて三角形を3個残します．これでステップ1が終了して，これがモチーフとなります．残された3個の三角形に対して同様な操作を繰り返し，無限回の操作によって得られる図形を**シェルピンスキーのガスケット**と言います．

ステップ0　　ステップ1　　ステップ2　　ステップ3

このシェルピンスキーのガスケットはパスカルの三角形を用いて作図することができます．読者は次ページのパスカルの三角形で奇数を黒，偶数を白く塗りつぶして確かめて下さい．

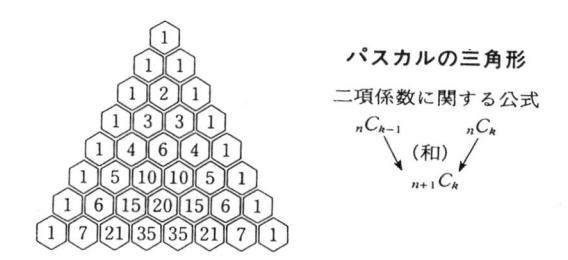

フラクタル（自己相似）図形 —— *315*

パスカルの三角形

二項係数に関する公式

$$_nC_{k-1} \searrow \quad _nC_k \swarrow$$
$$\text{(和)}$$
$$_{n+1}C_k$$

次の問題でこの図形の面積はどうなるかを求めてみよう．

問題3．

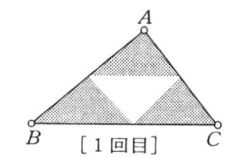

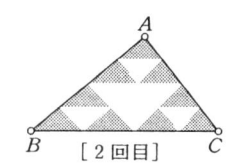

面積1の△ABCがある．図のように，まず，△ABCの3辺の中点を結んでできる三角形を取り除く，同じように残った3個の三角形について，それぞれの3辺の中点を結んでできる三角形を取り除く．この操作をn回続けるとき，残った図形の面積をS_nとする．

このとき，次の各問に答えよ．

(1) S_nをnの式で表しなさい．

(2) $S_n < \dfrac{1}{4}$ となる最小のnを求めなさい． 　　　　埼玉大．（経・教）．

◀解答▶

(1) S_nは△ABCと相似である3^n個の三角形の面積の和であり，続けて操作すると各三角形からその$\dfrac{1}{4}$の面積が取り除かれる．

$$\therefore \quad S_{n+1} = \dfrac{3}{4} S_n \quad \left(S_1 = \dfrac{3}{4} \right)$$

$$\therefore \quad S_n = S_1 \left(\dfrac{3}{4} \right)^{n-1} = \left(\dfrac{3}{4} \right)^n \quad \text{【答】}$$

これは，S_nは面積が$(1/4)^n$の三角形の3^n個の和より，$S_n = (1/4)^n \cdot 3^n =$

$(3/4)^n$ としても求まります.

(2) (1)より S_n は n の減少関数より

$$S_5 = \frac{243}{1024} < \frac{1}{4} < S_4 = \frac{81}{256}$$

よって，求める最小の n は $n=5$ 【答】

ここで，

$$\lim_{n \to \infty} S_n = \lim_{n \to \infty} \left(\frac{3}{4}\right)^n = 0$$

だからシェルピンスキーのガスケットの面積の極限値は0となります.

さて，もう1つのシェルピンスキーの自己相似な図形としてよく知られているのは1916年の論文に示された次の操作によって作られるものです.

中の詰まった正方形をベースとします．これから1辺1/3の正方形9個に分割し，その真中にある1個を取り除いて8個の正方形を残します．これでステップ1が終了し，これがモチーフとなります．残された8個の正方形に同様の操作を繰り返し，無限回の操作によって得られる図形をシェルピンスキーのカーペットと言います.

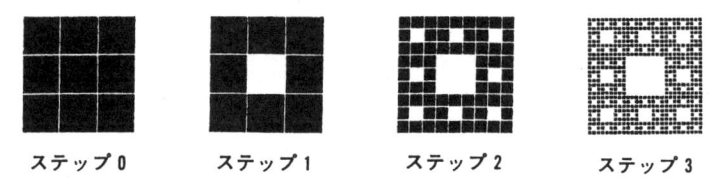

ステップ0　ステップ1　ステップ2　ステップ3

例によって，次の問題でその面積を求めてみよう.

問題4．

次の空欄を埋めよ.

1辺の長さ a の正方形を，図1のように，辺に平行な2組の平行線の対により9等分し，中央に位置する小正方形を除去する．引き続き同様な操作を，図2のように，残った8つの小正方形の各々に関して行う．このような操作を n 回繰り返したとき，1辺の長さ $\frac{a}{3^n}$ の小正方形は □ 個残る．また，n 回目までに除去される面積の和は，n を限りなく大きくするとき □ に近づく.

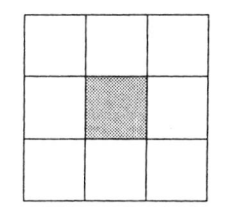

図1 斜線部分は第1回目に除去される部分

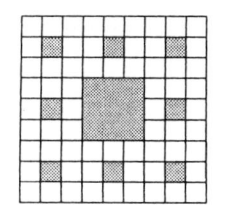

図2 斜線部分は第1回目及び第2回目で除去される部分

日本医科大.

◀解答▶

操作を続ける場合に残る小正方形の個数は,

第1回目：$a/3$ のもの 8 個残る

第2回目：$a/3^2$ のもの 8^2 個残る

第3回目：$a/3^3$ のもの 8^3 個残る

⋮

第 n 回目：$a/3^n$ のもの 8^n 個残る 【答】

次に, 第 n 回目までに除去される面積を S_n とすると,

$$S_n = 1 \cdot \left(\frac{a}{3}\right)^2 + 8 \cdot \left(\frac{a}{3^2}\right)^2 + 8^2 \cdot \left(\frac{a}{3^3}\right)^2 + \cdots + 8^{n-1} \cdot \left(\frac{a}{3^n}\right)^2$$

$$= \frac{a^2}{9}\left\{1 + \frac{8}{9} + \left(\frac{8}{9}\right)^2 + \cdots + \left(\frac{8}{9}\right)^{n-1}\right\}$$

$$\therefore \lim_{n \to \infty} S_n = \frac{a^2}{9} \cdot \frac{1}{1 - \frac{8}{9}} = a^2$$ 【答】

結局, シェルピンスキーのカーペットの面積は 0 となることが分かります.

3．バラの花

次頁の図のように, 1辺の長さが1の正方形があるとき, その各辺の中点を結ぶと, 内部に1辺の長さが $\frac{1}{\sqrt{2}}$ の正方形ができます. 続けてこの操作を行

318

うと次々に前の正方形の内部に1辺を $\frac{1}{\sqrt{2}}$ に縮小した小正方形ができます．この操作を無限回行うと正方形は中心点に近づきます．こうして出来る図形はバラの花とも呼ばれています．ただし，この極限図形はこれまで述べた自己相似図形とは少し様相が異なり正方形を中心に向かって縮小したもの（"入れ子"）となっています．

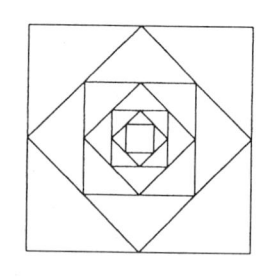

問題5．

右図のように，1辺の長さが1である正方形 $A_1B_1C_1D_1$ の各辺の中点を結んでできる正方形を $E_1F_1G_1H_1$ とする．

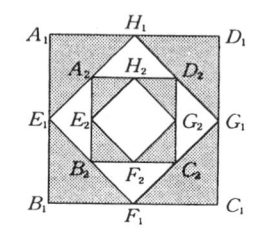

次に正方形 $E_1F_1G_1H_1$ の各辺の中点を結んでできる正方形を $A_2B_2C_2D_2$ とし，正方形 $A_2B_2C_2D_2$ の各辺の中点を結んでできる正方形を $E_2F_2G_2H_2$ とする．さらに同様の操作をくり返して出来る正方形を $A_kB_kC_kD_k$ および $E_kF_kG_kH_k$ ($k=1, 2, 3, \ldots$) で表す．

$$S_k = A_kB_kC_kD_k \text{ の面積} - E_kF_kG_kH_k \text{ の面積}$$

$$(k=1, 2, 3, \ldots)$$

とおくとき，次の問に答えよ．

(1) S_k の値を k を用いて表せ．

(2) $T_n = \sum_{k=1}^{n} S_k$ とおくとき，T_n の値を n を用いて表せ．

(3) $\lim_{n \to \infty} T_n$ の値を求めよ． 　　　　　　大阪電通大.

◀解答▶

(1) 正方形の辺の長さについて，

$$A_kB_k = \frac{1}{2}A_{k-1}B_{k-1}, \quad A_1B_1 = 1$$

$$\therefore \quad A_kB_k = \left(\frac{1}{2}\right)^{k-1}$$

$$E_k F_k = \frac{1}{2} E_{k-1} F_{k-1} \quad , \quad E_1 F_1 = \frac{1}{\sqrt{2}}$$

$$\therefore \quad E_k F_k = \frac{1}{\sqrt{2}} \left(\frac{1}{2}\right)^{k-1}$$

よって,

$$S_k = \left\{ \left(\frac{1}{2}\right)^{k-1} \right\}^2 - \left\{ \frac{1}{\sqrt{2}} \left(\frac{1}{2}\right)^{k-1} \right\}^2 = \left(\frac{1}{2}\right)^{2k-1} \quad \text{【答】}$$

(2) (1)より, $S_n = \frac{1}{2} \cdot \left(\frac{1}{4}\right)^{n-1}$

したがって, 数列 $\{S_n\}$ は初項 $\frac{1}{2}$, 公比 $\frac{1}{4}$ の等比数列より,

$$T_n = \frac{\frac{1}{2} \left\{ 1 - \left(\frac{1}{4}\right)^n \right\}}{1 - \frac{1}{4}} = \frac{2}{3} \left\{ 1 - \left(\frac{1}{4}\right)^n \right\} \quad \text{【答】}$$

(3) $\displaystyle \lim_{n \to \infty} T_n = \lim_{n \to \infty} \frac{2}{3} \left\{ 1 - \left(\frac{1}{4}\right)^n \right\} = \frac{2}{3}$ 【答】

4．物質でフラクタル表面の構成に成功

　1996年10月・朝日新聞で,「花王の研究グループによって, フラクタル表面を使って水を完全にはじく物質が開発されたことがアメリカの科学専門誌に発表された」と伝えられました. そこでの説明は, "フラクタルとは「凸凹の中に凸凹があり, その中にさらに……」という, いわば凸凹が入れ子状態になった複雑な形. この形を物質表面に形成できれば, 理論的には面積は限りなく大

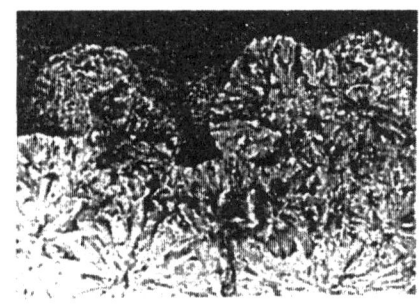

アルキルケテンダイマーで構成されたフラクタル表面

きくなる．解析の結果，凸凹面に水が浸透するのは非常にむずかしいことがわかった．フラクタル表面を実現する物質として，紙にインクがにじむのを防ぐアルキルケテンダイマーというろう状の物質を選んだ．……顕微鏡で見ると，凸凹の中に凸凹があり，理想的なフラクタルに近いものだった．水滴を落とすと，球状となる．"とあり物質でフラクタル表面の構成の成功が伝えられています．しかし，アルキルケテンダイマーは耐久性がないため実用化は難しいようです．究極の凸凹面を物質表面に実際に構成されたことは画期的なことでした．前ページの写真は花王からの提供により掲載されたものです．

　最後に最新の研究成果を紹介しておこう．

　シェルピンスキー・カーペットを3次元に拡張すれば次の図のような立体となり，これは**メンガー・スポンジ**と呼ばれています．

反射や透過しないで策部に蓄積される．
(朝日新聞より)

　2004年1月7日の新聞によると阪大と信州大の共同研究グループがこのメンガー・スポンジの取り除いた小立方体の部分に電磁波を閉じ込める（蓄積する）ことが可能なことを突き止め，光も電磁波の一種だから，将来「電池」の如き「光池」の誕生やその応用の可能性が生まれたということです．このメンガー・スポンジはフォトニック（光子の）フラクタルと名付けられ，フラクタル図形の研究も進んでいます．

試問55.の解答

(1)　図形 A_n の辺数を a_n とする．

　図形 A_{n-1} から A_n が作られるとき，各辺は4倍の辺となるから，
$$a_n = 4a_{n-1} \quad (n \geq 1)$$
　　$a_0 = 3$ より　∴　$a_n = 3 \cdot 4^n$　　【答】

(2) 図形 A_{n-1} から A_n がつくられるとき，付け加えられる小正三角形の1つの面積は，

$$1 \cdot \left(\frac{1}{3^2}\right)^n = \left(\frac{1}{9}\right)^n$$

$$\therefore \quad S_n = S_{n-1} + a_{n-1}\left(\frac{1}{9}\right)^n$$

$$S_n - S_{n-1} = 3 \cdot 4^{n-1} \cdot \left(\frac{1}{9}\right)^n = \frac{3}{4}\left(\frac{4}{9}\right)^n$$

$$\therefore \quad \lim_{n \to \infty} S_n = S_0 + \frac{3}{4}\sum_{K=1}^{\infty}\left(\frac{4}{9}\right)^K = 1 + \frac{\frac{3}{4} \cdot \frac{4}{9}}{1 - \frac{4}{9}} = \frac{8}{5} \quad 【答】$$

(参考文献)

1. 『フラクタル幾何学』ベンワー・マンデルブロ著．広中平祐監訳．日経サイエンス社．1985．
2. 『フラクタル』本田勝也著．朝倉書店．2002．
3. 『フラクタル数学』石村貞夫．石村園子共著．東京図書．1990．
4. 『カオスとフラクタル』山口昌也著．講談社．
   (BLUE BACKS)．1986．
5. 『繊維の数学』井上清博．相宅省吾共著．TBSブリタニカ．2002．

19. 格子点問題

格子点の包含問題

【試問56】

座標平面において，x, y がともに整数であるような点 (x, y) を**格子点**とよぶことにする．平面上で

(1) 辺の長さが1で，辺が座標軸に平行な正方形（周をこめる）は少なくとも1つの格子点を含むことを証明せよ．

(2) 辺の長さが $\sqrt{2}$ の正方形（周をこめる）は，どんな位置にあっても少なくとも1つの格子点を含むこを証明せよ． 京都大．（理科系）．

直交座標が定まっているとき，座標がすべて整数である点を**格子点**と言います．

高校数学では，格子点と言う用語が使用されていないためにこの種の入試問題では必ずその語の意味（定義）が記述されています．

典型的な**格子点問題**は連立不等式を満たす領域を求めて，その領域や周上に存在する格子点の個数を求めるものです．

そのとき，格子点の個数を考える基本は，域領 D が含まれる各軸上の範囲を調べます．

x 軸上では，$0 \leq x \leq \alpha$ の範囲に含まれる整数（1次元での格子点）は $[\alpha]+1$ 個あることになります．

ここで，$[\alpha]$ はガウスの記号で，α を越えない最大の整数を表し，上の区間に含まれる整数値は，

$$x = \{0, 1, 2, \cdots, [\alpha]\}$$

となるからです．

そして，x 軸上の整数値となる点 k を通って y 軸に平行な直線 $x=k$ （$0 \leq k \leq$

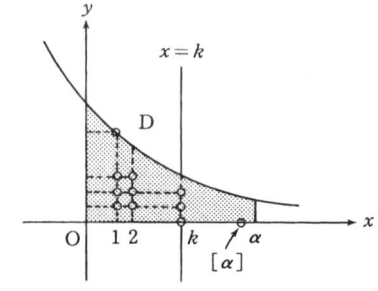

[α]）を引き領域 D 内に含まれる格子点の個数 D_k を求め，$k=0$ から [α] までの合計 $N(D)$ を求めます．すなわち，

$$N(D) = D_0 + D_1 + \cdots\cdots + D_{[\alpha]} = \sum_{k=0}^{[\alpha]} D_k = \sum_{k=1}^{[\alpha]} D_k + D_0$$

（ここで，D_0 は y 軸上の格子の個数）
となります．
　また，ガウス記号の定義から，

$$x-1 < [x] \leq x$$

ですから，$0 \leq x-[x] < 1$

$$\therefore \quad |x-[x]| < 1$$

が成り立ち，これから，数直線上で実数 x と整数 $[x]$ の距離は 1 より小さいことは明らかです．そして，

$$[x] \leq x < [x]+1 \leq x+1$$

から，$[x]+1 = [x+1]$ となります．

(ヒント)

　問題は格子点の存在を証明するもので意味は分かり易い内容です．しかし，証明の記述には案外戸惑うかも知れません．ここではガウス記号を用いて説明してみよう．

(1) 題意から，正方形 ABCD が下の図のように与えられ，各頂点の座標をそれぞれ，A(α, β)，B($\alpha+1$, β)，C($\alpha+1$, $\beta+1$)，D(α, $\beta+1$) とし，正方形を両軸へそれぞれ正射影すると x 軸，y 軸上で共に長さ 1 の線分となる．

　いま，辺 AB の端点 A，B を x 軸上へ正射影した点を A$'$(α)，B$'$($\alpha+1$) とすると，線分 A$'$B$'$ 上の点の任意の点の座標 x は次の式を満たし，

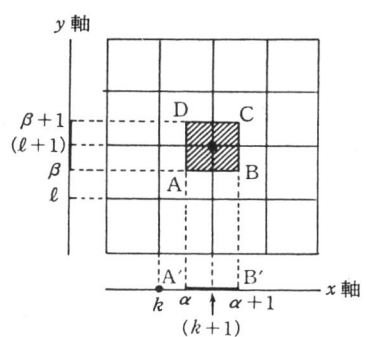

$$\alpha \leq x \leq \alpha+1 \quad \cdots\cdots ①$$

また，定義より

$$[\alpha] \leq \alpha < [\alpha]+1$$

つまり，整数の [α] を k とおくと，

$$k \leq \alpha < k+1 \quad \cdots\cdots ②$$

よって，辺々に 1 を加えると，

$$k+1 \leq \alpha+1 < k+2 \quad \cdots\cdots ③$$

②と③から,
$$\alpha < k+1 \leq \alpha+1 \quad \cdots\cdots ④$$

ゆえに, ①と④から $x=k+1$（整数）となる線分が正方形の内部または周として必ず含まれる.

同様に y 軸上へ正射影した場合も同様であるから, $[\beta]$ を ℓ とすると $y=\ell+1$（整数）となる線分が正方形の内部または周として必ず含まれることになる.

(2) (1)が(2)の証明に利用できるように考えていくことにします.

(i) 座標平面上で正方形がどんな位置にあっても, 各辺がそれぞれ軸に平行な内接正方形（頂点が元の正方形の辺上にある）が必ず存在する.

作図でその存在を示しておこう.

与えられた正方形を PQRS とする.

各頂点を通りそれぞれ軸に平行な直線を引きその交点を図のように A′, B′, C′, D′ とする.

このとき, 四隅の直角三角形はそれぞれ二角挟辺相等より合同となる. その結果, 四辺相等となり四角形 A′B′C′D′ は軸に平行な正方形となる.

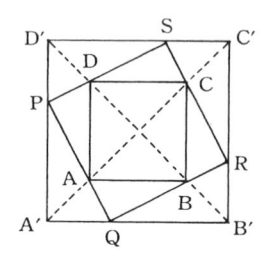

次に, 対角線 A′C′ と B′D′ を引き元の正方形 PQRS の辺との交点を A, B, C, D とすると,
$$AA' = BB' = CC' = DD'$$
となり, 四角形 ABCD は各辺が正方形 A′B′C′D′ の各辺に平行, かつ, AB=BC=CD=DA となるから正方形である.

よって, 正方形 ABCD は元の正方形 PQRS に内接し軸に平行な正方形となる.

(ii) 一辺の長さが $\sqrt{2}$ の正方形に内接する正方形の一辺の長さを ℓ とすれば, $1 \leq \ell \leq \sqrt{2}$ である.

何故なら, 次の図において,
$$\ell^2 = x^2 + (\sqrt{2}-x)^2 = 2(x^2 - \sqrt{2}\,x + 1)$$
$$= 2\left(x - \frac{\sqrt{2}}{2}\right)^2 + 1$$

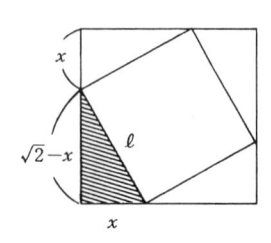

$$\therefore \text{ 最大値は } x = \frac{\sqrt{2}}{2} \text{ のとき, } \ell = 1$$

したがって，$1 \leq \ell \leq \sqrt{2}$ である．

以上，(i), (ii)から，

辺の長さが $\sqrt{2}$ の正方形はどんな位置にあっても，一辺の長さが1以上で軸に平行な正方形を内部に含むことになり(1)が応用できることになります．

余談

整数論の問題を幾何学的格子によって考察する方法はドイツの数学者で物理学者のミンコウスキー (Minkowski. 1864-1909) の研究に始まり，彼は一連の論文や著書『数の幾何学』(1896) や『ディオファントス近似』(1907) 等で，整数論の有名な定理を幾何学的な格子によって証明したり，また，新しい結果も導出し，多くの功績を残したこの分野の開拓者といわれています[注1]．

ミンコウスキー

次の定理もよく知られているものの1つです．

（ミンコウスキーの定理）

座標平面上の任意の格子点を中心とする面積が4の平行四辺形は，中心の格子点以外の格子点を内部または周に含む[注2]．

1．格子点の存在問題

格子点の存在問題にディリクレの原理（＝引き出し論法）が有効な場合があることは以前（試問35.）に取り上げました．

そこで，復習を兼ねて次の問題により再度その意義を考えてみることにします．

問題1.

(1) 平面上に4個の格子点 P_1, P_2, P_3, P_4 を与え，それらを結ぶ線分をすべて考える．そうしてこれらの線分の中点が，どれも格子点でないようにしたい．

$P_1(1, 1)$, $P_2(10, 15)$ としたとき，上の性質をみたすような P_3, P_4 の

例を1つあげよ．

(2) 平面上に与えられた5個の格子点の間を結ぶ線分をすべて考える．このとき，これらの線分の中点の少なくとも1つは格子点であることを示せ．

(3) 次の命題を考える．

「空間内に与えられた n 個の格子点の間を結ぶ線分をすべて考える．このとき，これらの線分の中点の少なくとも1つは格子点である．」

n として，どんな自然数を考えれば，上の命題は常に正しくなるか．適当な n を1つあげ，その理由を簡単に述べよ．ただし，格子点とは，x，y，z がともに整数であるような点 (x, y) または (x, y, z) のことである．

津田塾大．（学芸）．

先ず，平面の格子点を (x, y) とすれば x と y はそれぞれ偶数か奇数かのどちらかで，その組合せのタイプを調べると，次の4通りのタイプが考えられます．

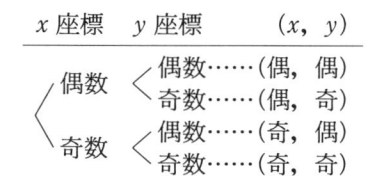

x 座標	y 座標	(x, y)
偶数	偶数	(偶, 偶)
	奇数	(偶, 奇)
奇数	偶数	(奇, 偶)
	奇数	(奇, 奇)

すると，5個の格子点があれば，その座標が偶か奇の組合せタイプは上の4通りだから少なくとも2個の同じ組合せタイプの格子点が存在することになります．これがディリクレの原理です．

次に，異なる2個の格子点を (x_1, y_1)，(x_2, y_2) とするとき，中点の座標は，$\left(\dfrac{x_1+x_2}{2}, \dfrac{y_1+y_2}{2}\right)$ だから，中点が格子点となるのは，x_1+x_2，y_1+y_2 が共に偶数のときに限ります．よって，x_1，x_2 および y_1，y_2 はそれぞれ共に偶または共に奇であるときだから，よって，格子点 (x_1, y_1) と (x_2, y_2) が同じタイプのときに限ることになります．したがって，上の4通りの異なるタイプの中からどの2個を取ってもその中点は格子点になることはありません．

◀解答▶

(1) 点 $P_1(1, 1)$ は (奇, 奇)，点 $P_2(10, 15)$ は (偶, 奇) であるから，P_3，P_4 の格子点として (偶, 偶) と (奇, 偶) タイプの座標を任意に選べばよい．

例えば，　　　　　　　　　∴　$P_3(4, 4)$, $P_4(5, 10)$　　　　　【答】

(2) 平面で格子点の座標 (x, y) は（偶，偶），（偶，奇），（奇，偶），（奇，奇）の 4 つのタイプのいずれかである．

したがって，5 個の格子点が与えられるとその内の少なくとも 2 つの格子点は同じタイプとなる（ディリクレの原理）．すなわち，格子点の座標の偶・奇が一致する．よって，この中点も格子点である．

(3) 空間の格子点の座標の偶・奇のタイプは x, y, z の座標について，偶と奇の 2 通りあるから，前述したように全体では $8(=2^3)$ 通りのタイプがある．すなわち，

　　　　（偶，偶，偶），（偶，偶，奇），（偶，奇，偶），（偶，奇，奇）
　　　　（奇，偶，偶），（奇，偶，奇），（奇，奇，偶），（奇，奇，奇）

よって，空間内に 9 個の格子点を与えれば少なくとも 2 つの格子点の x, y, z 座標の偶・奇のタイプが一致する（ディレクレの原理）．したがって，空間内に 9 個以上の格子点が与えられると，これらの格子点を結ぶ線分のなかに中点が格子点となるものが少なくとも 1 つ存在する．　　∴　$n=9$　【答】

この問題から，2 つの格子点の中点が格子点となる条件は，元の 2 つの格子点が座標の偶・奇に関して同じタイプであることが分かりました．次の発展問題に挑戦してみて下さい．

問題 2.

(1) 平面上の原点 O と 3 点 P(a, b), Q(c, d), R$(a+c, b+d)$ を考える．このとき平行四辺形 OPRQ の面積は $|ad-bc|$ であることを示せ．

(2) 3 点 P(a, b), Q(c, d), R$(a+c, b+d)$ は格子点であるとする．また，線分 OP, OQ 上には端点以外に格子点はなく，平行四辺形 OPRQ の面積は 2 とする．このとき，線分 PQ の中点 M は格子点であることを示せ．ただし，格子点とは x 座標，y 座標がともに整数となる点のことである．

津田塾大.（情報数理）.

(1)で平行四辺形の面積を求めるのは(2)で利用するためです．また，線分 OP, OQ 上に端点以外に格子点がないことは a と b および c と d が互いに素であるということです．

◀解答▶

(1) ベクトルの絶対値と内積を利用

$\vec{OP}=(a, b)$, $\vec{OQ}=(c, d)$, また,
$\vec{OP}$ と $\vec{OQ}$ のなす角を θ とすると, 平行四辺形 OPQR の面積 S は

$$S=|\vec{OP}||\vec{OQ}|\sin\theta=|\vec{OP}||\vec{OQ}|\sqrt{1-\cos^2\theta}$$

$$=|\vec{OP}||\vec{OQ}|\sqrt{1-\left\{\frac{(\vec{OP}\cdot\vec{OQ})}{|\vec{OP}||\vec{OQ}|}\right\}^2}=\sqrt{(|\vec{OP}||\vec{OQ}|)^2-(\vec{OP}\cdot\vec{OQ})^2}$$

$$=\sqrt{(a^2+b^2)(c^2+d^2)-(ac+bd)^2}=\sqrt{(ad-bc)^2}=|ad-bc| \quad 【答】$$

(2) (1)から

$$|ad-bd|=2 \quad (偶数)$$

よって, ad, bc はともに奇数またはともに偶数である.

(i) ad, bc がともに奇数のとき,

ad が奇数より a, d は奇数

bc が奇数より b, c は奇数

よって, 線分 PQ の中点 M の座標は

$$x \text{ 座標}: \frac{a+c}{2}=\frac{奇数+奇数}{2}=整数$$

$$y \text{ 座標}: \frac{b+c}{2}=\frac{奇数+奇数}{2}=整数$$

(ii) ad, bc がともに偶数のとき, a と b は 1 以外に公約数をもつときは辺 OP 上に端点 (a, b) 以外格子点をもつから, a と b は 1 以外に公約数をもたない, すなわち, a と b は互いに素である. b と c も同様である.

よって, a, b, c, d が偶数か奇数かは次のように決まる.

a	d	(ad)	b	c	(bc)
偶	奇	(偶)	奇	偶	(偶)
奇	偶	(偶)	偶	奇	(偶)

∴ $a+c=$偶数, $b+d=$偶数

よって, 線分 PQ の中点 M の座標は

$$x \text{ 座標}: \frac{a+c}{2}=\frac{偶数}{2}=整数$$

$$y \text{ 座標}: \frac{b+d}{2}=\frac{偶数}{2}=整数$$

ゆえに，(i)，(ii)から線分 PQ の中点 M は格子点である．　　　　　(Q. E. D)

次の問題は平面に指定された個数の格子点を含む円を描くことが可能であることを示す**不思議で面白い問題**です．

問題 3．

平面で x 座標, y 座標がともに整数である点を格子点ということにする．

(1) どの格子点も点 $\left(\sqrt{2}, \dfrac{1}{3}\right)$ からの距離が異なることを証明せよ．

(2) 格子点のうちで点 $\left(\sqrt{2}, \dfrac{1}{3}\right)$ に 1 番近い点 A，2 番目に近い点 B，3 番目に近い点 C の座標を求めよ．

(3) n を任意の正の整数とするとき，うまく円をかけば，ちょうど n 個の格子点を内部に含むようにできる．理由を述べよ．　　　香川大．(農・経・教)．

(1)は背理法を用います．(2)は点 $\left(\sqrt{2}, \dfrac{1}{3}\right)$ が含まれる升目を考えて近隣格子点への距離の比較によります．(3)は(1)，(2)をヒントに考え，点 $\left(\sqrt{2}, \dfrac{1}{3}\right)$ に近い順に格子点に番号を付けると n 番目と $n+1$ 番目の間を通る円が存在することを示すことになります．

◀解答▶

(1) 背理法により証明

異なる 2 つの格子点 (a, b)，(c, d) がともに点 $\left(\sqrt{2}, \dfrac{1}{3}\right)$ から等しい距離にあると仮定すると，

$$(a-\sqrt{2})^2 + \left(b-\dfrac{1}{3}\right)^2 = (c-\sqrt{2})^2 + \left(d-\dfrac{1}{3}\right)^2$$

$$\therefore \quad (a^2-c^2) + (b^2-d^2) - \dfrac{2}{3}(b-d) = 2(a-c)\sqrt{2}$$

a，b，c，d は整数で，左辺は有理数で右辺は無理数より，$a=c$，$b=d$
よって，$(a, b) = (c, d)$ となり異なる 2 点であることに矛盾する．

ゆえに，点 $\left(\sqrt{2}, \dfrac{1}{3}\right)$ から等距離にある格子点は存在しない．

(2) 点 $\left(\sqrt{2}, \dfrac{1}{3}\right)$ は 4 つの格子点 $(1, 0)$，$(2, 0)$，$(2, 1)$，$(1, 1)$ を頂点

とする正方形内にあるから，これらの格子点への距離を求めると（計算略）解は次のようです．

$$A(1, 0), \quad B(2, 0), \quad C(1, 1)$$ 【答】

(3) (1)から，すべての格子点は点 $\left(\sqrt{2}, \dfrac{1}{3}\right)$ からの距離が異なるから，その距離の短い順に，$\ell_1, \ell_2, \cdots\cdots, \ell_n, \ell_{n+1}$ とすれば，

中心 $\left(\sqrt{2}, \dfrac{1}{3}\right)$，**半径** r が $\ell_n < r < \ell_{n+1}$ **を満たす円はその内部にちょうど** n **個の格子点を含む．** 【答】

この問題から格子点をちょうど150個を内部および周上に含むようにするには点 $\left(\sqrt{2}, \dfrac{1}{3}\right)$ を中心にし，$\ell_{150} \leq r < \ell_{151}$ を満たす r を決めればよいことになります．しかし，中心が格子点で内部に150個の格子点を含むようにすることは不可能であることが次の問題で分かります．少々難問ですが格子点の個数と単位正方形の個数を対応させて面積で評価する新しい考え方を説明してみよう．

問題 4.

k が正の整数のとき，

$$(x-10)^2 + (y-10)^2 \leq k^2$$

を満足する整数の組 (x, y) が少なくとも，150個存在するように，k の最小の値を定めよ． 九州芸術工大．

領域は点 $(10, 10)$ を中心とし，半径 k の円の内部および周です．そこで，円の中心に原点を移し，m, n を整数として

$$m^2 + n^2 \leq k^2$$

を満たす点 (m, n) を考えます．

◀**解答**▶

$m = x - 10, \ n = y - 10$ とおくと，

$$m^2 + n^2 \leq k^2$$

整数の組 (x, y) は整数の組 (m, n) と1対1対応する．

座標平面で原点Oを中心，半径 k の円をCとし，円Cの内部および周上の個々の格子点 (m, n) を中心とし，辺が座標軸に平行で面積1の正方形をかくと，この正方形の全体で右図のような1つの図形Fができる．

このとき，多角形Fを形成する単位正方形の個数（面積）は円Cの内部と周上にある格子点(m, n)の個数に等しい．

格子点の個数は円の半径kによって決まるからその個数を$x(k)$とすれば，多角形Fの面積もこの式で表される．

原点を中心とし，半径$k-\dfrac{1}{\sqrt{2}}$, $k+\dfrac{1}{\sqrt{2}}$の円をそれぞれC_1, C_2とすれば多角形Fは円C_1とC_2に挟まれる．

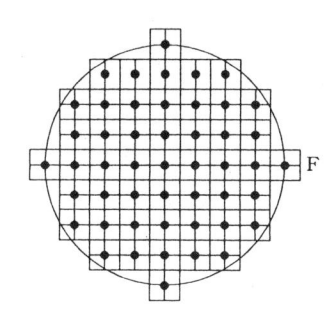

$$\therefore \quad \pi\left(k-\frac{1}{\sqrt{2}}\right)^2 \leq x(k) \leq \pi\left(k+\frac{1}{\sqrt{2}}\right)^2$$

よって，$x(k)=150$とおいてみると，

$$k-\frac{1}{\sqrt{2}} \leq \sqrt{\frac{150}{\pi}} \leq k+\frac{1}{\sqrt{2}}$$

$$\sqrt{\frac{150}{\pi}}-\frac{1}{\sqrt{2}} \leq k \leq \sqrt{\frac{150}{\pi}}+\frac{1}{\sqrt{2}}$$

概略つぎのようである．

$$6.9-0.7 \leq k \leq 6.9+0.7$$

よって，$k=7$に近いことが分かる．

そこで，$k=7$のとき実際に(m, n)の個数を求めてみよう．

第1象限の部分について調べると，

$$n=\sqrt{49-m^2} \quad (1 \leq m \leq 6)$$

より，格子点(m, n)の個数は

m	1	2	3	4	5	6
格子点	6	6	6	5	4	3

のようで，

$$6\times 3+5+4+3=30（個）$$

他の象限も同様である．

次に，軸上には，$7\times 4+1=29$（個）あるから，総数は，

$$30\times 4+29=149（個）$$

である．よって，少なくとも150個存在するのは **k=8** である　　【答】

ところで，これまでの考えから円周率 π は

$$\lim_{k\to\infty}\frac{x(k)}{k^2}=\pi$$

となりますが，$x(k)$ と πk^2 との誤差を評価する問題を**ガウスの円問題**といいます．

2．領域内の格子点の個数

冒頭で述べた連立不等式で定まる領域の内部および境界上に含まれる格子点の個数を求めるもので，格子点問題の最も一般的な内容です．

典型的な幾つかの例を調べてみよう．

問題5．

x, y がともに整数で，n は負でない整数である．このとき，$|x|+|y|\leq n$ を満たす点 $P(x, y)$ は全部で何個あるか．　　千葉大．（理科系）．

領域は次のような原点を中心とする正方形の内部と周であり，格子点の個数は一辺 $(n+1)$ の有心四角数です．

したがって，合同な4組の三角数と中心と1個を加えて，

$$4(1+2+\cdots\cdots+n)+1=2n(n+1)+1$$
$$=2n^2+2n+1$$

ですが，見方を変えると別の求め方が浮かぶと思います．

◀解答▶

$|x|+|y|\leq n$ を満足する格子点 (x, y) を右図のように，○と●の2種に分ける．

　○の図形は1辺 $(n+1)$ の正方形

　●の図形は1辺 n の正方形

となるから，全ての個数は，

$$(n+1)^2+n^2=2n^2+2n+1$$　　【答】

さて，次の問題は領域内および周上の格子点を求める最も基本的な問題です．

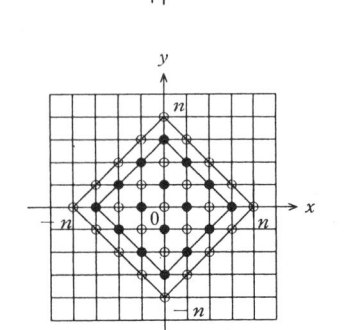

問題6.

n を正の整数とし，$y=n-x^2$ で表されるグラフと x 軸とで囲まれる領域を考える．この領域の内部および周に含まれ，x, y 座標の値がともに整数である点の個数を $a(n)$ とする．次の問に答えよ．

(1) $a(5)$ を求めよ．
(2) $\sqrt{n}$ をこえない最大の整数を k とする．$a(n)$ を k と n の多項式で表せ．
(3) $\displaystyle\lim_{n\to\infty}\frac{a(n)}{\sqrt{n^3}}$ を求めよ． 　　　　　　　早稲田大．(理工)．

最初に一般的な求め方を説明してから(1), (2)を調べることにします．

◀**解答**▶

曲線 $y=n-x^2$ と x 軸との交点は，
$$n-x^2=0 \quad \therefore \quad x=\pm\sqrt{n}$$
よって，y 軸に平行な直線 $x=i$（i は整数かつ $0<i\leq\sqrt{n}$）上で条件を満たす領域内の y 座標は，
$$0\leq y\leq n-i^2$$
格子点の個数は $n-i^2+1$ 個あり，$\sqrt{n}$ の整数部分を k とすると，曲線は y 軸に関して対象であることおよび y 軸上の格子点も考えると全部で，
$$a(n)=(n+1)+2\sum_{i=1}^{k}(n-i^2+1)$$
となります．これから，

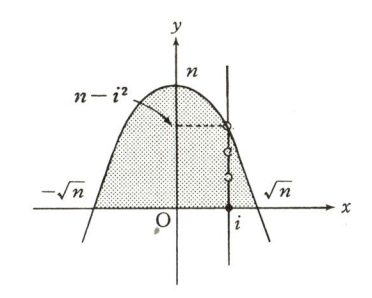

(1) $a(5)=6+2\displaystyle\sum_{i=1}^{2}(6-i^2)=6+2(5+2)=20$ 　【答】

(2) $a(n)=n+1+2(n+1)k-2\cdot\dfrac{k(k+1)(2k+1)}{6}$

$\qquad =(n+1)(2k+1)-\dfrac{k(k+1)(2k+1)}{3}$

$\qquad =(2k+1)\left\{(n+1)-\dfrac{k(k+1)}{3}\right\}$ 　【答】

(3) 題意から，

$$\sqrt{n}-1 < k \leq \sqrt{n}$$

$$\therefore \quad 1-\frac{1}{\sqrt{n}} < \frac{k}{\sqrt{n}} \leq 1$$

はさみうちの原理より, $\lim_{n\to\infty}\frac{k}{\sqrt{n}}=1$

$$\therefore \quad \frac{a(n)}{\sqrt{n^3}}=\left(2\frac{k}{\sqrt{n}}+\frac{1}{\sqrt{n}}\right)\left\{1+\frac{1}{n}-\frac{1}{3}\cdot\frac{k}{\sqrt{n}}\cdot\left(\frac{k}{\sqrt{n}}+\frac{1}{\sqrt{n}}\right)\right\}$$

よって,

$$\lim_{n\to\infty}\frac{a(n)}{\sqrt{n^3}}=2\left\{1-\frac{1}{3}\cdot 1\cdot 1\right\}=\frac{4}{3} \quad \text{【答】}$$

さて, 格子点は離散的に存在するからある順序で番号をつけることが可能です. したがって, 次の問題のように決められた順序で格子点 (m, n) が何番目であるかを考えることもできます.

問題7.

xy 平面で, x 座標, y 座標がともに整数である点を格子点という. $x \geq 0$, $-x^2 \leq y \leq x^2$ なる範囲にある格子点全体の集合を記号 S で表すことにする.

(1) m を正の整数とするとき, $\sum_{k=0}^{m-1}k^2$ を m の3次式で記せ.

(2) m を正の整数とするとき, S に属する格子点の x 座標が $m-1$ 以下のものの総数を求めよ.

(3) S に属する格子点全体に次のような順序で通し番号をつける.

格子点 $(0, 0)$, $(1, -1)$, $(1, 0)$, $(1, 1)$, $(2, -4)$, $(2, -3)$, ……に対してそれぞれ 1, 2, 3, 4, 5, 6, ……のように x 座標が小さいほど小さい番号をつけ, x 座標が等しいときは y 座標が小さいほど小さい番号をつける.
このとき S に属する格子点 (m, n) の番号を求めよ.

山形大. (理・医・農).

(1)は(2)で必要な計算の値を求めておくものです. (2)は $y=-x^2$ と $y=x^2$ が x 軸に関して対象となることを利用する. (3)格子点 (m, n) は領域内で直線 $x=m$ 上の格子点 $(m, -m^2)$ から $n+m^2+1$ 番目であることになります.

◀解答▶

(1) $\sum_{k=0}^{m-1} k^2 = \sum_{k=1}^{m-1} k^2 = \frac{1}{6} \cdot (m-1) \cdot m \cdot (2m-1)$ 【答】

(2) 集合 S による領域は図の斜線の部分である．領域内で y 軸に平行な直線 $x=k$ ($k=0, 1, \cdots, m-1$) 上の格子点の y 座標は小さい順に，
$$y = -k^2, -k^2+1, \cdots, 0, \cdots, k^2$$
となる．したがって，$x=k$ 上の格子点の個数は，

$2k^2+1$ 個だから，

求める格子点の総数は，
$$\sum_{k=0}^{m-1}(2k^2+1) = 2\sum_{k=0}^{m-1} k^2 + m$$
$$= 2 \cdot \frac{(m-1) \cdot m \cdot (2m-1)}{6} + m$$
$$= \frac{1}{3}m(2m^2 - 3m + 4)$$ 【答】

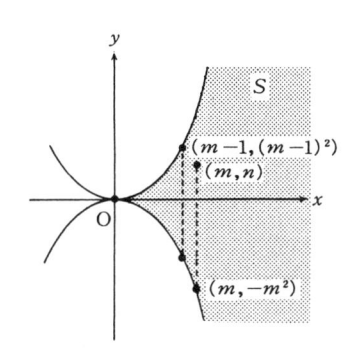

(3) 直線 $x=m-1$ の最後の格子点 $(m-1, (m-1)^2)$ は(2)から $\frac{1}{3}m(2m^2-3m+4)$ 番目で，格子点 (m, n) は直線 $x=m$ 上の最小番号の格子点 $(m, -m^2)$ から数えて $n+m^2+1$ 番目だから，最初からでは，
$$\frac{1}{3}m(2m^2-3m+4) + n + m^2 + 1 = \frac{2}{3}m(m^2+2) + n + 1$$ 【答】

最後に空間の格子点問題をみてみよう．空間における格子点問題は原子や分子の構造や結晶学などで大変重要であることはいうまでもありません．

3．空間の領域内の格子点の個数

問題 8．

n を正の整数とする，連立不等式
$$x+y+z \leqq n$$
$$-x+y-z \leqq n$$
$$x-y-z \leqq n$$
$$-x-y+z \leqq n$$
を満たす xyz 空間の点 $P(x, y, z)$ で，x, y, z がすべて整数であるものの

個数を $f(n)$ とおく. 極限
$$\lim_{n\to\infty}\frac{f(n)}{n^3}$$
を求めよ.　　　　　　　　　　　　　　　　　　　　　東京大. (理).

与えられた4つの不等式を満たす点 (x, y, z) の存在する領域は，下図の立方体内の4点
$$(n, -n, n), (n, n, -n), (-n, n, n), (-n, -n, -n)$$
を頂点とする正四面体の内部および境界面である.

この正四面体を z 軸に垂直な平面 ($z=k$) で切ると断面は長方形となることに注目する.

【解答】 与えられた不等式を

$x+y+z \leqq n$ ……①
$-x+y-z \leqq n$ ……②
$x-y-z \leqq n$ ……③
$-x-y+z \leqq n$ ……④

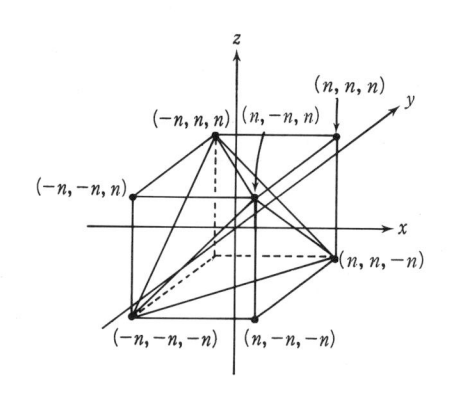

とおくと，

①, ④から, $|x+y| \leqq n-z$

②, ③から, $|x-y| \leqq n+z$

よって，①～④を満たす x, y が存在するためには，
$$0 \leqq n-z, \quad 0 \leqq n+z$$
$$\therefore \quad -n \leqq z \leqq n$$

いま，$z=k$ ($0 \leqq k \leqq n$) とおき①～④式が満たす領域を図示すると下図の長方形の斜線部分である.

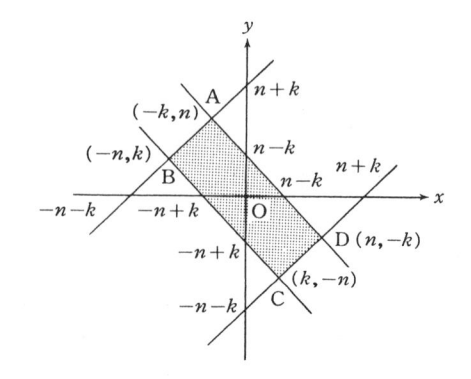

長方形の内部および周上で，直線 $y=x-n-k+2i$ ($i=0, 1, 2, \cdots, n+k$) 上にある格子点の個数は，$n-k+1$ 個である.

また，直線 $y=x-n-k+2i+$

1 $(i=0, 1, 2, \ldots, n+k-1)$ 上にある格子点の個数は，$n-k$ 個である．

したがって，総数を D_k とすると，

$$D_k=(n-k+1)(n+k+1)+(n-k)(n+k)=-2k^2+(2n^2+2n+1)$$

$z=k$ $(-n \leqq k \leqq -1)$ のとき，

$z=-k$ $(1 \leqq k \leqq n)$ として考えると同様となるから，

$$f(n)=2\sum_{k=1}^{n} D_k+D_0=-4\sum_{k=1}^{n}k^2+2n(2n^2+2n+1)+2n^2+2n+1$$

$$=-\frac{2}{3}n(n+1)(2n+1)+(2n^2+2n+1)(2n+1)=\frac{4}{3}\left(n^2+n+\frac{3}{4}\right)(2n+1)$$

$$\therefore \quad \frac{f(n)}{n^3}=\frac{4}{3}\left(1+\frac{1}{n}+\frac{3}{4n^2}\right)\left(2+\frac{1}{n}\right)$$

$$\therefore \quad \lim_{n\to\infty}\frac{f(n)}{n^3}=\frac{4}{3}\cdot 2=\frac{8}{3} \qquad \text{【答】}$$

〈別解〉

上の解で，直線：$y=x-n-k+2i$ $(i=0, 1, 2, \ldots, n+k)$ 上にある格子点の個数は $n-k+1$ 個，また，直線：$y=x-n-k+2i+1$ $(i=0, 1, 2, \ldots, n+k-1)$ 上にある格子点の個数は，$n-k$ 個あるから，

$$(n-k)(2n+2k+1) \leqq D_k \leqq (n-k+1)(2n+2k+1)$$

すなわち，

$$-2k^2-k+n(2n+1) \leqq D_k \leqq -2k^2+k+(n+1)(2n+1)$$

として，

$$L_n=\sum_{k=-n}^{n}\{-2k^2-k+n(2n+1)\}$$

$$f(n)=\sum_{k=-n}^{n} D_k$$

$$M_n=\sum_{k=-n}^{n}\{-2k^2+k+(n+1)(2n+1)\}$$

$$\therefore \quad L_n \leqq f(n) \leqq M_n$$

と評価できる．そして，L_n, M_n ともに，

$$\frac{8}{3}+(n \text{の2次以下の式})$$

となるから，

$$\lim_{n\to\infty} L_n \leq \lim_{n\to\infty} \frac{f(n)}{n^3} \leq \lim_{n\to\infty} M_n$$

はさみうちの原理より,

$$\lim_{n\to\infty} \frac{f(n)}{n^3} = \frac{8}{3}$$

試問56. の解答

(1) の証明:

与えられた正方形に含まれる点の x 座標の最小値を図のように α とする.

このとき, この正方形に含まれる点の x 座標は,

$$\alpha \leq x < \alpha + 1 \quad \cdots\cdots ①$$

と表されます. ガウス記号を用いて

$$[\alpha] \leq \alpha < [\alpha] + 1$$

ここで, $[\alpha] = k$ とおくと, k は整数で

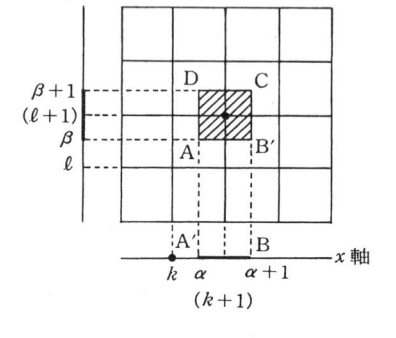

$$k \leq \alpha < k+1 \quad \cdots\cdots ②$$

辺々 1 を加えて,

$$k+1 \leq \alpha+1 < k+2 \quad \cdots\cdots ③$$

②, ③から,

$$\alpha < k+1 \leq \alpha+1 \quad \cdots\cdots ④$$

よって, ①, ④から

$$x = k+1 \text{ (整数)}$$

である線分が正方形の内部または周として必ず含まれる.

同様に正方形に含まれる点の y 座標の最小値を β とし, $[\beta] = \ell$ とすると, $y = \ell + 1$ である線分が正方形の内部または周として必ず含まれる.

ゆえに, 与えられた正方形に格子点 $(k+1, \ell+1)$ は含まれている.

(2) の証明:

与えられた正方形に内接し各辺がそれぞれ座標軸に平行な正方形の一辺を図のように ℓ とすると,

$$\ell^2 = x^2 + (\sqrt{2}-x)^2 = 2(x^2 - \sqrt{2}\,x + 1)$$
$$= 2\left(x - \frac{\sqrt{2}}{2}\right)^2 + 1$$

よって，ℓ の最小値は 1 で，$\ell < \sqrt{2}$ だから，

$$1 \leq \ell < \sqrt{2}$$

ゆえに，与えられた正方形に内接し各辺が軸に平行な正方形の一辺の長さは 1 以上となり，(1)からその内部，すなわち与えられた正方形の内部に少なくとも 1 つの格子点が含まれる．

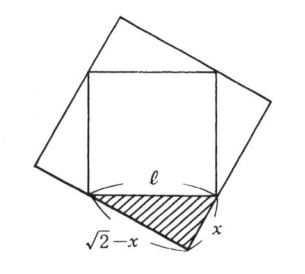

(Q. E. D)

(参考文献)

注1．『初等整数論講義』高木貞治著．共立出版．第5版．1941，p.189．

注2．（ミンコウスキーの定理）の幾何学的証明は本誌（『理系への数学』）1999年12月号 (p.66-68)．石谷茂氏を参照．

事項索引

ア

『アーパスタンバ＝シュルバスートラ』．266
合鍵の問題．13, 15
アインシュタイン（のピタゴラス定理）の証明．271
『アカデミー紀要（ブリュッセル）』．185
アカデミア・フィオレティーナ．225
アキレスと亀の競争．36
握手の回数問題．31
『新しい数学3』（教科書：東京書籍，2000年）．289
当り籤を引く確率．14
アテナ・パルテノスの神殿．159, 160
アフロディテ．160
アリストテレス主義．224
————の宇宙体系．224
『アリスメティカ』（算術）（ディオファントス）．279, 295
アルキメデスの原理．40
————充填形．96〜98
アルキルケテンダイマー．320
『ある種のヘッケ環の環論的性格』（R. ティラー，A. ワイルズ共著，1994年）．304
『アルファブリ』（アル・カリヒ）．259
『アレクサンドリアのディオファントスの6巻からなる算術』（バシュ・ド・メジリアク訳，1621年）．295
安定人口論．188
鞍点（値）．235, 236

イ

意志決定．228
異常数列．164
位相グラフ（図）．82, 83
『1，2，3，…無限大』（ガモフ，1974年）．23
『一致ゲームの確率計算』（オイラー，1715年）．5
一致の問題．1〜11, 13, 16, 17, 19, 20, 21
入れ子人形．308, 318, 319
岩澤理論．293
インド＝アラビア数字．123
————算術．260

ウ

「ヴィトルヴィウス的人間」（レオナルド・ダ・ヴィンチ，1492年）．162
『ヴェーダ』．266
兎の繁殖の問題．119, 123, 163, 164
嘘つきと正直者の判定問題．35
————のパラドックス．37

エ

『エウデモスの要約』．263
S字型成長曲線．182, 185, 186, 189
エステ・クラインの定理．61, 62, 64, 66, 68, 70
エピメニデスのパラドックス．36
エルデシュ＝セケレシュの単調部分列の定理．69
エルデシュ＝セケレシュの予想．66
エレベーターの問題．25
円座（円順列）の問題．72, 73, 76, 77, 79

オ

黄金比（黄金分割）．128．153．157．159～163．166

王立地理学会．84

オザナムの問題．76．77

『音楽教程』（ボエティウス）．258

カ

ガーフィールド（のピタゴラスの定理）の証明方法．267～269

回帰数列．124

『解見題之法』（関　孝和．著作年？）．270

邂逅（かいこう）の問題．2

階差数列．249

解析的人口論．169．173

階段の上り方．135～137．140．142

外中比（外中比分割）．153．161

ガウスの円問題．332

書き込み（＝フェルマーのメモ）．295～299

確率分布．11

『確率論とその応用』（フェラー．1950年）．25

加法的なパターン．164

Capelli（カペーリ）の定理．178

環境収容力．185～187

環状順列．90．91

完全グラフ．56．60

――情報ゲーム．231

――正方形．104．105

キ

『幾何学原論』（ユークリッド）．248．258．271．272．279．288．289

幾何級数．179．188

『幾何小学』（佐々木二郎（綱親）．1871年）．286

『規矩要明算法』（関　孝和．著作年？）．270

期待値．5．10．11．214．231．236～239

基本的原理（人口増加の）．183

『九章算術』．269

競争の問題．197．

共存平衡点．195

虚偽の発言．32．

均衡解．229．234～236．239．241

均衡状態．183．184

ク

食うものと食われるもの．191．193．194．196

『偶然論』（ド・モアブル．1718年）．4．

籤を引く順番と当り籤を引く確率．14

グノモン．247～249．252．258．277

――数．249

組合せ論．52．68．69．70

グラフの塗り分け問題．52．56．82

――理論．52～54．56

クレタ人たちは嘘つき．37

ケ

"形式論理の一つの問題"．52

ケーキの分割問題．231

ケーニヒスベルグの橋の問題．53．82

ゲームの戦略．227

――理論．228．231．239．241．243

『ゲーム理論と経済行動』（J. V. ノイマン，O. モルゲンシュテルン共著．1944年）．231

ケプラーの3進法．221

『建築論』（ポッリオ・ヴィトルヴィウス）．

162
原理（Principle）．40

コ

勾股弦術（こうこげんじゅつ）．270．286
——の定理．289．290
格子点の存在定理．44．45
——問題．322〜325
恒等置換．18
降下法（証明法）．148
五角数．259．260．299
互換性．52．61
『古今算法記』（澤口一之．1670年）．269．270
コッホの曲線．307〜309．
——の島（＝雪片）．306．308〜310
コマル（ハンガリー数学雑誌）．67．68
コレージョ・ロマーノ．224
混合戦略．231．236〜238
昆虫駆除の問題．204

サ

『サイエンティフィック・アメリカン』．(Scientific American)．85．104
サイクル．193〜196
「最後の晩餐」（レオナルド・ダ・ヴィンチ．1496年）．162．163
『最後の問題』（E. T. ベル．1961年）．293
最終定理．292．293．296．297．299．301〜303
最適戦略．235．236．240
細胞分裂．170．199
差分方程式．170
三角数．246．252．257．259．261．299．332
『算術』（ディオファントス）．295．297

『算術大全』（ルカ・パチオリ．1494年）．163
『算術入門』（ニコマコス著．ボエティウス訳）．258〜260
算術問題．203
3進法．220．221
3直角四面体．274
『算盤についての本』．123
『算盤の書』（フィボナッチ．1202年）．119．122
三平方の定理．267．289．290

シ

シェルピンスキーのカーペット．316．317．320
——————のガスケット．314．316
——————の自己相似．314．316
『シェラザードの謎と古今の超驚のパズル』．203
『——————の千二夜の物語』．203
四角数（＝平方数）．246〜248．256．259〜261．299
時間待ち問題．13．15
自己相似．165．308．314．318
四色問題．83〜85
指数的増殖．170．171．175．183
——関数．169．170．186
『自然界のフラクタル幾何学』（B. マンデブロ．1997年）．308
自然的増殖．173
——変動．168
『室内ゲームの理論』（J. V. ノイマン．1928年）．230
『死亡表に関する自然的及び政治的諸観察』．(J. グラント．1662年)．173

死亡日が一致．25
シムソンの等式．130，131，154，166
社会的変動．168
樹形図．35，53，54，83，88，90
集合論．37，168，242
囚人のジレンマ．240，241
充填問題．93
周期変動．193，194
『周髀算経』．269，270
収容限界．182，183
じゅず順列．77
『出生・死亡及び繁殖より証明された人類諸活動に存する神の秩序』．175，179
『シュルバスートラ』．266
純粋戦略．237
『小学幾何学用法』（ディヴス著．中村六三郎訳．1873年）．287
情報理論．36，214
『初等幾何学教科書』（菊池大麓．1888-1889年）．288
『試論』（モンモール．第1版1708年，第2版1713年）．3，4
『塵劫記』（吉田光由．1627年）．163，170
人口原理．180，183
『人口原理に関する一論』（マルサス．1798年）．180，182，183
神聖比．153，163
『神聖比例論』（ルカ・パチオリ．1498年）．163
人体図（レオナルド・ダ・ヴィンチ．1492年）．162
『新編塵劫記』（吉田光由．1641）．104
新ピタゴラス学派．258，259
信頼度．15

ス

『彗星についての講話』（ガリレオ）．225
推論問題．32
『数学及び物理学書簡集』（ケトレー．1838年）．185
「数学ゲーム」．85
『数学教程』（オザナム．1693年）．76
『数学史』（グレイゼル）．76
『数学史講義』（カジョリ）．272
『数学小景』（高木貞治．1943年）．85
数学的帰納法．95，121，127，130，131，133，147，150，151，166，198，298
『数学年報』（プリンストン大研究誌）．303
『数の幾何学』（ミンコウスキー．1896年）．325
『数学や物理の気晴らし』（オザナム．1696年）．76
数理生物学．170，183，188，194
数列の和．245，246〜257
図形数．245，246，249，252〜254，257，259，299

セ

正k角形の図形．249，256，299
生死統計．174
政治算術．175
『整数論』（ガウス．1801年）．41，74
成長曲線．186，189
世界20都市巡りゲーム．54，82
セヴィリアの理髪師．37
ゼロ和ゲーム．229，232，237
『千一夜物語』（アラビアン・ナイト）．203
漸化式．3，6，74，95，110，111，130，143〜145，

170，178，181，191，193，200，202，205，309，311，313
全置換．18，19

ソ

増加関数．24
──方程式．193
──率．168〜171，175，176，179，180，182〜184，189，193，194，200
増殖曲線．192
双対グラフ．82，83，87，89

タ

代数的整数論．302
楕円関数．293，302，303
──形式．302
多角数．259
『託宣集』．37
畳の敷き方．137
裁ち合わせ．165，286
谷山＝志村の予想．293，302，303
誕生日の一致．23〜30，40，41，45
単調増加・減少．69，155，202，209
単利計算．174

チ

置換の問題．17〜19
地図の塗り分け問題．82，83，85
長方形数．252
『中等教育幾何教科書（平面之部）』（林鶴一編．1913年）．289

テ

『ディオファントス近似』（ミンコウスキー．1907年）．325

ディリクレの原理．39，40〜42，44，47，49，50，58，83，91，326〜327
手紙と封筒の一致問題．1，5，10
デカルト・グアの定理．273，274
──座標．245
『哲学の慰め』（ボエティウス）．261
デュードニーの円座問題．75
電気回路網．53，104
『天文学的・哲学的天秤』（グラシェ）．225
点の塗り分け問題．82

ト

等差数列．105，180，182，249
等比数列．100，125，126，141，145，169，173，177，178〜180，182，183，186，200，205，308，313，319
凸包．62，63，64，71
ド・モアブルの問題．4
トレーズゲーム．3，8，17
トレミーの定理．273

ナ

長崎海軍伝習所．286
縄定規．265，267
縄張り師．265，266

ニ

二項定理．8，222
2色塗りゲーム．52，60
──分け問題．52，55，56，58
『偽金鑑識官』（ガリレオ．1623年）．225
にせがねの鑑定問題．214
2平方の定理．297
『日本幽囚記』（ゴローニン）．285

『人間及び諸能力の発達（一名社会物理学）』（ケトレー．1835年）．183

ヌ

沼津兵学校．286

ネ

『ネイチャー誌』．84
ねずみ算．163, 170, 202
粘土板文献．263, 265
熱流量．206, 207

ノ

ノアの一族．169, 179

ハ

はさみうちの原理．334, 338
『バーシャ』（アールヤバタ著．バスカラ I 世注釈）．269
パーティ問題．61, 65
倍加年数．169, 170, 173〜176, 182
『バイブル』．288
背理法．47〜50, 52, 57, 294, 298, 329
バクテリアの分裂．170
場所占め問題．13
バスカラの証明．269
パスカルの三角形．165, 314, 315
ハッピーエンドの問題．66, 68
鳩の巣原理．40, 43, 44
バビロニアの粘土板文献．263, 265
ハミルトン閉路．54
パラドックス．36, 37, 309
バラの花．317, 318
バラモンの塔（＝ハノイの塔）の問題．74
反例法．52, 84, 85

ヒ

『P・ド・フェルマーの書き込みを付けたディオファントスの6巻からなる算術』（クレマン・サミュエル．1670年）．295, 297
『ビージャガニタ』（バスカラ II 世）．269
引き出し（＝抽き出し）論法．40, 42, 43, 46, 47, 52
非ゼロ和ゲーム．228, 229, 239
非線形現象．242
ピタゴラス学派．93, 160〜162, 245〜248, 250, 252, 258, 259, 263, 299
──────数．277〜280, 282, 292, 294〜296
『ピタゴラス伝』（イアンブリコス）．161
──────の充填形．93, 95, 97, 99
──────の定理．263〜265, 267, 270〜274, 277, 284〜290, 293
──────の方程式．280, 282
一筆書き．53
人の出会い問題．51, 64
ビネの公式．121, 131, 142, 149
微分方程式．170〜173, 183, 186, 187, 194, 199, 206, 207

フ

フィードバック．193
フィボナッチ数．135, 136, 151, 163〜166
──────数列．119, 121, 123, 124, 126, 127, 129, 131, 133〜136, 139, 140, 142, 144〜146, 150, 153, 154, 159, 163〜164
──────数列の性質．129
──────数列の生成関数．144, 145
夫婦円座の問題．73
フェルマーの最終定理．85, 297, 299, 302〜304

—————の小定理．300，301
—————の大定理．301
—————の予想．293，296
フォトニック（光子）．320
複利計算．168，170，205
『葡萄酒鑑定人』（グラシェ著）．225
フライの予想．303
フラクタル．165，306，308，320
分配の問題．40

ヘ

閉鎖人口．189
『平面幾何学教科書』（アソシエーション編纂．1884-88）．288
平面のタイル張り問題．93，96
閉路．56，57
部屋割り論法．40
ペリガルの証明．270，271
ベルヌイの家系図．19
―――・オイラーの問題．17，18
『ベルリン…アカデミーの紀要』．21
変数変換．54
ペンタグラム．161
偏長形．252

ホ

飽和炭化水素．54
飽和密度．186

マ

マーチン・ガードナーの図形．85
マックスミン戦略．234，236
―――――値．233，234，238
マトリョーシカ（＝入れ子人形）．308
マルサス的増殖．170，184

「マンハッタン計画」．243

ミ

ミニマックスの定理．231，237
―――――戦略．234，236
―――――値．234，238
ミンコウスキーの定理．325
ミロのヴィーナス．160，162

ム

『無限解析入門』（オイラー．1748年）．179
無限降下法．148，298
無限連分数．153，154，157

メ

命題算．5
めぐり合い．2，8，9
女神ミューズ．124
メンガー・スポンジ．320

モ

モールス信号．137
『モジュラー楕円曲線とフェルマーの最終定理』（A．ワイルズ．1994年）．304
モンモールの問題．3

ユ

ユークリッドの互除法．157
―――――幾何学．271，284，288，308
―――――の証明法．264，271，272
『愉快で興味深い問題』（バシェ．1612年）．219
有心正多角形．254，255
―――三角形．254〜256
―――四角形．254〜257，332

──六角形．256
──k角形．254, 256
有理関数．178

ヨ

洋学教育．286
葉序研究．164
4平方の定理．299, 300
余事象．24, 25, 27, 30

ラ

ラグランジュの定理．299
螺旋幾何学．164
ラッセルのパラドックス．38
ラムゼーゲーム．60
────数．65, 66
────の定理．51, 60, 61, 64, 65, 68, 70
────理論．52, 68, 69
ランベルトの問題．5

リ

『リーダーズ・ダイジェスト』．214
陸海兵学校（兵学寮）．286
領域の塗り分け問題．87
輪廻回生．264

理論成長曲線．189

ル

ルージンの問題．104
ルーブル美術館．160
類体論．293

レ

連結関係．53, 59
連続関数．207

ロ

ローマ数字．123
60進法．265
ロジステイック曲線．182〜186, 189
────方程式．186, 187
ロトカ・ヴォルテラの式．194〜196
『ロンドン市の発達に関する政治算術の一論考』（ウイリアム・ペティ．1683年）．174

ワ

『吾輩は猫である』（夏目漱石）．210
輪の問題．78

人名索引

ア

アールヤバタ I 世（Aryabhattal. 476？-550？）. 269
アインシュタイン（Albert Einstein. 1879-1955）. 242, 271
足立信頭（＝左内：1769-1845）. 285, 286
アッペル（Kenneth Appel. 1932-）. 85
アノニマス（Anonymous：中世の匿名の歴史家）. 68
アポロドロス（Apollodoros. B. C. 2 世紀頃）. 264
アリストテレス（Aristoteles. B. C. 384-322）. 224
アル・カルヒ（al-Karkhi.？-1029？）. 250, 259
アルキメデス（Archimedes. B. C. 287？-212）. 40, 96〜98, 212, 213
アンドレ・マカイ（Endre Makai）. 64

イ

イアンブリコス（Iamblichus. 283？-320？）. 161
イオルゴス. 160
イクティノス（Iktinos. B. C. 5 世紀）. 159
岩澤健吉（1917-）. 293

ウ

ウィグナー（Eugene Paul Wigner. 1902-）. 67, 241
ヴィトルヴィウス（Vitruvius. B. C. 1 世紀）. 162
ウィナー（Nobert Wiener. 1894-1964）. 242
ウィレム III 世（Willem III. 1817-1890）. 286
ヴェーティエ. 160
ヴォルテラ（Vito Volterra. 1860-1940）. 194〜196
浦島太郎（民話集『御伽草子』の登場人物）. 36
ウルバヌス VIII 世（Urbanus VIII. 1568-1644）. 225

エ

エカテリーナ II 世（Ekaterina II. 1729-1796）. 21, 22
エステ・クライン（Esther Klein）. 62, 64, 66〜70
エドガー・アラン・ポー（Edger Allan Poe. 1809-1849）. 203
エピメニデス（Epimenides. B. C. 6 世紀頃）. 36, 37
エルディシュ（Paul Erdös. 1913-1996）. 64〜69

オ

オイコノモス. 160
オイラー（パウル：レオンハルト・オイラーの父）. 20
オイラー（Leonhard Euler. 1707-1783）. 2, 5, 8, 17〜22, 53, 169, 173, 175〜177, 179, 188, 297〜299, 301
オザナム（Jacques Ozanam. 1640-1717）. 76, 77
オッペンハイマー（John Robert Oppenheimer. 1904-1967）. 242

カ

ガードナー（Martin Gardner. 1914-）. 85

人名索引

ガーフィールド（James Abram Garfield. 1831-1881）．267〜269
ガウス（Carl Friedrich Gauss. 1777-1855）．41, 42, 322, 323, 332
カジョリ（Florian Cajori. 1859-1930）．272
何 礼之（が のりゆき）．287
カペリ（Caplli）．178
ガモフ（George Gâmow. 1904-1968）．23〜25
カリクラテス（Kallikrates. B. C. 5 世紀）．159
カリマコス（Kallimachos. B. C. 5 世紀）．37
ガリレオ（Galileo Galilei. 1564-1642）．213, 224, 225
カルカヴィ（Pierre de Carcavi. 1588-1648）．295, 300

キ

菊池大麓（1855-1917）．287〜289
ギョーム・リーブル．123
キルヒホッフ（Gustav Robert Kirchhoff. 1824-1887）．53

ク

グア．273, 274
クラーク（Edward Waren Clark）．287
グラシェ神父（筆名＝サルシ. H. Grassi）．224, 225
グラント（John Graunt. 1620-1674）．173〜174
グレイゼル（Ya. A. Gleizer. 1904-1967）．76
クレーロー（Alexis Claude Clairaut. 1713-1765）．297
グレゴール・リィシュ．124

クロスマン（H. Grossman.）．214

ケ

ケイリー（Arthur Cayley. 1821-1895）．54, 84
ケトレー（Lambert Adolphe Jacques Quetelet. 1796-1874）．182〜186
ケプラー（Johannes Kepler, 1571-1630）．221
ケンペ（Alfred Bray Kempe. 1849-1922）．84

コ

コーシー（Augustin Louis Cauchy. 1789-1857）．299
コッホ（John Koch）．85
コッホ（H. Von Koch. 1870-1924）．307, 309-310
ゴドウィン（William God'win. 1756-1836）．180
ゴロヴニーン（Vasilii Mikhailovich Golovnin. 1776-1831）．284, 285

サ

佐々木二郎（綱親）．286
サミュエル（Clément-Samuel Fermat）．295, 297
澤口一之（1670頃）．269

シ

シーザー（＝カエサル：Gaius Julius Caesar. B. C. 102-44）．169
シェル（E. D. Schell）．214
シェルピンスキー（Waclaw Sierpinski. 1882-1969）．314, 316, 317, 320

ジョバンニ（パレルモの：Giovanni de Palermo）. 124
ジョバンニ・ボテロ（Giovanni Bottero. 1544-1617）. 173
シムソン（Robert Simson. 1687-1768）. 130, 131, 154, 166
志村五郎（1930-）. 293, 302, 303
ジュースミルヒ（Johann Peter Süssmilch. 1707-1767）. 169, 173, 175, 179, 182
シラード（Leo Szilard. 1898-1964）. 67, 241

ス
スマリヤン（Raymond Smullyan. 1919-）. 203

セ
関 孝和（?-1708）. 269, 270
セゲー（Gabor Szegö. 1895-1985）. 242
セケレッシュ（George Szekeres）. 64, 66, 68, 69
ゼノン（エレアの：Zenôn of Elea. B. C. 490?-430?）. 36

タ
大黒屋光太夫（1751-1828）. 285
高木貞治（1875-1960）. 85, 86
高田屋嘉兵衛（1769-1827）. 285
タッカー（Albert William Tucker. 1905-1974）. 240
谷山 豊（1927-1958）. 293, 302, 303
ダニエル・アラニー（Daniel Arany）. 67
ダランベール（Jean Le Rond D'Alembert. 1717-1783）. 175
ダンコナ. 194

ツ
ツェルメロ（Ernst Friedrich Ferdinand Zermelo. 1871-1953）. 231

テ
ディヴス（Charles Davies. 1789-1876）. 287
ディオファントス（Diophantos. 246?-330?）. 41, 257, 279, 295, 325
ティコ・ブラーエ（Tycho Bràhe. 1546-1601）. 224, 225
テラー（Edward Teller. 1908-）. 67, 241
ティラー（Richard Taylor）. 292, 303, 304
ディリクレ（Peter Gustav Lejeune Dirichlet. 1805-1859）. 39〜42, 44, 47, 50, 58, 79, 91, 325〜327
テオドリック大王（Theodoric. 456?-526）. 259, 260
デカルト（René Descartes. 1596-1650）. 245, 273, 274
デュードニー（Henry Ernest Dudeney. 1857-1930）. 75, 104
テュッテ（W. T. Tutte）. 104

ト
ド・モアブル（Abraham de Moivre. 1667-1754）. 4, 9
ド・モルガン（Augustus de Morgan. 1806-1871）. 84, 124
トレミー（＝プトレマイオス. Ptolemy＝Ptolemaios. 85-165）. 273
トンプソン（D'Arcy Wentworth Thompson. 1860-1948）. 164

ナ

長澤亀之助（1860-1927）．289
中村六三郎（1841-1907）．287
ナッシュ（John Forbes Nash．1928-）．239，〜241
夏目漱石（1867-1916）．210

ニ

ニュートン（Sir Isaac Newton．1643-1727）．303
ニコマコス（ゲラサの：Nicomachos．50？-110？）．258〜260

ノ

ノイマン（John von Neumann．1903-1957）．67，230，231，236，239，241，242

ハ

ハーケン（Wolfgang．R．G．Haken．1928-）．85
パール（Raymond Pearl．1879-1940）．185，186
バシュ・ド・メジリアク（Gaspare Claud Bachet de Mèziriac．1581-1638）．219，220，295，297
バスカラ I 世（Bhâskara I．7 世紀頃）．269
バスカラ II 世（Bhâskara II．1114-1185？）．269
パスカル（Blaise Pascal．1623-1662）．165，231，314，315
パチオリ（Fra Luca Pacioli．1445？-1517？）．162，163
パップス（Pappos．320頃）．213
馬場貞由（＝佐十郎：1787-1822）．285

人名索引——*351*

ハミルトン（William Rowan Hamilton．1805-1865）．54，84
林　鶴一（1873-1935）．289
ハルモス（Paul Richard Halmos．1916-）．31

ヒ

ヒーウッド（Persy John Heawood．1861-1955）．85
ヒエロニュモス（ロドスの：Hierônymos）．37
ヒエロン II 世（シラクサ王：Hieron II．B．C．306？-215）．212
ピタゴラス（サモスの：Pythagoras．B．C．570？-500？）．93，95，97，99，160〜162，245〜248，250，252，258，259，263〜265，267，268，270，272，274，277〜280，282，285〜290，299
ヒッパソス（ラコニアの：Hippasos）．161
ビネ（Jacques Philippe Marie Binet．1786-1856）．121，131，142，149
ヒューム（David Hume．1711-1776）．169
ピューリー．75
ヒルベルト（David Hilbert．1862-1943）．242

フ

フーリエ（Jean-Baptiste-Joseph Fourier．1768-1830）．41
フィディアス（Pheidias．B．C．490？-430？）．159
フィボナッチ（Fibonacci．1180？-1250？）．119〜131，133〜136，139，140，144，145，147，150，151，153，154，159，164，166

フェルホェルスト（Pierre Francois Verhulst. 1804-1849）．182．184～186
フェルマー（Pierre de Fermat, 1601-1665）．76．85．231．293～301．303～305
フェラー（William Feller. 1906-1970）．25
フライ（Gerhard Frey. 1944-）．302．303
プラトン（Platon. B. C. 420-347？）．258．278～280
ブラックウェル（David Blackwell. 1919-）．241
フラッド．240
フランシス・ガスリー（Francis Guthrie）．84
フランツ・ヨーゼフⅠ世（Franz Josef Ⅰ. 1830-1916）．67
フリードリッヒⅡ世（=フェデリーコ：Friedrich II. 1194-1250）．124
フリードリッヒⅡ世（大王．Friedrich der Grosse. 1712-1786）．21．175
フレデリック・ガスリー（Frederic Guthrie）．84
プロクロス（Proclus. 412-485頃）．263
フンボルト（Alexandr Freiherr von Humboldt. 1769-1859）．41

ヘ

ベーラ・クン（Béla Kum. 1886-1937）．67
ペティ（Sir William Petty. 1623-1687）．173．174．182
ペルガル（H. Perigal）．270．271
ペリクレス（Perikles. B. C. 495？-429）．159
ベル（Eric Temple Bell. 1883-1960）．293
ベルゴール．75
ベルヌイ（Bernoulli）：

ジャンⅠ（JeanⅠ. 1667-1748）．19．20
ジャンⅡ（Jean II. 1710-1790）．19
ジャンⅢ（Jean III. 1744-1807）．19
ダニエル（Daniel 1700-1782）．19．20．21
ニコラス（Nicolas. 1623-1708）．19．20
ニコラス（Nicolas. 1662-1716）．19．20
ニコラスⅠ世（NicolasⅠ. 1687-1759）．2．4．5．17～21
ニコラスⅡ（Nicolas II. 1695-1726）．19．20．21
ヤコブⅠ世（Jacob. 1654-1705）．19．20
ヤコブⅡ（Jacob II. 1759-1789）．19．22
ヘロン（Heron. B. C. 150？-200？）．249．250

ホ

ボエティウス（Anicius Manlius Torquatus Severinus Boethius. 489？-524）．258～260
ボレル（Emile Felix Édouard Jusstin Borel. 1871-1956）．231

マ

マッフェオ・バルベリーニ（Maffeo Barberini）．後にウルバヌスⅧ世（Urbanus Ⅷ. 1568-1644）．225
マリオ・グイドウッチ（M. Guiducci）．224
マルサス（Thomas Robert Malthus. 1766-1834）．170．180．182～184
マンデルブロ（Benoit B. Mandelbrot. 1924-）．308

ミ

ミクロシュ・ホルティ（Miklôs Nagybànyai Horthy. 1868-1957）．67

ミンコウスキー（Hermann Minkowski. 1864-1909）. 41, 325

メ

メルセンヌ神父（Le Marin Mersenne des Minimes. 1588-1647）. 295, 297

モ

モルゲンシュテルン（Oskar Morgenstern. 1902-1977）. 231, 239
モンテスキュー（Charles Louis de Secondat Montesquieu. 1689-1755）. 169
モンモール（Pierr Rémond de Montmort. 1678-1719）. 2〜4, 8, 17, 20, 231

ヤ

ヤコブ（アインシュタインの伯父）. 271

ユ

ユークリッド（Euclid. B. C. 330？-275？）. 245, 248, 259, 271, 272, 279, 284, 288〜290, 308

ヨ

吉田光由（1598-1672）. 104

ラ

ライプニッツ（Gottfried Wilhelm Friher von Leibniz. 1646-1716）. 301
ラグランジュ（Joseph Louis Lagrange. 1736-1813）. 299
ラスロー・ラーツ（Làszlô Rátz. 1853-1930）. 67, 241
ラッセル（Bertrand Arthur William Rusell. 1872-1970）. 37, 38

ラムゼー（A. S：E・P・ラムゼーの父）. 52
ラムゼー（Frank Plumpton Ramsey. 1903-1930）. 51, 60, 64〜66, 68, 70
ランベルト（Johann Heinrich Lambert. 1728-1777）. 2, 5

リ

リード（Lowell Reed）. 185, 186
リベット（Ken Ribet）. 293, 303
リュカ（Edouard Lucas. 1842-1891）. 73, 74, 124

ル

ルージン（Nikolai Nikolaevick Luzin. 1883-1950）. 104
ルイXⅧ世（Louis XⅧ. 1755-1824）. 160
ルドヴィコ・イル・モーロ（ミラノ公：Lodovico Il Moro. 1451-1508）. 162, 163

レ

レーニン（Vladimir Iliich Lénin. 1870-1924）. 67
レオナルド・ダ・ヴィンチ（Leonardo da Vinci. 1452-1519）. 122, 162, 163
レオナルド・ダ・ピサ（＝フェボナッチ参照. Leonardo da Pisano）. 122

ロ

ロトカ（Alfred James Lotoka. 1880-1949）. 188, 194, 195

ワ

ワイル（Claus Hugo Hermann Weyl.

1885-1955). 242
ワイルズ (Andrew Wiles. 1953-). 292.
293. 302〜304

ワルデグレイブ (James First Eorll Wal-
degrave. 1684-1741). 231

《肖像写真》

アルキメデス	97	ニコマコス	258
ヴィトルディウス的人間	162	ノイマン	230
ヴォルテラ	194	パチオリ	163
エカテリーナ女帝	21	ピタゴラス	258
エルディシュ	68	フィボナッチ	122
オイラー	5, 21	フェルマー	294
ガードナー	85	プラトン	258
ガモフ	23	フリードリッヒ大王	21
ガリレオ	213	フリードリッヒⅡ世	124
菊池大麓	288	ペテイ	174
ケイリー	84	ボエティウス	258
ゴローニン	285	マンデブロ	308
志村五郎	303	ミロのヴィーナス	160
ジャン・ベルヌイ	20	ミンコウスキー	325
高木貞治	86	モルゲンシュテルン	231
谷山　豊	303	ヤコブ・ベルヌイ	20
ダニエル・ベルヌイ	21	ユークリッド	272
ディオファントス	279	ラッセル	38
ディリクレ	41	ランベルト	5
デュードニー	75	ルージン	104
ド・モアブル	4	ワイルズ	293
ド・モルガン	84		

あ と が き

追　記：　本書の校正も終わった2008年10月中頃，前社長の富田栄様から本書の出版のことなどで話がしたいと言うお電話を頂だき，梅田の新阪急ホテルの喫茶室でお会い致しました。用件の終了後，お身体のご様子について「ガンが見つかったが今のところ別段支障はないから気にしないで仕事は続ける」とおっしゃって，くれぐれもご無理をなさらないようお話して別れました。

　それから，半年後の2009年4月末，ご子息の富田淳様からの突然の訃報を受け愕然と致しました。富田栄様には，長年に渡り勉学の機会や激励，また，拙文への懇切丁寧な助言指導などを戴き大変お世話になってきました。この恩人を失い誠に哀惜の念を禁じ得ません。ここに，本書がお陰様で上梓に至りましたことをご報告し，生前のご厚情に改めて深謝を致しますと共に心よりご冥福をお祈り申しあげる次第です。

［著者紹介］

岸　吉尭（きし　よしたか）

1937年　島根県に生まれる．
1962年　京都学芸大学数学科卒業．
　　　　兵庫県立尼崎北高等高校，同御影高等学校を経て，私立神戸海星女子学院に勤務し，1997年退職．
〈著書〉　『高校の線形代数』．共著．現代数学社．1997．
　　　　『現代の総合数学Ⅰ』．共著．現代数学社．1973．
　　　　『大道をゆく高校数学：代数・幾何編』．同上．2001．
　　　　『入試問題が語る　数学の世界』．現代数学社．2004．

入試問題が語る　数学の世界（続）

2011年9月1日初版1刷発行

著　者　岸　吉尭
発行者　富田　淳
発行所　株式会社 現代数学社
〒606-8425 京都市左京区鹿ヶ谷西寺ノ前町1番地
TEL&FAX 075-751-0727
http://www.gensu.co.jp
印刷・製本　株式会社 合同印刷

ISBN978-4-7687-0311-3　　　　　乱丁・落丁本はお取替えします．

入試問題が語る
数学の世界

岸 吉堯 著　A5判/205頁/定価 2,415円　　ISBN978-4-7687-0294-5

　数学の勉強は入試のためと考えているのは寂しいことで，目前の大学合格への対策より，もっと長い目で，今どんな学習をしておく必要があるのかを考えるべきである．

　過去の多数の入試問題をその題材の選定，内容，記述を見るとき，その中には出題者のメッセージが伝わる良質の問題に出会い，思わずハッとすることがある．本書は入試問題の中から，人々の心を引きつける良質の問題を，1．歴史的に有名で親しみ深い問題　2．社会生活の中で身近な問題　3．遊戯性をもち理知的な問題に注目して選んだ．その構成は，選んだ問題を"試問"とし，その問題へ挑戦をしながら問題のよさを吟味してもらい，続いて，"余談"でその入試問題について，問題の誕生や発展，関係する数学者とその逸話，また，その演習など広範囲に渡って自由に内容を展開し，一種の"入試問題が語る数学の世界"を記述した．

●内容紹介
1. 虫食い算　2. 魔方陣　3. 一筆書き　4. 三家族の親子の川渡り　5. マンゴー問題の変形　6. 経路の問題　7. 倍増問題　8. 取り尽くしの問題　9. 受験生と神主のどちらが有利か　10. F・T君の某大学への合格の確率　11. 迷えるP君の究極の動きはどうなるか　12. 祖先が埋蔵した宝物探し　13. 暗号文の解読　14. 二種の演算記法　15. 人口移動の問題　16. 生命関数を考えてみよう　17. 男・女の出生比率の謎

現代数学社